新世纪高职高专实用规划教材——机电系列

可编程控制器原理及应用教程
(第4版)

孙振强　孙玉峰　主　编
刘文光　牛　军　步延生　副主编
王平嶂　主　审

清华大学出版社
北　京

内 容 简 介

本书以三菱公司 FX_{3U} 系列 PLC 为蓝本，从实际应用出发，通过大量实例，采用“任务导向”模式分别介绍 PLC 的工作原理、硬件结构、编程元件、PLC 的逻辑控制、顺序控制及功能指令的应用；最后通过综合实例讲解 PLC 在逻辑控制、模拟量控制、联网通信等方面的应用及 PLC 的系统设计与实现。

本书可作为大专院校机电一体化、电气自动化、自动控制、工业自动化、应用电子、计算机应用及其他相关专业教材，也可作为工程技术人员、职业培训学校的 PLC 培训教材或自学参考书。

图书在版编目(CIP)数据

可编程控制器原理及应用教程/孙振强，孙玉峰主编. —4 版. —北京：清华大学出版社，2020.1(2024.9 重印)
新世纪高职高专实用规划教材. 机电系列
ISBN 978-7-302-54644-3

Ⅰ. ①可… Ⅱ. ①孙… ②孙… Ⅲ. ①可编程序控制器—高等职业教育—教材 Ⅳ. ①TM571.61

中国版本图书馆 CIP 数据核字(2019)第 292789 号

责任编辑： 梁媛媛
装帧设计： 刘孝琼
责任校对： 李玉茹
责任印制： 丛怀宇
出版发行： 清华大学出版社
网　　址：https://www.tup.com.cn，https://www.wqxuetang.com
地　　址：北京清华大学学研大厦 A 座　　邮　　编：100084
社 总 机：010-83470000　　邮　　购：010-62786544
投稿与读者服务：010-62776969, c-service@tup.tsinghua.edu.cn
质量反馈：010-62772015, zhiliang@tup.tsinghua.edu.cn
课件下载：https://www.tup.com.cn，010-62791865
印 装 者： 北京嘉实印刷有限公司
经　　销： 全国新华书店
开　　本： 185mm×260mm　　印　张：16.5　　字　数：393 千字
版　　次： 2005 年 2 月第 1 版　2020 年 1 月第 4 版　　印　次：2024 年 9 月第 7 次印刷
定　　价： 49.00 元

产品编号：082660-02

前　　言

可编程控制器(PLC)是以计算机技术为核心的通用工业自动化装置。它将传统的继电器控制系统与计算机技术结合在一起，具有可靠性高、灵活通用、易于编程、使用方便等特点，因此在工业自动控制、机电一体化、改造传统产业等方面得到了广泛的应用，被誉为现代工业生产自动化的三大支柱之一。

本书以《可编程控制器原理及应用教程(第3版)》为基础进行修订。采用校企联合开发的方式，将PLC技术标准、岗位能力标准与课程标准相融合，依据PLC的新技术、新功能的发展，及时补充和完善教材内容，依据高职教育的培养目标，广泛采用任务导向编写，通过实际案例引入，将PLC的基础知识、指令系统、编程技巧、安装调试融入实例中，突出学生的主导地位。

本书坚持高职高专应用型技术技能人才的培养特色，体现了新的教学方法，理论精练，案例资料丰富，书中内容符合机电控制类专业人才培养方案的要求。在内容取舍上，注意处理好理论知识与操作能力的关系，重点突出应用性。立足于实际，通过大量编程实例来说明PLC的原理、指令的使用及编程方法，有利于提高高职学生对课程的理解能力和实际操作能力。

注重技能的综合应用与创新。以真实实例为载体，有机整合电器控制、传感、编程、安装调试等教学内容，强调“两个并重”，即培养学生的动手能力与解决问题能力并重。

基于工作过程，实施教、学、做一体化。通过与实习实训基地的校企合作，编写工学结合教材，将企业需要引入课堂，将课堂搬入企业；通过教、学、做一体化教学，提升学生职业技能和素养。

本书以三菱FX_{3U}系列PLC为蓝本，以“任务导向”的方式编写，采用了大量实际应用案例。任务的实现从任务的要求、相关知识介绍、硬件设计、程序设计、系统运行调试、研讨训练6个方面进行系统的介绍，将相关知识点与实际应用有机结合，使学生清楚所学知识的目的及如何运用。

全书共分为6个模块，每个模块由多个任务组成。各个模块的主要内容是：模块1介绍PLC的基础知识(含3个任务)；模块2探讨PLC的逻辑控制(含4个任务)；模块3探讨PLC的顺序控制(含3个任务)；模块4探讨PLC的功能指令(含4个任务)；模块5探讨PLC的综合应用(含4个任务)；模块6探讨PLC的拓展应用(含3个任务)。

附录中提供了FX-20P-E手持编程器的使用说明、FXGPWIN编程软件的使用说明、FX系列PLC的编程元件及编号、FX系列PLC应用指令一览表。

本书由孙振强、孙玉峰担任主编，孙振强编写了模块1、模块2、附录B、附录C、附录D。孙玉峰编写了模块5(部分)、模块6。刘文光编写了模块3、模块4。牛军编写了模块5(部分)、附录A。全书由孙振强统稿。王平嶂教授担任本书的主审，车君华教授、步延生高级工程师在本书编写中给予了大力支持和帮助，在此表示衷心感谢。

由于作者水平有限，书中不当之处在所难免，恳请广大读者批评指正。

编　者

目　　录

模块 1　PLC 的基础知识

任务 1.1　可编程控制器的认知

知识目标：

- 了解可编程控制器的产生过程。
- 了解可编程控制器的含义。
- 掌握可编程控制器的特点及应用。
- 了解可编程控制器的分类。

能力目标：

- 能结合实际说明可编程控制器的部分应用。
- 能大致说明可编程控制器的外部组成及作用。

【相关知识】

一、可编程控制器的产生

可编程控制器(PLC)的产生和发展与继电器有很大的关系。继电器是一种用弱电信号控制强电信号的电磁开关，它虽有上百年的历史，但在复杂的继电器控制系统中，故障的查找和排除是非常困难的，可能会花费大量时间，严重地影响生产。此外，如果工艺要求发生变化，需重新设计线路和连线安装，这不利于产品的更新换代。

1968 年，美国通用汽车公司(GM)对外公开招标，要求用新的电气控制装置取代继电器控制系统，以便能适应迅速改变生产程序的要求。该公司为新的控制系统提出 10 项指标。

- 编程简单，可以在现场修改和调试程序。
- 维修方便，采用插入式模块结构。
- 可靠性高于继电器控制系统。
- 体积小于继电器控制柜。
- 能与管理中心计算机系统进行通信。
- 成本可与继电器控制系统相竞争。
- 输入量是 115V 交流电压。
- 输出量是 115V 交流电压，输出电流在 2A 以上，能直接驱动电磁阀。
- 系统扩展时，原系统只需做很小的改动。
- 用户程序存储器容量至少为 4KB。

1969 年，美国数字设备公司(DEC)根据上述要求，研制出世界上第一台可编程控制器，并在通用汽车公司汽车生产线上首次应用成功，实现了生产的自动化控制。此后日本、德国等相继引入可编程控制器，使之迅速发展起来。这一时期，它主要用于顺序控制，虽然也采用了计算机的设计思想，但当时只能进行逻辑运算，故称为可编程逻辑控制器(Programmable Logic Controller，PLC)。

20 世纪 70 年代后期，随着微电子技术和计算机技术的迅速发展，可编程逻辑控制器更多地具有了计算机的功能，不仅用逻辑编程取代了硬连线逻辑，还增加了运算、数据传送和处理等功能，真正成为一种电子计算机工业控制装置，而且做到了小型化和超小型化。这种采用微电脑技术的工业控制装置的功能远远超出了逻辑控制、顺序控制的范围，故称为可编程控制器，简称 PC(Programmable Controller)，但由于 PC 容易与个人计算机(Personal Computer)混淆，所以人们仍习惯地用 PLC 作为可编程控制器的缩写。

我国从 1974 年开始研制 PLC，1977 年应用于工业。如今，PLC 已经大量应用在引进设备和国产设备中。了解 PLC 的工作原理，具备设计、调试和维护 PLC 控制系统的能力，已经成为现代工业对电气技术人员和工科学生的基本要求。

二、PLC 的定义

PLC 的历史只有 50 年左右，但发展极为迅速。为了确定它的性质，国际电工委员会(International Electrical Committee，IEC)曾在 1982 年 11 月颁布了 PLC 标准草案第一稿，1985 年 1 月发表了第二稿，1987 年 2 月又颁布了第三稿。

PLC 的定义：PLC 是一种专门为在工业环境下应用而设计的数字运算操作的电子装置，它采用可以编制程序的存储器，用来在其内部存储执行逻辑运算、顺序运算、计时、计数和算术运算等操作的指令，并能通过数字式或模拟式的输入输出，控制各种类型的机械或生产过程。PLC 及其有关的外围设备都应按照易于与工业控制系统形成一个整体、易于扩展其功能的原则而设计。

目前国际 PLC 的生产厂家主要有德国的西门子(Siemens)公司、美国的 AB(Allen-Bradley)公司和 GE-Fanuc 公司、日本的欧姆龙(OMRON)公司和三菱电机株式会社(MITSUBISHI)。本书以日本三菱公司小型 FX_{3U} 系列 PLC 为例介绍 PLC 编程和系统设计。

日本三菱公司小型 FX_{3U} 系列 PLC 的外形如图 1.1 所示。

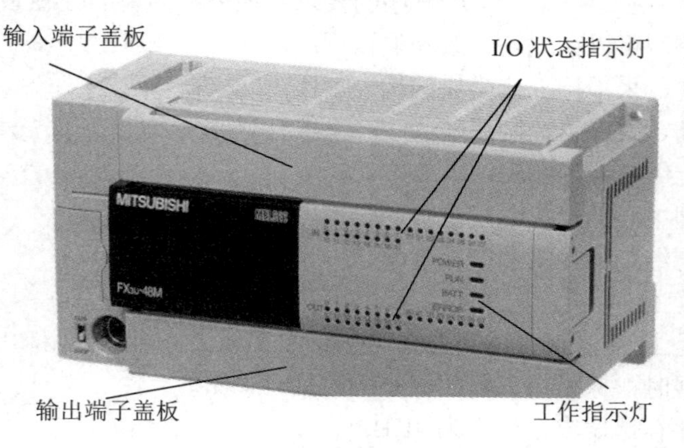

图 1.1　FX_{3U} 系列 PLC 的外形

三、PLC 的特点

PLC 之所以能够高速发展，除了顺应工业自动化的客观需要外，还由于其具有许多适合工业控制的独特优点，能够较好地解决工业控制领域中普遍关心的可靠、安全、灵活、方便、经济等问题，其主要特点如下。

1. 可靠性高、抗干扰能力强

可靠性指的是 PLC 平均无故障工作时间。可靠性既反映了用户的要求，又是 PLC 生产厂家竭力追求的技术指标。目前各生产厂家的 PLC 平均无故障安全运行时间远大于国际电工委员会规定的 10 万小时的标准。PLC 之所以可靠性高，是由于采用了一系列硬件和软件的抗干扰措施。

在硬件方面，CPU 与 I/O 模块之间采用光电隔离措施，有效地抑制了外部干扰源对 PLC 的影响，同时可以防止外部高电压进入 CPU；滤波是抗干扰的又一主要措施。此外对有些模块还设置了联锁保护、自诊断电路等。

在软件方面，PLC 系统程序中设有故障检测和自诊断程序，能对系统硬件电路等故障实现检测与判断；当由外界干扰引起故障时，能立即将当前重要的状态信息存入指定存储器，用软、硬件配合封闭存储器，禁止对存储器进行任何不稳定的读写操作，以防存储的信息被冲掉。一旦环境正常，便可恢复到发生故障前的状态，继续原工作。

2. 编程简单、操作方便

PLC 作为通用的工业控制计算机，是面向工矿企业的工控设备，它提供多种面向用户的语言。目前大多数 PLC 采用继电器控制形式的梯形图编程方式，这是一种面向生产、面向用户的编程方式，形象、直观、易懂，很容易被现场电气工程技术人员所接受并掌握。

现在，PLC 编程器大都采用个人计算机或手持式编程器两种形式。手持式编程器具有体积小、重量轻、便于携带、易于现场调试等优点。利用计算机和编程软件，可以对 PLC 进行编程、仿真调试、监控运行。

3. 功能完善、通用性强

现代 PLC 不仅具有逻辑运算、定时、计数、顺序控制等功能，而且还有 A/D 和 D/A 转换、数值运算、数值处理、PID 控制、通信联网等功能。同时，PLC 产品有系列化、模块化特点，有品种齐全的各种硬件装置供用户选用，可以组成满足各种要求的控制系统。

4. 系统的设计、安装、调试工作量小且维护方便

PLC 用软件取代了继电器控制系统中大量的中间继电器、时间继电器、计数器等器件，使控制柜的设计、安装接线工作量大为减少。同时，PLC 的用户程序大部分可以在实验室进行模拟调试，模拟调试完成后，再进行现场联机调试，这样既安全，又快捷方便。

PLC 的故障率很低，维修的工作量很小；而且有完善的自诊断和显示功能，当故障发生时，可以根据 PLC 的指示或编程器提供的信息，迅速查明故障原因，维修极为方便。

5. 体积小、重量轻、能耗低

由于 PLC 采用了集成电路，其结构紧凑、体积小、重量轻、能耗低，因而是实现机电

一体化的理想控制设备。

四、PLC的应用

PLC广泛应用于钢铁、石油、化工、电力、建材、机械制造、汽车、轻纺、交通运输、环保等各行各业。其应用大致可以归纳为以下几个方面。

1. 开关量逻辑控制

这是PLC最基本、最广泛的应用领域。取代传统的继电器接触器控制，实现逻辑控制、定时控制及顺序逻辑控制，可用于单机控制、多机群控、自动化生产线的控制等，如PLC可用于组合机床、注塑机、冲压机械、铸造机械、运输带、电梯、泵、电磁阀、包装生产线、电镀流水线等的控制。

2. 模拟量过程控制

过程控制是指对温度、压力、流量等连续变化的模拟量的闭环控制。PLC通过模拟量I/O模块，实现模拟量(Analog)和数字量(Digital)之间的A/D转换和D/A转换，并对模拟量实行闭环PID(Proportional-Integral-Derivative，比例-积分-微分)控制。PLC的模拟量PID控制功能已经广泛应用于塑料挤压成型机、加热炉、热处理炉、锅炉等设备，可实现对温度、压力、流量等参数的控制。

3. 运动控制

PLC可以用于圆周运动或直线运动的定位控制。从控制机构配置来说，早期直接用开关量I/O模块连接位置传感器和执行机构，现在一般使用专用的运动控制模块，如可驱动步进电机或伺服电机的单轴或多轴位置控制模块。世界上各主要PLC厂家的产品几乎都有运动控制功能，广泛地应用于各种机械、机床、机器人、电梯等场合。

4. 数据处理

现代的PLC具有数学运算(包括四则运算、矩阵运算、函数运算、字逻辑运算以及求反、循环、移位、浮点数运算)、数据传送、转换、排序和查表、位操作等功能，可以完成数据的采集、分析及处理。这些数据可以与储存在存储器中的参考值进行比较，完成一定的控制操作，也可以利用通信功能传送到其他的智能装置，或将它们打印制表。数据处理一般用于大型控制系统，如无人控制的柔性制造系统；也可用于过程控制系统，如造纸、冶金、食品工业中的一些大型控制系统。

5. 通信联网

PLC的通信包括主机与远程I/O之间的通信、多台PLC之间的通信、PLC与其他智能控制设备(如计算机、变频器、数控装置)之间的通信。PLC与其他智能控制设备一起，可以组成“集中管理、分散控制”的分布式控制系统，以满足工厂自动化系统发展的需要。各PLC或远程I/O按功能各自放置在生产现场分散控制，然后采用网络连接构成集中管理信息的分布式网络系统。

【知识拓展】

PLC 的分类

(一)按结构形式分类

PLC 按结构形式可分为整体式、模块式和叠装式 3 种结构。

1. 整体式 PLC

整体式又叫作单元式或箱体式，是将 CPU 模块、I/O 模块和电源装在一个箱体机壳内。其特点是结构紧凑、体积小、价格低，小型 PLC 一般采用整体式结构，如三菱 FX 系列 PLC。整体式 PLC 一般配有许多专用的特殊功能单元，如模拟量 I/O 单元、位置控制单元、数据输入输出单元等，使 PLC 的功能得到扩展。

2. 模块式 PLC

模块式又叫作积木式，是将 CPU 模块、电源模块、I/O 模块作为单独的模块安装在同一底板或框架上。其特点是配置灵活、装配维修方便，大、中型 PLC 和部分小型 PLC 采用模块式结构。例如，OMRON 公司的 C200H、C1000H、C2000H，A-B 公司的 PLC5 系列产品，莫迪康(MODICON)公司的 M84 系列产品，西门子公司的 S5-100U、S5-115U、S7-300、S7-400PLC 等，都属于模块式 PLC。

3. 叠装式 PLC

叠装式结构是整体式和模块式相结合的产物。把某一系列 PLC 工作单元的外形都做成外观尺寸一致的，CPU、I/O 及电源也可做成独立的，不使用模块式 PLC 中的底板，采用电缆连接各个单元，在控制设备中安装时可以一层层地叠装，这就是叠装式 PLC。如三菱公司的 FX 系列 PLC、西门子公司的 S7-200 型 PLC，均是叠装式 PLC。

整体式 PLC 一般用于规模较小、输入输出点数固定、以后也少有扩展的场合；模块式 PLC 一般用于规模较大、输入输出点数较多、输入输出点数比例比较灵活的场合；叠装式 PLC 具有前二者的优点，从近年来的市场情况看，整体式及模块式有结合为叠装式的趋势。

(二)按 I/O 点数和存储容量分类

按 I/O 点数和存储容量，PLC 可分为小型、中型和大型 3 种。

1. 小型 PLC

I/O 点数在 256 点及以下，存储器容量为 2K 步。这类 PLC 结构简单，大多为整体式结构，如 OMRON 公司的 P 型机。

2. 中型 PLC

I/O 点数在 256～2048 点(不包括 256 点和 2048 点)，存储器容量为 2～8K 步。中型 PLC 的 I/O 点数跨度大，一般采用模块式结构。由于它们用于控制较为复杂的对象，有较多的特殊功能模块，如模拟量控制、通信模块等。OMRON 公司的 C200H 就属于中型机。

3. 大型 PLC

I/O 点数在 2048 点以上(包括 2048 点)，存储器容量在 8K 步以上。大型 PLC 不仅能进行大量的逻辑控制，还能实现多种、多路的模拟量控制；可进行组网，构成大规模的控制系统。大型机也是模块式结构，特殊功能模块更多、功能更强。如 PID 单元，对模拟量输入进行 PID 处理，并产生相应的最优模拟输出。大型机除了具有中、小型 PLC 的功能外，还增强了编程终端的处理能力和通信能力，适用于多级自动控制和大型分散控制系统。

(三)按生产厂家分类

1. 美国的 PLC 产品

美国 A-B(Alien-Bradley)公司、通用(GE)电气公司、莫迪康(MODICON)公司、德州仪器(TI)公司、西屋公司是美国著名 PLC 制造商。

A-B 公司是美国最大的 PLC 制造商，产品规格齐全、种类繁多，主推的产品为大、中型的 PLC-5 系列。中型 PLC 有 PLC-5/10、PLC-5/12、PLC-5/14、PLC-5/25；大型 PLC 有 PLC-5/11、PLC-5/20、PLC-5/30、PLC-5/40、PLC-5/60。A-B 公司小型 PLC 有 SLC-500 系列等。

GE 公司的代表产品有 GE-II、GE-III、GE-IV 等系列，分别为小型、中型、大型 PLC，GE-VI/P 最多可配置 4000 个 I/O 点。

德州仪器公司的小型 PLC 产品有 510、520 等，中型 PLC 产品有 5TI 等，大型 PLC 产品有 PM550、PM530、PM560、PM565 等系列。

莫迪康公司的小型 PLC 产品有 M84 系列，中型 PLC 产品有 M484 系列，大型 PLC 产品有 M584 系列。M884 是增强型中型 PLC，具有小型 PLC 的结构、大型 PLC 的控制功能。

2. 欧洲的 PLC 产品

德国西门子(Siemens)公司、AEG 公司、法国的施耐德电气公司是欧洲著名的 PLC 制造商。德国西门子的电子产品以性能精良而久负盛名，在大、中型 PLC 产品领域与美国 A-B 公司齐名。

德国西门子公司主要产品有 S5、S7 系列。S5 系列中，S5-90U、S5-95U 属于微型整体式 PLC；S5-100U 属于小型模块式 PLC，最多可配置 256 个 I/O 点；S5-115U 属于中型 PLC，最多可配置 1024 个 I/O 点；S5-155U 属于大型 PLC，最多可配置 4096 个 I/O 点，模拟量可达到 300 多路。S7 系列是近年来开发的代替 S5 的新产品。S7 系列含 S7-200、S7-300 及 S7-400 系列。其中 S7-200 是微型 PLC，S7-300 是中、小型 PLC，S7-400 是大型 PLC。S7 系列性价比较高，近年来在中国市场占有份额不断上升。

3. 日本的 PLC 产品

日本 PLC 产品在小型机领域颇具盛名，在世界小型机市场中约占 70%的份额。三菱公司、欧姆龙公司、松下公司、富士公司、日立公司、东芝公司是日本著名的 PLC 制造商。

三菱公司的 PLC 是较早进入中国市场的产品。小型、超小型 PLC 产品有 F、F_1、F_2、FX_2、FX_1、FX_{2C}、FX_0、FX_{0N}、FX_{0S}、FX_{2N}、FX_{2NC}、FX_{3U}、FX_{3UC} 等系列，其中 F 系列已

停产，FX_{3U} 系列是三菱公司的近期产品。A 系列 PLC 是一种中大型模块式机种，主要型号有 A_{1N}、A_{2N}、A_{3N} 及近年来面世的 A_{2A}、A_{2AS} 等产品。本书以三菱 FX_{3U} 系列机型为例介绍 PLC 的应用。

欧姆龙公司的 PLC 产品，大、中、小、微型规格齐全。微型 PLC 以 SP 系列为代表；小型 PLC 有 P 型、M 型以及 CPM1A、CPM2A、CPM2C 系列等；中型 PLC 有 C200H、C200HS、C200HX、C200HG、C200HE 及 CS1 等系列。

松下公司的 PLC 产品中 FP0 系列为微型机，FP1 系列为整体式小型机， FP3 系列为模块式中型机，FP5/FP10、FP10S、FP20 系列为大型机。

4. 我国的 PLC 产品

国内 PLC 产品有：无锡华光电子工业有限公司的 SR-10、SR-20/21 等，上海机床电器厂的 CKY-40，杭州机床电器厂的 DKK02，苏州机床电器厂的 YZ-PC-001A，上海自立电子设备厂的 KKI 系列，上海香岛机电制造有限公司的 ACMY-S80、ACMY-S256，中国科学院自动化研究所的 PLC-0088，北京联想计算机集团公司的 GK-40，天津中环自动化仪表公司的 DJK-S-84/86/480 等。

任务 1.2　PLC 的组成与工作原理

知识目标：

- 了解 PLC 的组成及各部分的作用。
- 掌握 PLC 的工作原理。

能力目标：

能通过简单的实例分析 PLC 循环扫描的工作过程。

【相关知识】

一、PLC 的组成

PLC 的基本组成可以划分为两大部分，即硬件系统和软件系统。

(一)PLC 的硬件系统

PLC 的硬件系统由中央处理器(CPU)、存储器、输入输出(I/O)接口、编程器、电源、外部设备接口、输入输出(I/O)扩展接口组成，如图 1.2 所示。

1. 中央处理器

CPU 是 PLC 的核心，主要功能是采集输入信号、执行用户程序、刷新系统的输出；CPU 由控制电路、运算器和寄存器等组成，通过三种总线与存储器模块、输入输出模块相连接。

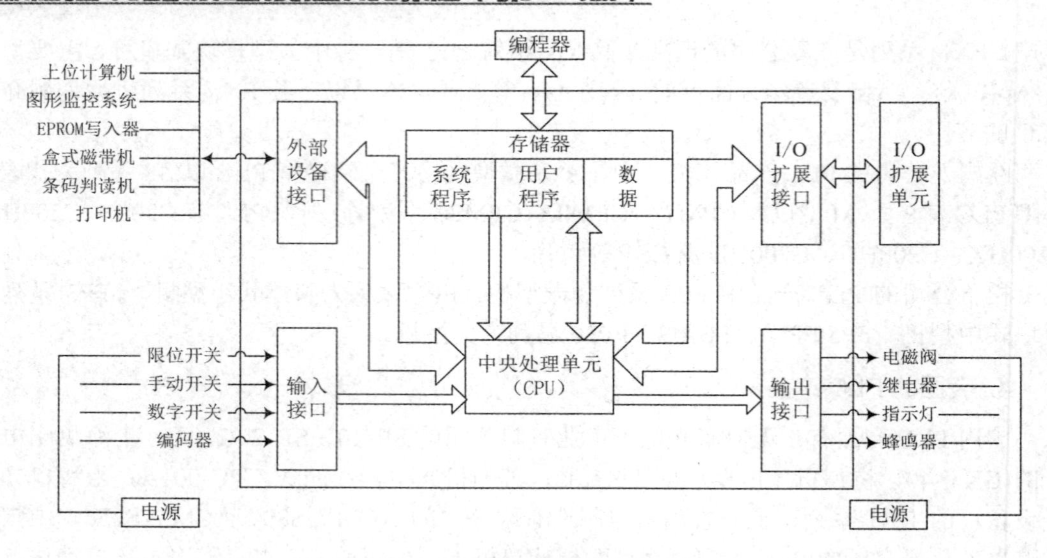

图 1.2 PLC 硬件系统的基本结构

PLC 常用 CPU 芯片如下。

- 通用微处理器，如 Intel 公司的 8086、80186 到 Pentium 系列芯片。
- 单片微处理器(单片机)，如 Intel 公司的 MCS-51/96 系列单片机。
- 位片式微处理器，如 AMD 2900 系列位片式微处理器。

其中，小型 PLC 的 CPU 多采用单片机或专用 CPU，大型 PLC 的 CPU 多采用位片式结构，具有高速数据处理能力。

2. 存储器

存储器(Memory)主要用来存放系统程序、用户程序和数据。PLC 的存储器分为系统程序存储器和用户程序存储器。系统程序是用来控制和完成 PLC 各种功能的程序，只读存储器(ROM)中固化着系统程序，用户不能直接存取、修改。用户程序是指用户根据工程现场的生产过程和工艺要求编写的控制程序，随机存取存储器(RAM)中存放用户程序和工作数据，使用者可通过编程器或计算机对用户程序进行修改。为保证掉电时不丢失 RAM 存储信息，一般用锂电池作为备用电源供电。

3. 输入输出(I/O)接口

输入输出模块是 PLC 与工业控制现场各类信号连接的部分。对输入输出模块的主要要求，一是要有良好的抗干扰能力，二是能满足工业现场各类信号的匹配要求。

输入模块用来接收生产过程中的各种信号。输入信号有两类：一类是从按钮、选择开关、数字拨码开关、限位开关、接近开关、光电开关、压力继电器等传来的开关量输入信号；另一类是由电位器、热电偶、测速发电机、各种变送器提供的连续变化的模拟量输入信号。

输入电路一般由光电耦合电路和微电脑输入接口电路组成。采用光电耦合电路与现场输入信号相连是为了防止现场的强电干扰进入 PLC。由于输入和输出端是靠光信号耦合的，在电气上是完全隔离的，因此输出端的信号不会反馈到输入端，也不会产生地线干扰或其他串扰。光电耦合电路的关键器件是光耦合器，一般由发光二极管和光电三极管组成。由于发光二极管的正向阻抗值较低，而外界干扰源的内阻一般较高，根据分压原理可知，干扰源能馈送到输入端的干扰噪声很小。微电脑输入接口电路一般由数据输入寄存器、选通电路和中断请求逻辑电路构成，这些电路集成在一个芯片上。现场的输入信号通过光电耦合送到输入数据寄存器，然后通过数据总线送给 CPU。

输出模块用来输出 PLC 运算后得出的控制信息，控制接触器、电磁阀、电磁铁、调节阀、调速装置等执行器，PLC 的另一类外部负载是指示灯、数字显示装置和报警装置等。

输出电路一般由微电脑输出接口电路和功率放大电路组成。微电脑输出接口电路一般由输出数据寄存器、选通电路和中断请求电路集合而成。CPU 通过数据总线，将要输出的信号存储到输出数据寄存器中。功率放大电路是为了适应工业控制的要求，将微电脑输出的信号加以放大。PLC 一般采用继电器、晶闸管或晶体管输出。

根据 I/O 电路的结构形式不同，I/O 接口又可分为开关量 I/O 和模拟量 I/O 两大类，其中模拟量 I/O 要经过 A/D、D/A 转换电路的处理，转换成计算机系统所能识别的数字信号。在整体结构的 PLC 中，I/O 接口电路的结构形式隐含在 PLC 的型号中，在模块式结构的 PLC 中，有开关量的交直流 I/O 模块、模拟量 I/O 模块及各种智能 I/O 模块可供选择。

4. 编程器

编程器是 PLC 重要的外部设备，一般 PLC 都配有专用的编程器。通过编程器可以输入程序，并可以对用户程序进行检查、修改、调试和监视，还可以通过键盘调入及显示 PLC 的状态、内部器件及系统的参数，经过接口与中央处理器联系，完成人机对话操作。

编程器一般有两类：一类是专用的编程器，有手持的，也有台式的，还有 PLC 机身上自带的，其中手持式的编程器携带方便，适合工业控制现场使用；另一类是个人计算机，在个人计算机上运行 PLC 相关的编程软件，即可完成编程任务。

5. 电源

PLC 使用 220V 交流电源或 24V 直流电源，内部配有一个专用开关式稳压电源，将交流/直流供电电源转化为 PLC 内部电路需要的工作电源(5V 直流)。

6. 外部设备接口

外部设备接口是在主机外壳上与外部设备配接的插座，通过电缆线可配接编程器、计算机、打印机、EPROM 写入器、触摸屏等。

7. I/O 扩展接口

I/O 扩展接口用于扩展输入输出点数。当用户输入输出点数超过主机范围时，可通过 I/O 扩展口与 I/O 扩展单元相接。A/D 和 D/A 单元以及链接单元一般也通过该接口与主机连接。

(二)PLC 的软件系统

PLC 的软件系统是指 PLC 所使用的各种程序的集合，包括系统程序(或称系统软件)和用户程序(或称应用软件)。系统程序含系统的管理和监控程序、用户指令的解释程序，另外，还包括一些供系统调用的专用标准程序块等。系统程序在出厂前已被固化在 EPROM

(是 ROM 的一种)中，用户不能改变。用户程序是用户根据生产过程和工艺要求，采用 PLC 厂家提供的编程语言编制的程序，通过编程器或计算机输入到 PLC 的 RAM 中，并可对其进行修改或删除。

二、PLC 的工作原理与 I/O 滞后时间

PLC 用户程序的执行采用循环扫描的工作方式，即 PLC 对用户程序逐条顺序执行，直至程序结束，然后从头扫描，周而复始，直至停止执行用户程序。

(一)PLC 的工作原理

PLC 有两种基本的工作模式，即运行(RUN)模式与停止(STOP)模式，如图 1.3 所示。其中运行模式是执行应用程序的状态，停止模式一般用于程序的编制与修改。

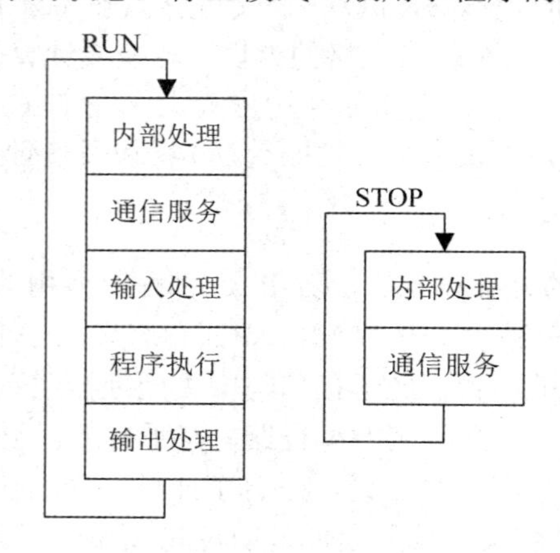

图 1.3　PLC 的工作模式

在运行模式下，PLC 对用户程序的循环扫描过程分为 3 个阶段，即输入处理阶段、程序执行阶段和输出处理阶段，如图 1.4 所示。

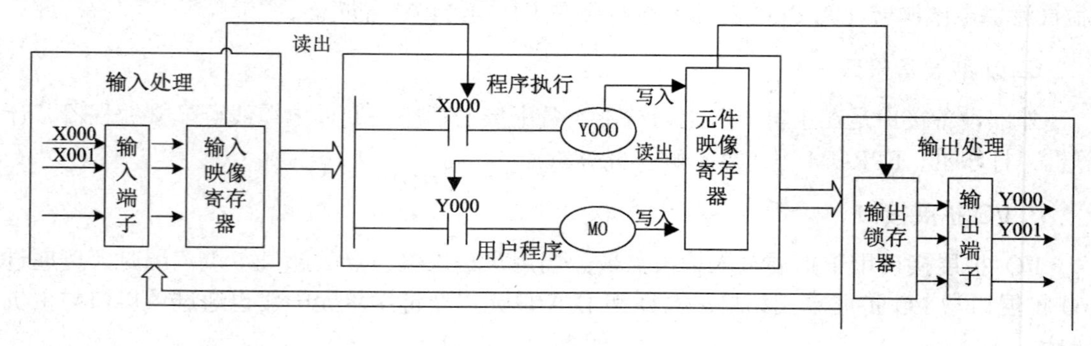

图 1.4　PLC 的循环扫描工作过程

1. 输入处理阶段

输入处理阶段又称输入采样阶段。在 PLC 的存储器中，有一个专门存放输入输出信号状态的区域，称为输入映像寄存器和输出映像寄存器，PLC 梯形图中其他的编程元件也有

对应的映像存储区，它们统称为元件映像寄存器。

PLC 在输入处理阶段，以扫描方式顺序读入所有外部输入电路的状态(接通或断开)，并将其状态存入输入映像寄存器，接下来进入程序执行阶段。

值得注意的是，只有在输入采样时刻，输入映像寄存器的内容才与输入信号一致，程序执行阶段输入信号的变化不会影响输入映像寄存器中的内容，输入信号变化后的状态只能在下一扫描周期的输入处理阶段被读入。因此，如果输入是脉冲信号，则该脉冲信号的宽度必须大于一个扫描周期，才能保证在任何情况下，该输入均能被读入。

2. 程序执行阶段

在程序执行阶段，PLC 对用户程序顺序地进行扫描。指令在存储器中按步序号顺序排列，在没有跳转指令时，CPU 从第一条指令开始，逐条顺序地执行用户程序，直到用户程序结束处。每扫描一条指令，所需的输入状态或其他元件的状态分别由输入映像寄存器或元件映像寄存器中读出，并根据指令的要求执行相应的逻辑运算，运算的结果写入对应的元件映像寄存器中，因此，各编程元件映像寄存器(输入映像寄存器除外)的内容随着程序的执行而变化。

3. 输出处理阶段

输出处理阶段又称输出刷新阶段。在此阶段，CPU 将输出映像寄存器的所有输出继电器状态(接通或断开)传送到输出锁存器，再驱动被控对象(负载)，即 PLC 的实际输出。

PLC 重复执行上述 3 个阶段，这 3 个阶段也是分时完成的。

为了连续完成 PLC 所承担的工作，系统必须周而复始地按一定顺序完成这一系列工作，这种工作方式称为循环扫描工作方式。PLC 执行一次扫描操作所需要的时间称为扫描周期，其典型值为 1～100ms。

在停止模式下，PLC 只进行内部处理和通信服务工作。内部处理阶段 PLC 检查 CPU 模块内部的硬件是否正常，进行监控定时器(Watch Dog Timer，WDT)复位工作等。而通信服务阶段，PLC 则与其他带 CPU 的智能装置通信。

(二)I/O 滞后时间

I/O 滞后时间又称为系统响应时间，是指从 PLC 外部输入信号发生变化的时刻起至它控制的有关外部输出信号发生变化的时刻之间的间隔。它由输入电路的滤波时间、输出模块的滞后时间和因扫描工作方式产生的滞后时间三部分组成。

(1) 输入模块的 RC 滤波电路用来滤除由输入端引入的干扰噪声，消除因外接输入触点动作时产生抖动引起的不良影响。滤波时间常数决定了输入滤波时间的长短，其典型值为 10ms 左右。

(2) 输出模块的滞后时间与模块开关元件的类型有关：继电器型约为 10ms；双向晶闸管型在负载接通时的滞后时间约为 1ms，负载由导通到断开的最大滞后时间为 10ms；晶体管型一般在 1ms 左右。

(3) 由扫描工作方式产生的最大滞后时间可能超过两个扫描周期。

I/O 滞后时间对于一般工业设备是允许的，但对某些需要输出对输入做出快速响应的工业现场，可以采用快速响应模块、高速计数模块以及中断处理等措施，尽量缩短响应时间。

任务 1.3　FX_{3U} 系列 PLC 的硬件配置与安装接线

知识目标：

- 掌握 PLC 型号的含义。
- 掌握 PLC 的基本构成。
- 掌握 PLC 的性能指标。
- 掌握 PLC 的安装、接线。

能力目标：

- 能够完成 PLC 的安装。
- 能够完成 PLC 的电源线、输入线、输出线及通信线的简单接线。

【相关知识】

一、FX 系列 PLC 型号参数说明

FX 系列 PLC 的型号含义如图 1.5 所示。

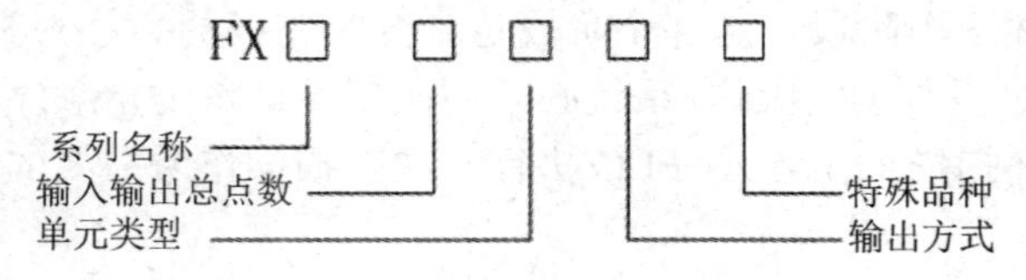

图 1.5　FX 系列 PLC 的型号含义

系列名称：0、2、0S、1S、0N、1N、2N、2NC、3U 等。

单元类型：M——基本单元；E——输入输出混合扩展单元；EX——输入扩展模块；EY——输出扩展模块。

输出方式：R——继电器输出；T——晶体管输出；S——晶闸管输出。

特殊品种：D——DC(直流)电源，DC 输出。

A1——AC(交流)电源，AC(AC100～120V)输入或 AC 输出模块。

H——大电流输出扩展模块。

V——立式端子排的扩展模块。

C——接插口输入输出方式。

F——输入滤波时间常数为 1ms 的扩展模块。

L——TTL 输入扩展模块。

S——独立端子(无公共端)扩展模块。

若特殊品种一项无符号，则默认为 AC 电源、DC 输入、横式端子排、标准输出(继电器输出为 2A/1 点；晶体管输出为 0.5A/1 点；双向可控硅输出为 0.3A/1 点)。

例如，型号为 FX_{2N}-40MR-D 表示 FX_{2N} 系列，40 个 I/O 点基本单元，继电器输出，使

用 DC 24V 电源，24V 直流输出型。

二、FX_{3U} 系列 PLC

(一)FX_{3U} 系列 PLC 的特点

FX_{3U} 系列 PLC 是三菱公司最新开发的第 3 代紧凑型的小型 PLC，采用连接器输入输出形式，行业内最高水平的高速处理及定位等内置功能得到大幅提升，是目前该公司小型 PLC 中 CPU 性能最高的产品，可适用于网络控制的小型 PLC 系列产品。FX_{3U} 系列 PLC 采用了基本单元加扩展的形式，基本功能兼容了 FX_{2N} 系列的全部功能，与 FX_{2N} 系列 PLC 相比，CPU 的运算速度大幅度提高，通信功能、定位功能进一步增强，其主要特点如下。

1. 运算速度提高

CPU 处理速度达到 0.065 μs /基本指令(FX_{2N} 系列为 0.08 μs /基本指令)，0.642 μs /应用指令(FX_{2N} 系列为 1.25 μs /应用指令)。

2. 存储器容量扩大

内置高达 64KB(64000 步)的大容量 RAM 存储器。

3. I/O 点数增加

FX_{3U} 系列 PLC 基本单元本身具有固定的 I/O 点数，完全兼容 FX_{2N} 系列 PLC 的全部扩展模块，主机控制的 I/O 点数为 256 点，新增了高速输入输出适配器，模拟量输入输出适配器和温度输入适配器，这些适配器不占用系统点数，使用方便，FX_{3U} 左侧最多可以连接 10 台特殊适配器，通过 CC-Link 网络扩展可以实现最多达 384 点(包括远程 I/O 在内)的控制。

4. 通信功能增强

FX_{3U} 系列 PLC 在 FX_{2N} 系列 PLC 的基础上增加了 RS-422 标准接口与网络连接的通信模块。同时，通过转换装置还可以使用 USB 接口。

5. 高速计数功能

内置 100kHz 的 6 点高速计数器与独立 3 轴 100kHz 定位扩展功能，可以实现简易位置控制功能。

6. 编程功能增强

FX_{3U} 系列 PLC 编程元件数量比 FX_{2N} 系列 PLC 大大增加，内部继电器达到 7680 点、状态继电器达到 4096 点、定时器达到 512 点，同时增加了部分应用指令。

7. 定位功能提高

FX_{3U} 系列 PLC 的定位功能有以下几点。

(1) PLC 主体脉冲输出由 2 个增加到 3 个。FX_{3U} 之前系列 PLC 主体脉冲输出功能为 Y0、Y1 两个(FX_{1S}/FX_{1N} 为 100kHz，FX_{2N} 为 20kHz)，FX_{3U} 在此项功能方面增加到 3 个，分别为 Y0、Y1、Y2，频率为 100kHz。

(2) 定位指令增加。FX_{3U}除了之前的FX系列的定位指令ABS/ZRN/PLSV/DRVI/DRVA外，还增加了DSZR(带DOG搜索的原点回归)、DVIT(中断定位)、TBL(表格定位)等指令。

(3) 可扩展高速脉冲输出模块。FX_{3U}-2HSY-ADP用于定位，FX_{3U}可在其主体左侧扩展最高200kHz的脉冲输出模块FX_{3U}-2HSY-ADP，用于连接差动输入型的伺服电机，最多可扩展2个模块、4个独立轴。

(4) 可扩展定位模块。FX_{3U}-20SSC-H模块用于定位，此模块用三菱专用SSCNET总线连接，需连接三菱伺服MR-J3B型伺服器，可进行2轴插补，用专用软件FX-Configurator-FP进行伺服参数设置及定位设定。

(5)可连接FX系列之前的定位模块。FX系列之前的特殊模块FX_{2N}-1PG-E、FX_{2N}-10PG、FX-10GM、FX-20GM等模块可以和FX_{3U}一起使用。

(二)FX_{3U}系列PLC的基本构成

FX_{3U}系列PLC由基本单元、I/O扩展单元、I/O扩展模块、通信功能扩展模块及特殊功能扩展模块等构成。I/O扩展单元用于增加PLC的I/O点数，内部设有电源。I/O扩展模块用于增加PLC的I/O点数，内部无电源，所用电源由基本单元或扩展单元提供。扩展单元、扩展模块均无CPU，必须与基本单元一起使用。

FX_{3U}系列PLC基本单元有16、32、48、64、80、128共6种基本规格，输入输出有多种选择。FX_{3U}系列目前还未有自身的I/O扩展单元，但可以使用FX_{2N}系列PLC的4种I/O扩展单元。FX_{3U}系列目前还未有自身的I/O扩展模块，但可以使用FX_{2N}系列PLC的I/O扩展模块。FX_{3U}系列PLC的基本单元、I/O扩展单元、I/O扩展模块型号中各参数的含义如图1.6至图1.8所示。FX_{3U}系列PLC的基本单元、I/O扩展单元、I/O扩展模块的型号及规格如表1.1至表1.3所示。

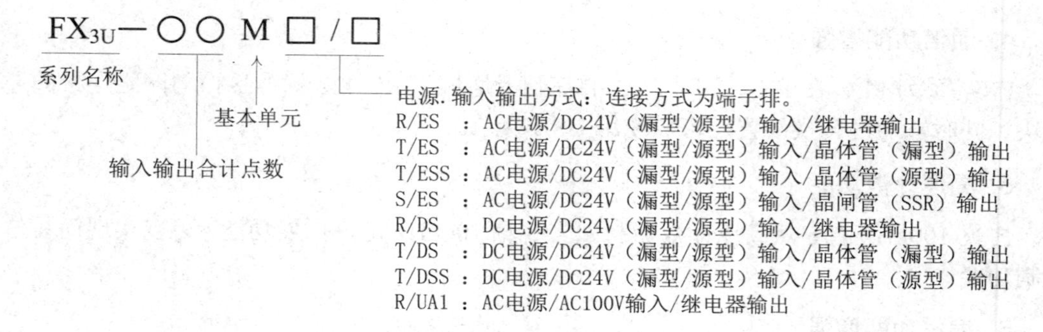

图1.6 FX_{3U}系列PLC的基本单元型号参数

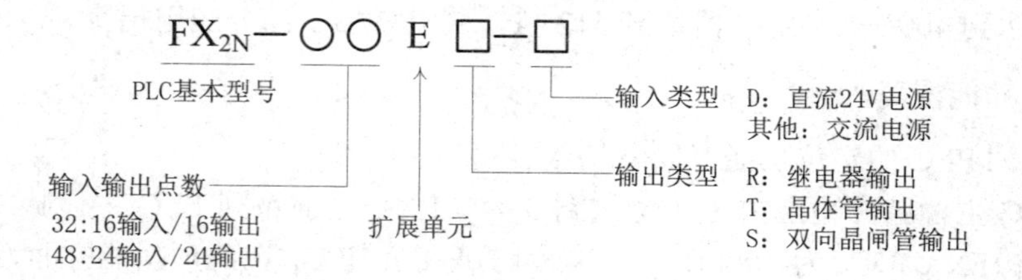

图1.7 FX_{3U}系列PLC的I/O扩展单元型号参数

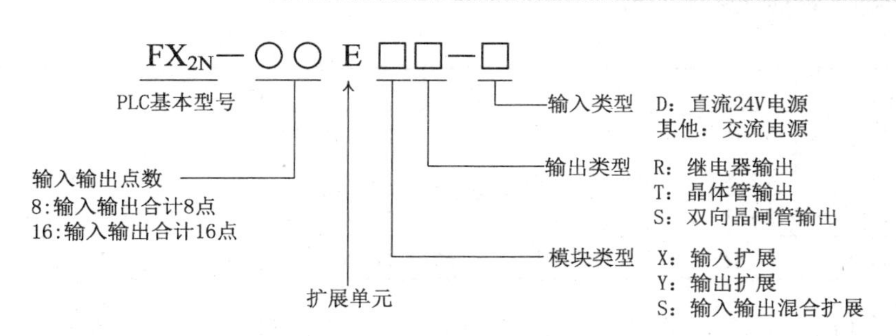

图 1.8　FX_{3U}系列 PLC 的 I/O 扩展模块型号参数

表 1.1　FX_{3U}系列 PLC 的基本单元

型　号	名　称	功　能	备　注
FX_{3U}-16MR-ES-A	8 输入/8 输出基本单元	8 点 DC24V 输入/8 点继电器输出	AC 电源
FX_{3U}-16MT-ES-A	8 输入/8 输出基本单元	8 点 DC24V 输入/8 点晶体管漏型输出	
FX_{3U}-16MT-ESS	8 输入/8 输出基本单元	8 点 DC24V 输入/8 点晶体管源型输出	
FX_{3U}-32MR-ES-A	16 输入/16 输出基本单元	16 点 DC24V 输入/16 点继电器输出	
FX_{3U}-32MT-ES-A	16 输入/16 输出基本单元	16 点 DC24V 输入/16 点晶体管漏型输出	
FX_{3U}-32MT-ESS	16 输入/16 输出基本单元	16 点 DC24V 输入/16 点晶体管源型输出	
FX_{3U}-48MR-ES-A	24 输入/24 输出基本单元	24 点 DC24V 输入/24 点继电器输出	
FX_{3U}-48MT-ES-A	24 输入/24 输出基本单元	24 点 DC24V 输入/24 点晶体管漏型输出	
FX_{3U}-48MT-ESS	24 输入/24 输出基本单元	24 点 DC24V 输入/24 点晶体管源型输出	
FX_{3U}-64MR-ES-A	32 输入/32 输出基本单元	32 点 DC24V 输入/32 点继电器输出	
FX_{3U}-64MT-ES-A	32 输入/32 输出基本单元	32 点 DC24V 输入/32 点晶体管漏型输出	
FX_{3U}-64MT-ESS	32 输入/32 输出基本单元	32 点 DC24V 输入/32 点晶体管源型输出	
FX_{3U}-80MR-ES-A	40 输入/40 输出基本单元	40 点 DC24V 输入/40 点继电器输出	
FX_{3U}-80MT-ES-A	40 输入/40 输出基本单元	40 点 DC24V 输入/40 点晶体管漏型输出	
FX_{3U}-80MT-ESS	40 输入/40 输出基本单元	40 点 DC24V 输入/40 点晶体管源型输出	
FX_{3U}-128MR-ES-A	64 输入/64 输出基本单元	64 点 DC24V 输入/64 点继电器输出	
FX_{3U}-128MT-ES-A	64 输入/64 输出基本单元	64 点 DC24V 输入/64 点晶体管漏型输出	
FX_{3U}-128MT-ESS	64 输入/64 输出基本单元	64 点 DC24V 输入/64 点晶体管源型输出	
FX_{3U}-16MR-DS	8 输入/8 输出基本单元	8 点 DC24V 输入/8 点继电器输出	DC 电源
FX_{3U}-16MT-DS	8 输入/8 输出基本单元	8 点 DC24V 输入/8 点晶体管漏型输出	
FX_{3U}-16MT-DSS	8 输入/8 输出基本单元	8 点 DC24V 输入/8 点晶体管源型输出	
FX_{3U}-32MR-DS	16 输入/16 输出基本单元	16 点 DC24V 输入/16 点继电器输出	
FX_{3U}-32MT-DS	16 输入/16 输出基本单元	16 点 DC24V 输入/16 点晶体管漏型输出	
FX_{3U}-32MT-DSS	16 输入/16 输出基本单元	16 点 DC24V 输入/16 点晶体管源型输出	
FX_{3U}-48MR-DS	24 输入/24 输出基本单元	24 点 DC24V 输入/24 点继电器输出	
FX_{3U}-48MT-DS	24 输入/24 输出基本单元	24 点 DC24V 输入/24 点晶体管漏型输出	
FX_{3U}-48MT-DSS	24 输入/24 输出基本单元	24 点 DC24V 输入/24 点晶体管源型输出	
FX_{3U}-64MR-DS	32 输入/32 输出基本单元	32 点 DC24V 输入/32 点继电器输出	
FX_{3U}-64MT-DS	32 输入/32 输出基本单元	32 点 DC24V 输入/32 点晶体管漏型输出	

续表

型　号	名　称	功　能	备　注
FX_{3U}-64MT-DSS	32输入/32输出基本单元	32点DC24V输入/32点晶体管源型输出	DC电源
FX_{3U}-80MR-DS	40输入/40输出基本单元	40点DC24V输入/40点继电器输出	
FX_{3U}-80MT-DS	40输入/40输出基本单元	40点DC24V输入/40点晶体管漏型输出	
FX_{3U}-80MT-DSS	40输入/40输出基本单元	40点DC24V输入/40点晶体管源型输出	

FX_{3U}系列PLC在$FX_{1N/2N}$系列PLC的CC-Link/LT、MELSEC-I/OLink、AS-i网络的基础上，进一步增加了USB通信功能(需要通过增加特殊的通信功能扩展板)，而且可以同时进行3个通信端口的通信。FX_{3U}系列PLC可选用的通信功能扩展模块如表1.4所示。

表1.2　FX_{3U}系列PLC的I/O扩展单元

型　号	名　称	功　能	备　注
FX_{2N}-32ER	16输入/16输出扩展单元	16点DC24V输入/16点继电器输出	单元电源：AC100～240V
FX_{2N}-32ET	16输入/16输出扩展单元	16点DC24V输入/16点晶体管输出	
FX_{2N}-48ER	24输入/24输出扩展单元	24点DC24V输入/24点继电器输出	
FX_{2N}-48ET	24输入24输出扩展单元	24点DC24V输入/24点晶体管输出	

表1.3　FX_{3U}系列PLC的I/O扩展模块

型　号	名　称	功　能	备　注
FX_{0N}-8ER	4输入/4输出扩展模块	4点DC24V输入/4点继电器输出	
FX_{0N}-8EX	8点输入扩展模块	8点DC24V输入	
FX_{2N}-16EX	16点输入扩展模块	16点DC24V输入	
FX_{2N}-16EX-C	16点输入扩展模块	16点DC24V输入	
FX_{2N}-16EXL-C	16点输入扩展模块	16点DC5V输入	
FX_{0N}-8EYR	8点继电器输出扩展模块	8点继电器输出	
FX_{0N}-8EYT	8点晶体管输出扩展模块	8点晶体管输出	
FX_{0N}-8EYT-H	8点晶体管输出扩展模块	8点晶体管输出	
FX_{2N}-16EYR	16点继电器输出扩展模块	16点继电器输出	
FX_{2N}-16EYT	16点晶体管输出扩展模块	16点晶体管输出	
FX_{2N}-16EYS	16点晶闸管输出扩展模块	16点双向晶闸管输出	
FX_{2N}-16EYT-C	16点晶体管输出扩展模块	16点DC5V晶体管输出	

表1.4　FX_{3U}系列PLC可选用的通信功能扩展模块

型　号	名　称	功　能	备　注
FX_{3U}-232-BD	内置式RS-232通信扩展板	RS-232接口通信	功能扩展板
FX_{3U}-422-BD	内置式RS-422通信扩展板	RS-422接口通信	
FX_{3U}-485-BD	内置式RS-485通信扩展板	RS-485接口通信	
FX_{3U}-CNV-BD	特殊适配器	连接FX_{0N}的通信适配器	
FX_{3U}-USB-BD	USB通信扩展板	USB通信用	

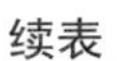

续表

型　号	名　称	功　能	备　注
FX_{3U}-232ADP	RS-232 通信模块	RS-232 接口通信	通信模块
FX_{3U}-485ADP	RS-485 通信模块	RS-485 接口通信	
FX_{2N}-16CCL-M	CC-Link 主站模块	PLC 网络通信用	同 FX_{2N}
FX_{2N}-32CCL	CC-Link 接口模块	PLC 网络通信用	
FX_{2N}-64CL-M	CC-Link/LT 主站模块	连接远程 I/O 模块	
FX_{2N}-16LNK-M	MELSEC-I/OLink 主站模块	连接远程 I/O 模块	
FX_{2N}-32ASI-M	AS-主站模块	连接现场执行传感器	
FX_{2N}-232IF	RS-232 通信模块	RS-232 通信	

FX_{3U} 系列 PLC 的特殊功能模块与 FX_{2N} 系列功能模块基本相同。特殊功能模块主要包括模拟量控制模块、高速计数模块、脉冲输出模块、定位模块等。FX_{3U} 系列 PLC 可选用的特殊功能扩展模块如表 1.5 所示。

表 1.5　FX_{3U} 系列 PLC 可选用的特殊功能扩展模块

型　号	名　称	功　能	备注
FX_{3U}-4AD-ADP	模拟量输入扩展	扩展 4 点模拟量输入	模拟量模块
FX_{3U}-4DA-ADP	模拟量输出扩展	扩展 4 点模拟量输出	
FX_{3U}-4AD-PT-ADP	温度传感器模块	4 点输入，热电阻型	
FX_{3U}-4AD-TC-ADP	温度传感器模块	4 点输入，热电偶型	
FX_{2N}-2AD	模拟量输入扩展	扩展 2 点模拟量输入	
FX_{2N}-4AD	模拟量输入扩展	扩展 4 点模拟量输入	
FX_{2N}-8AD	模拟量输入扩展	扩展 8 点模拟量输入	
FX_{2N}-2DA	模拟量输出扩展	扩展 2 点模拟量输出	
FX_{2N}-4DA	模拟量输出扩展	扩展 4 点模拟量输出	
FX_{2N}-5A	4 输入/1 输出模拟量模块	4 点模拟量输入/1 点模拟量输出	
FX_{0N}-3A	2 输入/1 输出模拟量模块	2 点模拟量输入/1 模拟量输出	
FX_{2N}-4AD-PT	温度传感器模块	4 点输入，热电阻型	
FX_{2N}-4AD-TC	温度传感器模块	4 点输入，热电偶型	
FX_{2N}-2LC	温度调节模块	2 点输出	
FX_{3U}-2HC	2 通道高速计数模块	扩展 2 点模拟量输出	计数模块
FX_{2N}-1HC	1 通道高速计数模块	扩展 1 点模拟量输出	
FX_{3U}-4HSX-ADP	脉冲输入模块	4 通道高速脉冲输入	脉冲输出、定位模块
FX_{3U}-2HSY-ADP	脉冲输出模块	2 通道高速差动脉冲信号输出	
FX_{2N}-1PG	脉冲输出模块	单轴，双相脉冲输出	
FX_{2N}-10PG	脉冲输出模块	单轴，双相高速脉冲输出	
FX_{3U}-20SSC-H	双轴定位控制模块	双轴插补(对应 SSCNETIII)	
FX_{2N}-10GM	单轴定位控制模块	单轴，双相高速脉冲输出	
FX_{2N}-20GM	双轴定位控制模块	双轴，2 路双相高速脉冲输出	
FX_{2N}-1RM-E-SET	转角检测模块	检测转动角度	

三、PLC 的安装、接线

(一)PLC 的安装

PLC 应安装在环境温度为 0～55℃、相对湿度大于 35%而小于 89%、无粉尘和油烟、无腐蚀性及可燃性气体的场合。

PLC 有两种安装方式：一种是直接利用机箱上的安装孔，用螺钉将机箱固定在控制柜的背板或面板上；另一种是利用 DIN 导轨安装，需要先将 DIN 导轨固定好，再将 PLC 的基本单元、扩展单元、特殊模块等安装在 DIN 导轨上。安装时还要注意在 PLC 周围留足散热及接线的空间。

(二)FX_{3U} 系列 PLC 外部端子的功能及连接方法

1. 主机硬件认识与使用

FX_{3U}-48M 型 PLC 的面板如图 1.9 所示，由三部分组成，即外部端子(输入/输出接线端子)部分、指示部分和接口部分，各部分功能如下。

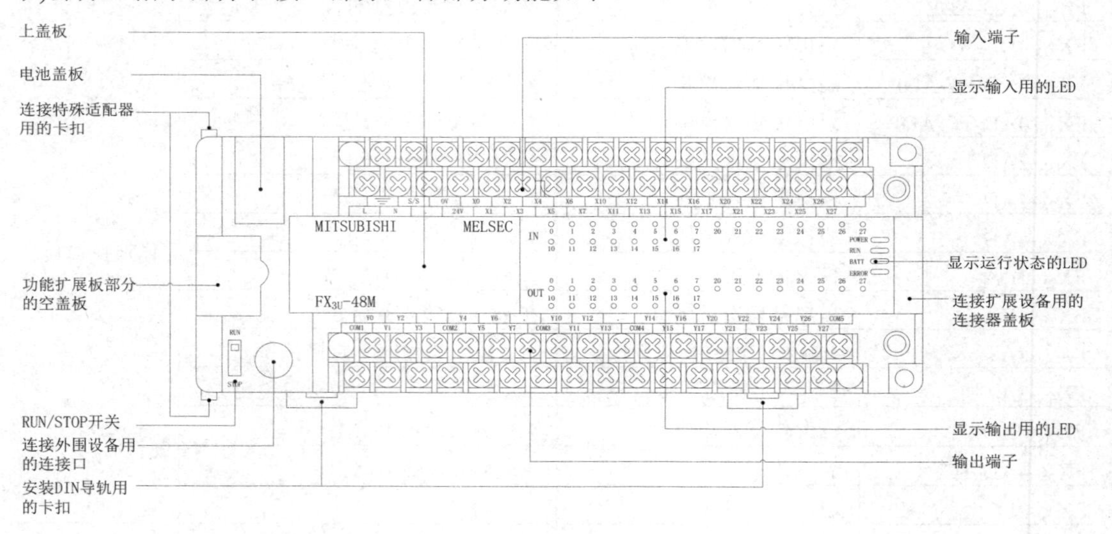

图 1.9　FX_{3U}-48M 型 PLC 的面板

外部接线端子：外部接线端子包括 PLC 电源(L、N)、输入用直流电源(24V、0V)、输入端子(X)、输出端子(Y)、机器接地等。它们位于机器两侧可拆卸的端子板上，每个端子均有对应的编号，主要完成电源、输入信号和输出信号的连接。

指示部分：指示部分包括各输入输出点的状态指示、机器电源指示(POWER)、机器运行状态指示(RUN)、用户程序存储器后备电池指示(BATT)和程序错误(ERROR)等，用于反映 I/O 点和机器的状态。

接口部分：FX_{3U} 系列 PLC 有多个接口，打开接口盖或面板可观察到。主机包括编程器接口、存储器接口、扩展接口和特殊功能模块接口等。在机器面板的左下角，还设置了一个 PLC 运行模式转换开关 SW1，它有 RUN 和 STOP 两个位置，RUN 使机器处于运行状态(RUN 指示灯亮)，STOP 使机器处于停止状态(RUN 指示灯灭)。当机器处于 STOP 状态时，可进行用户程序录入、编辑和修改。

2. FX_{3U} 的电源

FX_{3U} 系列 PLC 机器上有两组电源端子，分别是 PLC 交流电源的输入端子和直流 24V 电源的输入端子。L、N 为 PLC 交流电源输入端子，FX_{3U} 系列 PLC 要求输入单相交流电源，规格为 AC85～264V50/60Hz。机器输入电源还有一接地端子，该端子用于 PLC 的接地保护。24V、0V 是直流 24V 电源输出端子。

3. 输入电路的连接

输入电路将外部开关信号送入 PLC。输入元件(如按钮、转换开关、行程开关、继电器触点、传感器等)连接到对应的输入点上，通过输入点将信息送到 PLC 内部，一旦某个输入元件状态发生变化，对应输入点的状态也就随之而变，这样 PLC 可随时检测到这些信息。

FX_{3U} 系列 PLC 输入电路漏型连接的接线如图 1.10 所示。漏型连接时，S/S 输入极性选择端子连接直流 24V 电源端，24V 电源由 S/S 通过内部的输入光耦合器，电流经输入端流出，输入元件可以使用 NPN 型晶体管传感器或其他触点(按钮、转换开关、行程开关、继电器触点)开关元件。

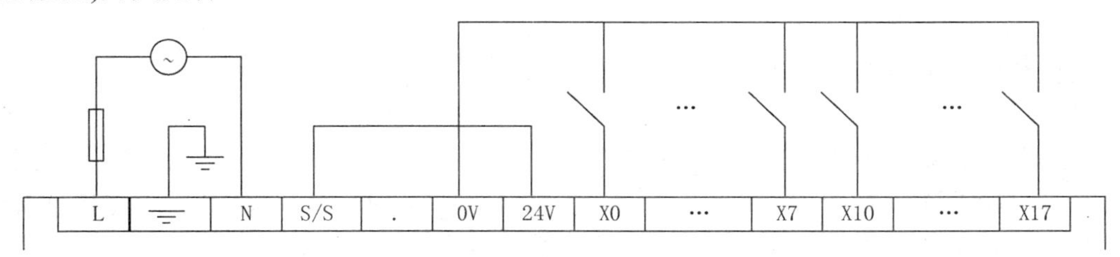

图 1.10　FX_{3U} 系列 PLC 的输入电路的漏型连接

FX_{3U} 系列 PLC 输入电路源型连接的接线如图 1.11 所示。源型连接时，S/S 输入极性选择端子连接直流 0V 电源端，24V 电源电流经输入开关元件、输入端流入，通过内部的输入光耦合器经 S/S 端回流到 0V 电源端。输入元件可以使用 PNP 型晶体管传感器或其他触点(按钮、转换开关、行程开关、继电器触点)开关元件。

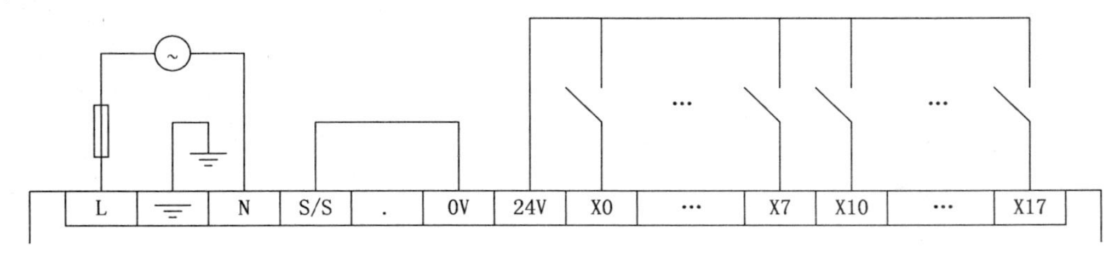

图 1.11　FX_{3U} 系列 PLC 的输入电路的源型连接

4. 输出电路的连接

输出电路就是 PLC 的负载驱动回路，输出电路连接的接线如图 1.12 所示。PLC 仅提供输出点，通过输出点，将负载和负载电源连接成一个回路，这样负载的状态就由 PLC 的输出点接线控制，输出点动作负载得到驱动。负载可以连接直流电源、交流电源，电源的规格应根据负载的需要和输出点的技术规格进行选择。

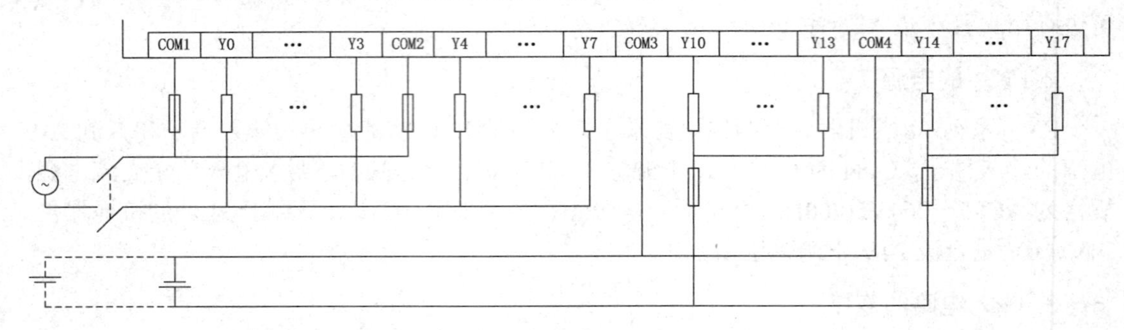

图 1.12　输出电路的连接

输出回路的连接应注意以下几点。

(1)　输出点的共 COM 问题。一般情况下，每个输出点应有两个端子，为减少输出端子个数，PLC 在内部将其中的一个输出点采用公共端连接，即将几个输出点的一端连接到一起，形成公共端 COM。FX_{3U} 系列 PLC 的输出点一般采用每 4 个点共 COM 连接，如图 1.12 所示。在使用时要特别注意；否则可能导致负载不能正确驱动。

(2)　输出点的技术规格。不同的输出类型有不同的技术规格，应根据负载的类别、大小、负载电源的等级、响应时间等选择不同类别的输出形式。

要特别注意负载电源的等级和最大负载的限制，以防止出现负载不能驱动或 PLC 输出点损坏等情况发生。

(3)　多种负载和多种负载电源共存的问题。同一台 PLC 控制的负载，负载电源的类别、电压等级可能不同，在连接负载时(实际上在分配 I/O 时)，应尽量让负载电源不同的负载不使用共 COM 的输出点。若要使用，应注意干扰和短路等问题。

(4)　PLC 的 I/O 点的类别、技术规格及使用。现场信号的类别不同，为适应控制的需要，PLC 的 I/O 具有不同的类型。其输入分直流输入和交流输入两种形式。输出分继电器输出、晶体管输出两种形式。继电器输出适合大电流输出场合，晶体管输出适用于快速、频繁动作的场合。相同驱动能力，继电器输出形式价格较低。

(5)　PLC 控制系统组成。PLC 控制系统由硬件和软件两部分组成，如图 1.13 所示。

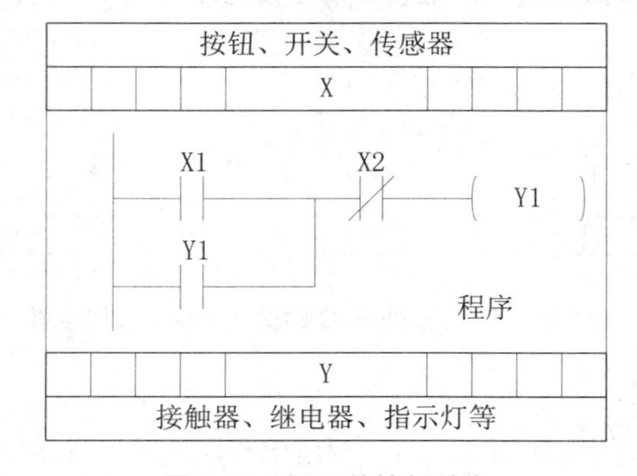

图 1.13　PLC 的控制系统

硬件部分：输入硬件通过输入点与 PLC 连接，输出硬件通过输出点与 PLC 连接，构成 PLC 控制系统的硬件系统。

软件部分：用 PLC 指令设计的用户程序等。

【知识拓展】

FX_{3U} 系列 PLC 的性能规格

PLC 的种类很多，用户可以根据控制系统的具体要求选择不同技术性能指标的 PLC。PLC 的技术性能指标主要包括输入输出点数、存储容量、扫描速度、指令系统、可扩展性、通信功能等。FX_{3U} 系列 PLC 的具体性能规格如表 1.6 所示。

表 1.6 FX_{3U} 系列 PLC 的性能规格

项目		规格	备注
运行控制		程序控制周期运转，有中断功能	
I/O 控制方式		执行 END 指令时，批次处理	可以刷新，有脉冲捕捉功能
运算处理速度		基本指令：0.065 μs /命令 应用指令：0.64 μs 至几百 μs /命令	
编程语言		指令表、梯形图、步进顺控图(SFC)	
用户存储器容量		内附 64000 步/RAM，64KB	
指令数		基本(顺控)指令：27 条 步进梯形图指令：2 条 应用指令：209 种，486 条	
I/O 配置		由主单元和扩展单元设置	
输入继电器		248 点 X000～X367	输入输出合计 256 点
输出继电器		248 点 Y000～Y367	
远程 I/O		224 点以下	输入输出、远程 I/O 合计 384 点
辅助继电器	一般用	500 点 M0～M499	通过参数设置可改变
	停电保持用	524 点 M500～M1023	通过参数设置可改变
	停电保持专用	6656 点 M1024～M7679	固定
	特殊用	512 点 M8000～M8511	
状态继电器	初始状态	10 点 S0～S9	
	一般状态	500 点 S0～S499	通过参数设置可改变
	停电保持	400 点 S500～S899	通过参数设置可改变
	停电保持专用	3096 点 S1000～S4096	固定
	信号报警器用	100 点 S900～S999	通过参数设置可改变
定时器	100ms	192 点 T0～T192	0.1～3276.7s
	100ms	8 点 T193～T199	子程序、中断程序用

续表

项目			规格	备注
定时器	10ms		46 点 T200～T245	0.01～327.67s
	1ms 累计		4 点 T246～T249	0.001～32.767s
	100ms 累计		6 点 T250～T255	0.1～3276.7s
	1ms		256 点 T256～T511	0.001～32.767s
计数器	16 位增计数	一般用	100 点 C0～C99	0～32767
		停电保持用	100 点 C100～C199	
	32 位增/减计数	一般用	20 点 C200～C219	-2147483648～2147483647 双向计数
		停电保持用	15 点 C220～C234	
高速计算器	单相单计数输入		11 点 C235～C245	C235～C255 最多可使用 8 点 -2147483648～2147483647 32 位双向计数
	单相双计数输入		5 点 C246～C250	
	双相双计数输入		5 点 C251～C255	
数据寄存器(成对使用为32位寄存器)	一般用		200 点 D0～D199	通过参数设置可改变
	停电保持用		312 点 D200～D511	通过参数设置可改变
	停电保持专用		7488 点 D512～D7999	固定
	特殊用		512 点 D8000～D8511	
	文件寄存器		7000 点 D1000～D7999	
	变址用		16 点 V0～V7，Z0～Z7	V 和 Z
指针	分支用		4095 点 P0～P62、P64～P4095	CJ、CALL 用
	END 跳转用		1 点 P63	
	输入中断		6 点 I0□□～I5□□	输入延迟中断用
	定时器中断		3 点 I6□□～I8□□	
	计数器中断		6 点 I010～I060	
嵌套	主控用		8 点 N0～N7	用于 MC、MCR
常数	十进制		16 位-32768～+32767，32 位-2147483648～+2147483647	
	十六进制		16 位 0000～FFFF，32 位 00000000～FFFFFFFF	

【研讨训练】

(1) 简述 PLC 的定义。

(2) 简述 PLC 的特点。

(3) PLC 主要应用在哪些场合？

(4) PLC 硬件主要由哪几部分组成？各有什么作用？

(5) PLC 输出接口按照输出开关器件的种类不同，有几种形式？它们分别可以驱动什么样的负载？

(6) 简述 PLC 的基本工作原理。

(7) 简述 FX_{3U}-48MR-ES 型号的含义。

(8) 根据所学知识，分析 PLC 控制系统与传统继电器接触器控制系统的异同。

模块 2　PLC 的逻辑控制

任务 2.1　三相异步电动机连续运行控制

知识目标：

- 掌握 LD、LDI、AND、ANI、OR、ORI、OUT、END、SET、RST 指令的应用。
- 掌握编程元件输入继电器(X)、输出继电器(Y)的应用。
- 掌握继电器控制系统与 PLC 控制系统的区别。
- 了解常用的编程语言，掌握梯形图语言的编程方法。

能力目标：

- 能利用所掌握的基本指令实现简单的 PLC 控制编程。
- 会利用简易编程器和编程软件进行程序的运行调试。
- 熟悉 PLC 外部结构，实现 PLC 外部接线。
- 能利用“起-保-停”基本电路、置位/复位电路分别实现电动机正反转运行。

【控制要求】

图 2.1 所示为三相异步电动机的连续运行控制电路。

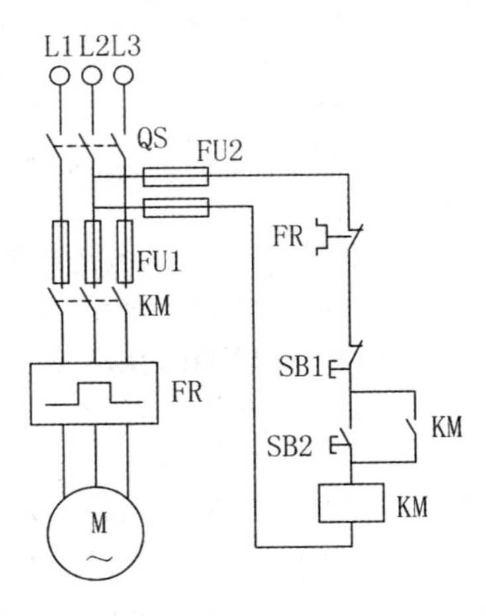

图 2.1　三相异步电动机的连续运行控制电路

SB2 为起动按钮，SB1 为停止按钮，KM 为交流接触器。起动时，合上 QS 开关，引入三相电源。按下起动按钮 SB2，交流接触器 KM 线圈得电，主触点闭合，电动机 M 接通电源直接起动运行；同时与 SB2 并联的 KM 常开触点闭合，实现自锁。按下停止按钮 SB1，

KM 线圈断电，KM 常开主触点释放，三相电源断开，电动机 M 停止运行。

任务要求：用 PLC 实现图 2.1 所示三相异步电动机的连续运行控制电路，其控制时序如图 2.2 所示。

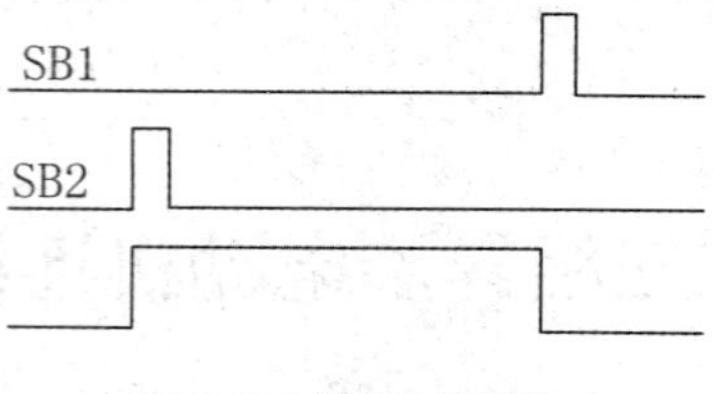

图 2.2　控制时序图

【相关知识】

一、编程元件

1. 输入继电器(X)

输入继电器与 PLC 的输入端相连，是 PLC 接收外部开关信号的接口。与输入端子连接的输入继电器是光电隔离的电子继电器，其线圈、常开触点、常闭触点与传统硬继电器表示方法一样。这里可提供无数个常开触点、常闭触点供编程时使用。FX_{3U} 系列的 PLC 输入继电器采用八进制地址编号，X0～X367 最多可达 248 点。

图 2.3 所示为输入继电器电路。编程时应注意，输入继电器只能由外部信号驱动，而不能在程序内部用指令驱动，其触点也不能直接输出带动负载。

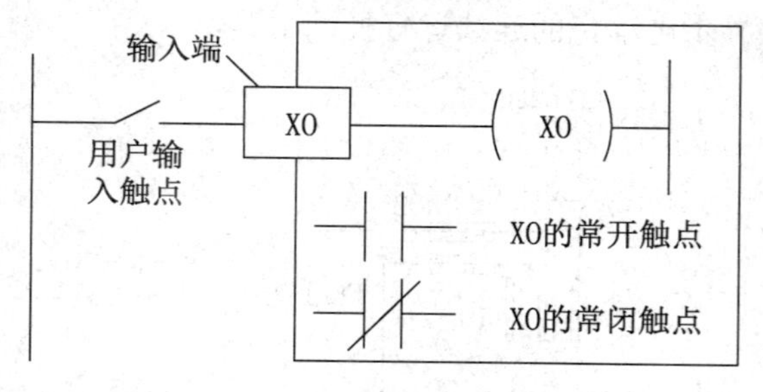

图 2.3　输入继电器电路

2. 输出继电器(Y)

输出继电器的输出端是 PLC 向外部传送信号的接口。外部信号无法直接驱动输出继电器，它只能在程序内部由指令驱动。输出触点接到 PLC 的输出端子，输出触点的通和断取决于输出线圈的通和断状态。图 2.4 所示是输出继电器的等效电路。每个输出继电器有无数对常开触点和常闭触点供编程使用。FX_{3U} 系列 PLC 输出继电器的地址编号也是八进制，Y0～Y367 最多可达 248 点。

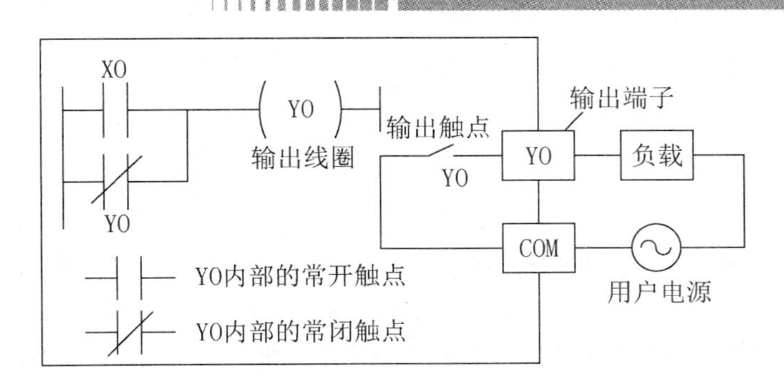

图 2.4　输出继电器的等效电路

二、编程语言

国际电工委员会公布 PLC 共有 5 种编程语言，即顺序功能图、梯形图、指令表、功能块图及高级语言。其中，使用最多的是顺序功能图、梯形图、指令表编程语言。

1. 顺序功能图

顺序功能图是一种位于其他编程语言之上的图形语言，用来编制顺序控制程序，在后续模块中将做详细介绍。主要由步、有向连线、转移和动作组成，如图 2.5 所示。

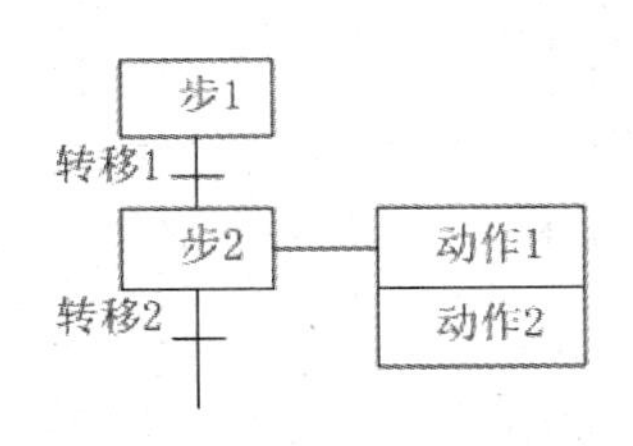

图 2.5　顺序功能图

2. 梯形图

梯形图编程语言，是在电气控制系统中常用的继电器、接触器逻辑控制基础上简化了符号演变而来的，具有形象、直观、实用的特点，电气技术人员容易接受，是目前使用最多的一种 PLC 编程语言。使用梯形图语言编写的 PLC 程序如图 2.6 所示。

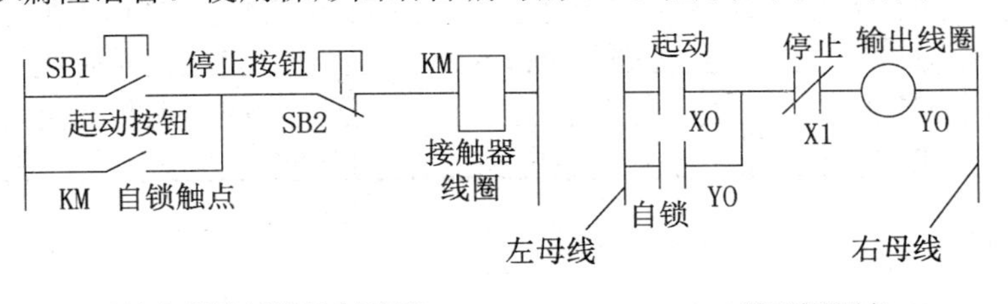

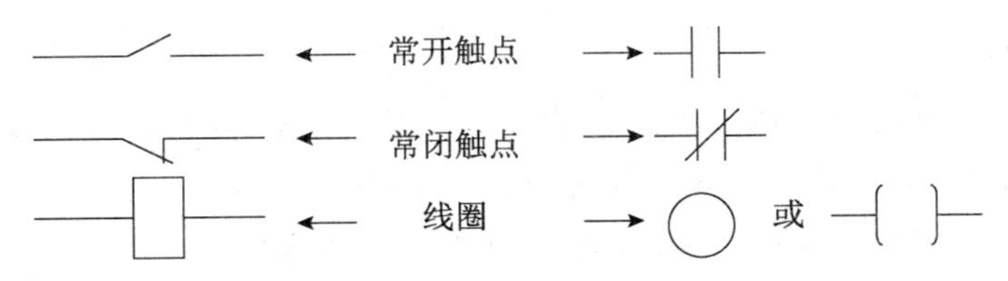

图 2.6　梯形图程序

PLC 的梯形图是形象化的编程语言，梯形图左右两端的母线是不接任何电源的。梯形图中并没有真实的物理电流流动，而仅仅是概念电流(虚电流)，或称为假想电流。把 PLC

梯形图中左边的母线假想为电源相线，把右边母线假想为电源地线。假想电流只能从左往右流动，层次改变只能先上后下。

3. 指令表

指令语句表编程语言是一种与计算机汇编语言类似的助记符编程方式，它用一系列操作指令组成的程序(即指令表程序)将控制流程描述出来，并通过编程器写入 PLC。需要指出的是，不同厂家的 PLC 指令语句表使用的助记符并不相同，因此，一个相同功能的梯形图，书写的语句表不尽相同。在编程软件中，梯形图和指令表可以自动转换。

三、编程指令

1. 指令功能

LD、LDI、OUT、END、AND、ANI、OR、ORI、SET、RST 指令的功能见表 2.1。

表 2.1　LD、LDI、OUT、END、AND、ANI、OR、ORI、SET、RST 指令的功能

指令代码	名　称	目标元件	指令的功能
LD	取指令	X、Y、M、S、T、C	表示一个与输入母线相连的常开触点指令，即常开触点逻辑运算起始
LDI	取反指令	X、Y、M、S、T、C	表示一个与输入母线相连的常闭触点指令，即常闭触点逻辑运算起始
OUT	输出指令	Y、M、S、T、C	驱动线圈输出
END	结束指令	—	表示程序结束
AND	与指令	X、Y、M、S、T、C	用于单个常开触点的串联
ANI	与非指令	X、Y、M、S、T、C	用于单个常闭触点的串联
OR	或指令	X、Y、M、S、T、C	用于单个常开触点的并联
ORI	或反指令	X、Y、M、S、T、C	用于单个常闭触点的并联
SET	置位指令	Y、M、S	线圈接通保持指令
RST	复位指令	Y、M、S、D、T、C	清除动作保持；当前值与寄存器清零

2. 编程实例

LD、LDI、OUT、END、AND、ANI、OR、ORI、SET、RST 指令的应用实例如表 2.2 所示。

3. 指令说明

LD、LDI 指令用于将触点接到母线上。LD、LDI 指令还可与 ANB、ORB 指令配合，用于分支回路的起点；LD、LDI 是一个程序步指令。

OUT 是驱动线圈的输出指令，不能用于驱动输入继电器；该指令是多程序步指令，可连续多次使用；OUT 指令的目标元件是定时器 T 和计数器 C 时，必须设置常数 K。

AND 指令用于单个常开触点的串联，ANI 指令用于单个常闭触点的串联，串联触点的个数没有限制，可多次重复使用；该指令是一个程序步指令。

表 2.2　LD、LDI、OUT、END、AND、ANI、OR、ORI、SET、RST 指令的应用

指令代码	梯形图	语句表	时序图
LD、LDI、OUT、END	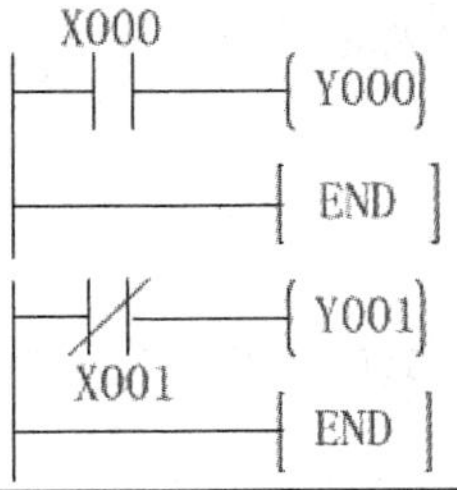	LD X000 OUT Y000 END LDI X001 OUT Y001 END	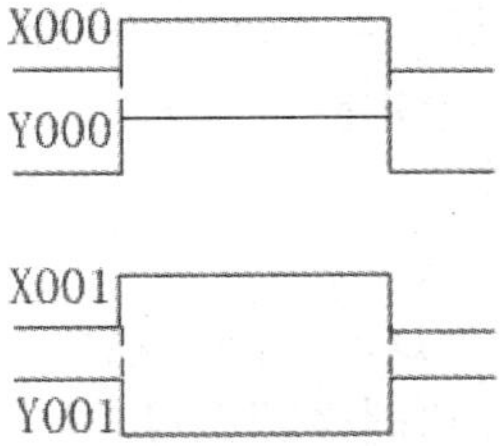
AND、ANI	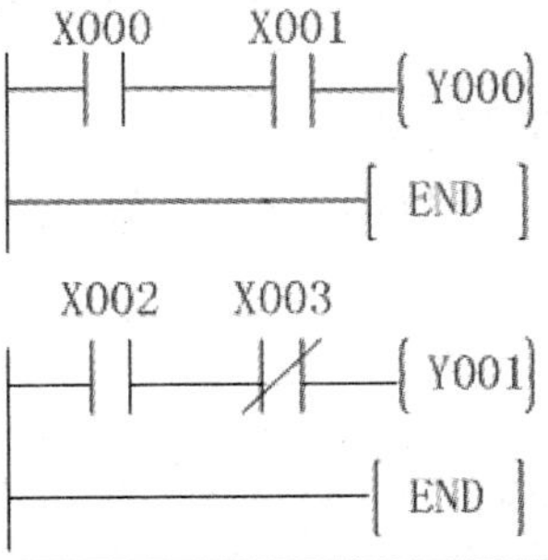	LD X000 AND X001 OUT Y000 END LD X002 ANI X003 OUT Y001 END	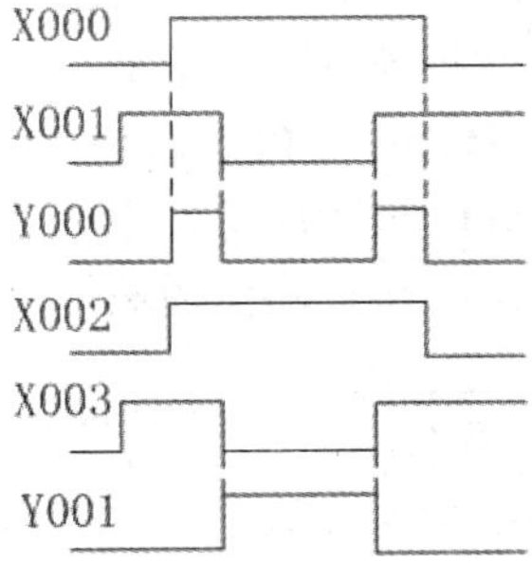
OR、ORI	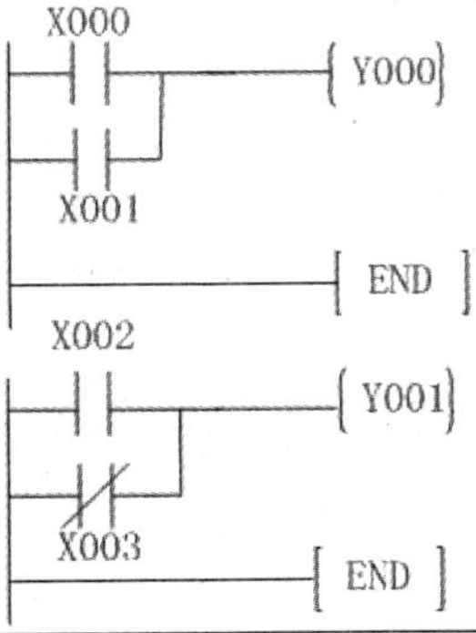	LD X000 OR X001 OUT Y000 END LD X002 ORI X003 OUT Y001 END	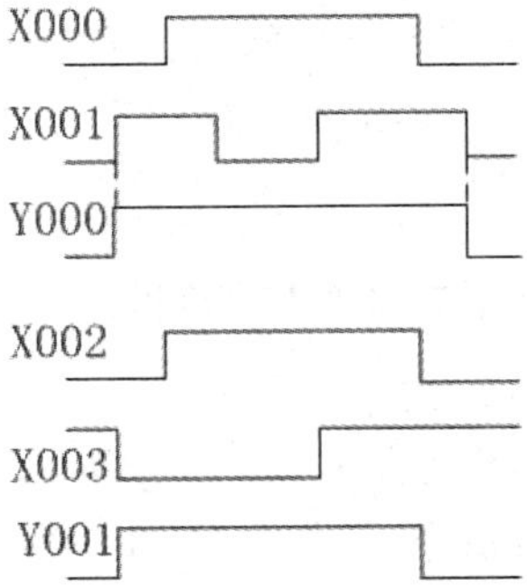
SET、RST	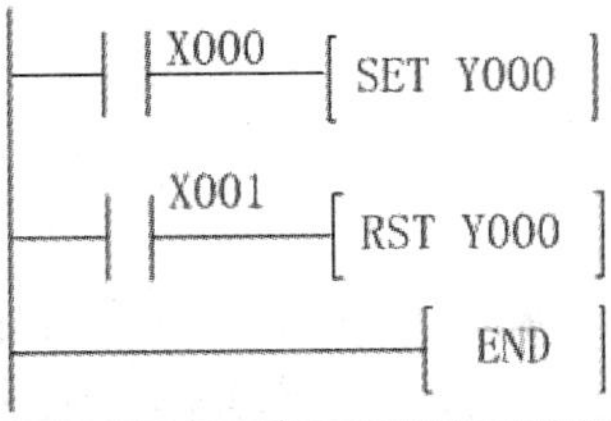	LD X000 SET Y000 LD X001 RST Y000 END	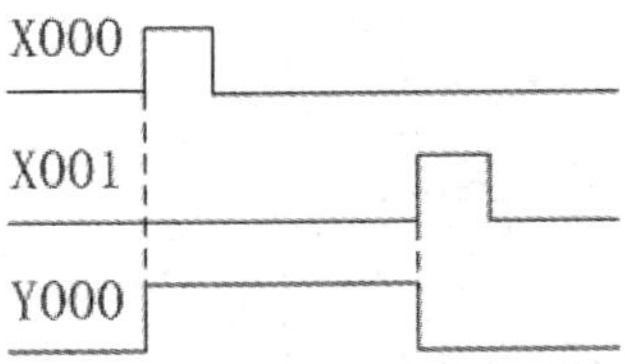

OR 指令用于单个常开触点的并联，ORI 指令用于单个常闭触点的并联，并联触点的个数没有限制，可多次重复使用；该指令是一个程序步指令。

SET、RST 指令对同一操作元件可多次使用，且不限制使用顺序，但最后执行者有效；SET、RST 之间可插入其他程序。

在程序中写入 END 指令，将强制结束当前的扫描过程，即 END 指令后的程序不再扫描，而是直接进入输出处理。调试时，可将程序分段后插入 END 指令，从而依次对各程序段的运算进行检查。

四、GX Developer 编程软件

三菱GX Developer编程软件是应用于三菱系列PLC的中文编辑软件，可在Windows 9x及以上版本的操作系统中运行。

(一)GX Developer 编程软件的主要功能

GX Developer 编程软件的功能十分强大，集成了项目管理、程序输入、编译连接、模拟仿真和程序调试等功能，具体如下。

(1) 在 GX Developer 中，可通过线路符号、列表语言及 SFC 符号来创建 PLC 程序，建立注释数据及设置寄存器数据。

(2) 创建 PLC 程序并将其存储为文件，用打印机打印。

(3) 该程序可在串行系统中与 PLC 进行通信、文件传送、操作监控以及各种测试功能。

(4) 该程序可脱离 PLC 进行仿真调试。

(二)GX Developer 编程软件的安装

运行安装盘中的 SETUP 文件，按照提示即可完成 GX Developer 的安装。安装结束后，将在桌面上建立一个与 GX Developer 相对应的图标，同时在桌面的“开始”→“程序”中将建立一个 MELSOFT → GX Developer 选项。若需增加模拟仿真功能，在上述安装结束后，再运行安装盘中 LLT 文件夹下的 SETUP 文件，按照逐级提示，即可完成模拟仿真功能的安装。

(三)GX Developer 编程软件的界面

双击桌面的 GX Developer 图标，即可启动 GX Developer，其窗口如图 2.7 所示。

GX Developer 的窗口由标题栏、菜单栏、工具栏、状态栏、编辑窗口、管理窗口等组成。在调试模式下，可打开远程运行窗口、数据监视窗口等。

1. 标题栏

标题栏显示打开的编辑软件的名称和其他信息。

2. 菜单栏

菜单栏是将 GX Developer 的全部功能按各种不同的用途组合起来，并以菜单的形式显示。通过执行主菜单各选项及下拉菜单中的命令，可执行相应的操作。

GX Developer 的菜单栏中共有 10 个菜单，各个菜单的功能如下。

- 工程：工程操作如创建新工程、打开工程、关闭工程、保存工程、改变 PLC 类型、读取其他格式的文件以及文件的打印操作等。
- 编辑：程序编辑的工具，如复制、粘贴、插入行(列)、删除行(列)、画连线、删除连线等功能，并能给程序命名元件名和元件注释。
- 查找/替换：快速查找/替换设备、指令等。
- 变换：只在梯形图编程方式可见，程序编好后，只有经过变换的梯形图才能够被

保存、传送等。

- 显示：可以设置软件开发环境的风格，如决定工具条和状态条窗口的打开和关闭，注释、声明的设置和显示或关闭等。
- 在线：PLC 可建立与 PLC 联机时的相关操作，如用户程序的上传和下载、监视程序运行、清除程序、设置时钟操作等。
- 诊断：用于 PLC 诊断、网络诊断及 CC-Link 诊断。
- 工具：用于程序检查、参数检查、数据合并、清除注释或参数等。
- 窗口：用来进行视图切换。
- 帮助：主要用于查阅各种出错的代码等。

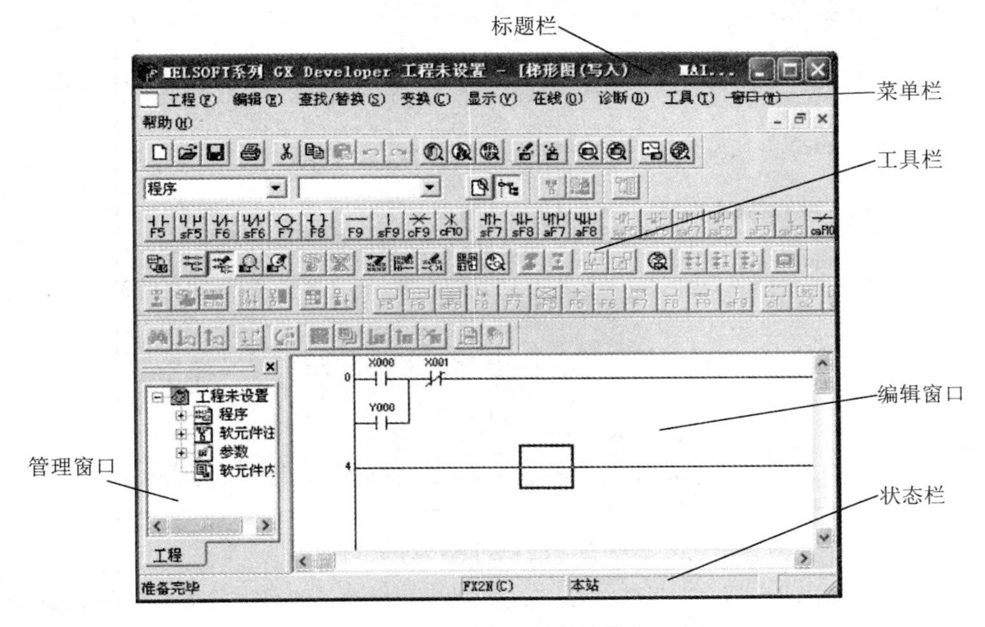

图 2.7　GX Developer 编程软件的主窗口

3. 工具栏

工具栏分为主工具栏、图形编辑工具栏、视图工具栏等。它们在工具栏的位置可以拖动改变。主工具栏提供文件新建、打开、保存、复制、粘贴等功能。图形编辑工具栏只在图形编程时才可见，提供各类触点、线圈、连接线等图形，视图工具栏可实现屏幕显示切换，如可在主程序、注释、参数等内容之间实现切换，也可实现屏幕放大/缩小和打印预览等功能。此外，工具栏还提供程序的读/写、监视、查找和程序检查等快速按钮。

4. 编辑窗口

编辑窗口是程序、注释、注解、参数等的编辑区域。

5. 管理窗口

管理窗口用来实现项目管理、修改等功能。它以树状结构显示工程的各项内容，如程序、软元件注释、参数等。

6. 状态栏

状态栏位于窗口的底部，用来显示程序编译的结果信息，以及所选 PLC 的类型、程序步数和编辑状态。

(四)工程创建

1. 系统的启动与退出

用鼠标双击桌面的 GX Developer 图标，即可启动 GX Developer 系统。图 2.8 所示为打开的 GX Developer 窗口。

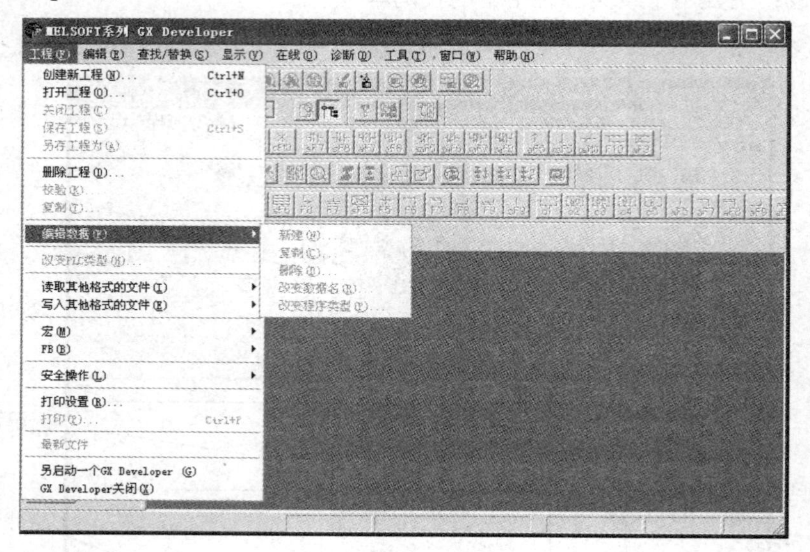

图 2.8 打开的 GX Developer 窗口

从菜单栏中选择“工程”→“GX Developer 关闭”命令，即可退出 GX Developer 系统。

2. 文件的管理

1) 创建新工程

从菜单栏中选择“工程”→“创建新工程”命令，或按 Ctrl+N 组合键，在弹出的“创建新工程”对话框中选择“PLC 类型”，如选择 FX_{2N} 系列 PLC，单击“确定”按钮，如图 2.9 所示。

2) 打开工程

从菜单栏中选择“工程”→“打开工程”命令，或按 Ctrl+O 组合键，在弹出的“打开工程”对话框中选择已有工程，然后单击“打开”按钮即可，如图 2.10 所示。

3) 文件的保存和关闭

可以保存当前的 PLC 程序、注释数据以及其他在同一文件名下的数据。操作方法为：从菜单栏中选择“工程”→“保存工程”命令，或按 Ctrl+S 组合键。

也可以将已处于打开状态的 PLC 程序关闭。操作方法为：从菜单栏中选择“工程”→“关闭工程”命令。

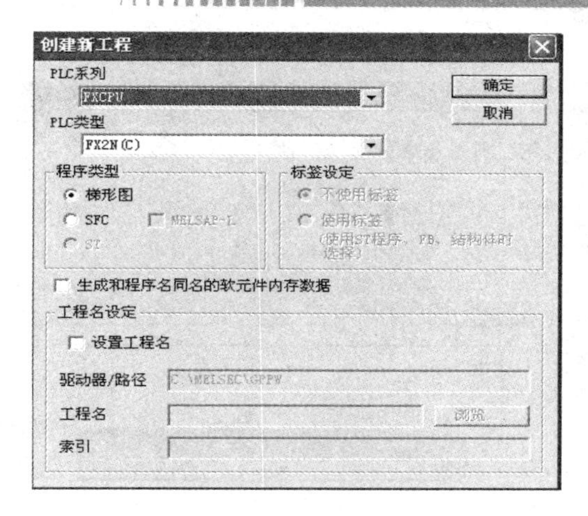

图 2.9　“创建新工程”对话框

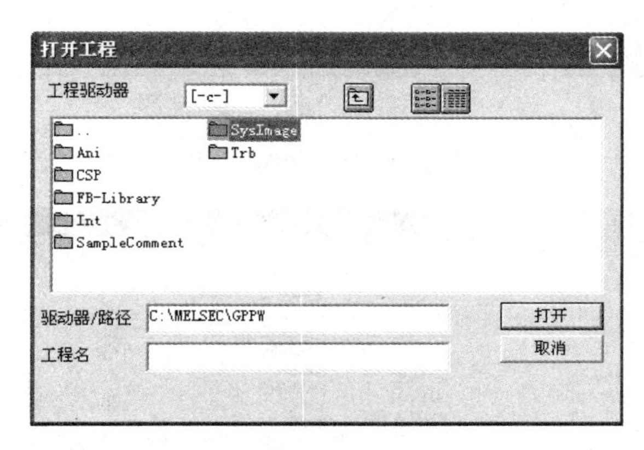

图 2.10　“打开工程”对话框

(五)编程操作

1. 梯形图的生成

(1) 单击图 2.11 所示编辑界面中②位置的按钮，使其处于写模式(查看状态栏的显示)。

(2) 单击图 2.11 所示编辑界面中①位置的按钮，选择梯形图显示，即程序在编辑区中以梯形图的形式显示。

(3) 使用“梯形图标记”工具条④(见图 2.11)，或通过单击“编辑”菜单下的“梯形图标记”子菜单(见图 2.12)，在图 2.11 中当前编辑区的蓝色方框③中绘制梯形图。

(4) 梯形图的绘制有两种方法。一种方法是用键盘和鼠标操作，用鼠标单击工具栏中的“梯形图标记”工具条④按钮，打开图 2.11 所示梯形图输入窗口，再在⑥和⑤位置分别输入其软元件和软元件编号，输入完毕后单击“确定”按钮或按 Enter 键即可。

另一种方法是使用键盘操作，即通过键盘输入完整的指令，如图 2.11 所示，在当前编辑区的位置直接从键盘输入指令，如输入“LD␣X0”后按 Enter 键，则 X0 的常开触点就在编辑区显示出来，再输入“ANI␣X1”“OUT␣Y0”“OR␣Y0”(␣表示输入空格)，即绘出如图 2.13 所示的梯形图。

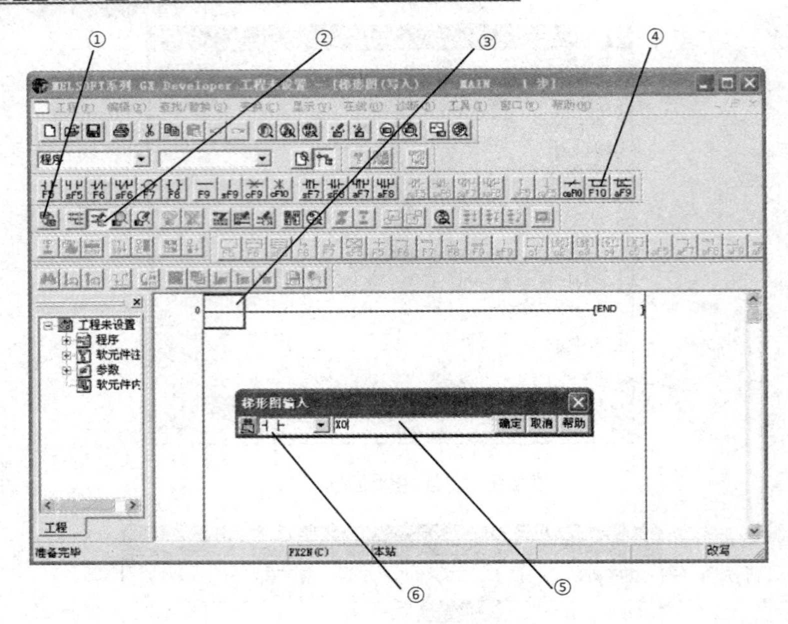

图 2.11 梯形图编辑界面

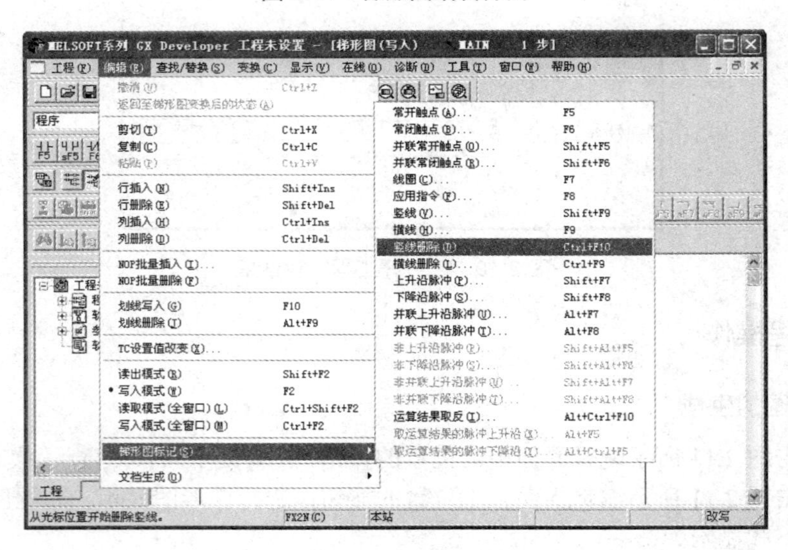

图 2.12 编辑操作

2. 梯形图的编辑

通过执行“编辑”菜单中的命令，对绘制的程序进行修改和检查，参见图 2.12。

1) 程序的插入和删除

梯形图编程时，经常用到插入和删除一行、一列、一逻辑行等命令。

(1) 插入。将光标定位在要插入的位置，然后选择“编辑”菜单，执行此菜单中的“行插入”命令，就可以输入编程元件，从而实现逻辑行的插入。

(2) 删除。首先通过鼠标选择要删除的逻辑行，然后在“编辑”菜单中选择“行删除”命令，就可以实现逻辑行的删除。

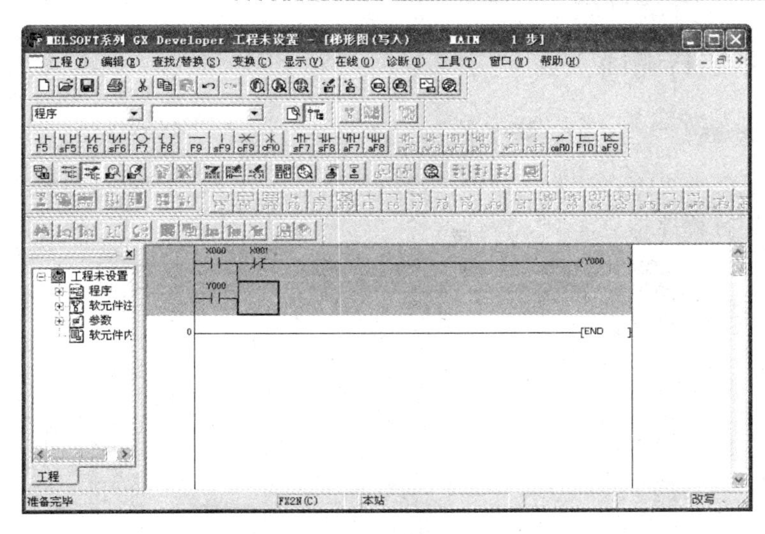

图 2.13　变换前的梯形图

2)　绘制、删除连线

需在梯形图中放置横线时，单击图 2.13 中的 F9 (横线)按钮；需在梯形图中放置垂直线时，单击图 2.13 中的 sF9 (竖线)按钮；删除横线或垂直线时，单击图 2.13 中的 cF9 (删除横线)或 cF10 (删除竖线)按钮。

3)　修改

若发现梯形图有错误，可进行修改操作。例如，要把图 2.13 中的 X0 改为常闭触点，首先在写状态下，将光标放到需修改的图标处，直接从键盘输入指令即可。

3. 梯形图的转换保存

梯形图编辑完后，在写入 PLC 之前，必须进行变换。单击图 2.13 所示工具栏中的 (变换)按钮，或选择“变换”→“变换”命令，或按 F4 键进行变换。变换后，编辑区不再是灰色状态，如图 2.14 所示，此时可以存盘或传送。

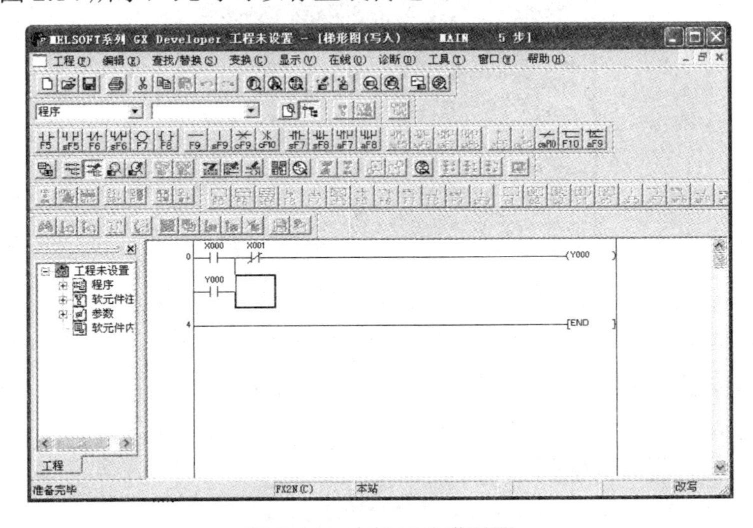

图 2.14　变换后的梯形图

(六)程序的运行调试

1. 程序的检查

选择“诊断”→“PLC诊断”命令，弹出如图2.15所示的“PLC诊断”对话框，利用该对话框可以进行程序检查。

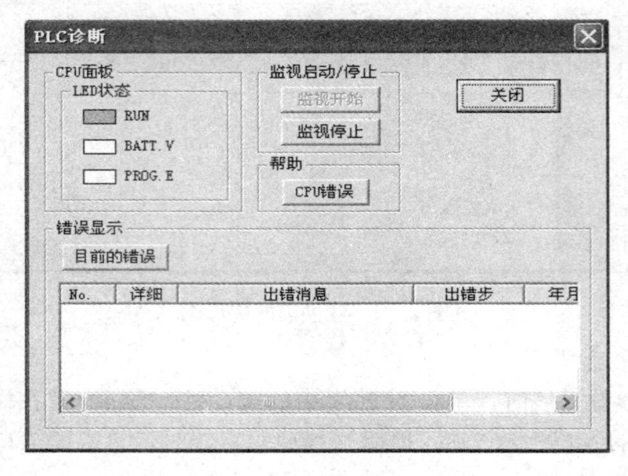

图2.15　“PLC诊断”对话框

2. 程序的传送

程序的传送包括把编写好的程序写入PLC和把PLC中的程序读入计算机。

(1) 用指定的电缆线及转换器将计算机RS-232接口与PLC的RS-422接口连接好。

(2) 选择“在线”→“传输设置”命令，从弹出的对话框中双击(设置)按钮，弹出“PC I/F 串口详细设置”对话框，如图2.16所示。选择计算机端口COM1及传送速度9.6Kbps，其他选项保持默认设置，单击“确认”按钮。

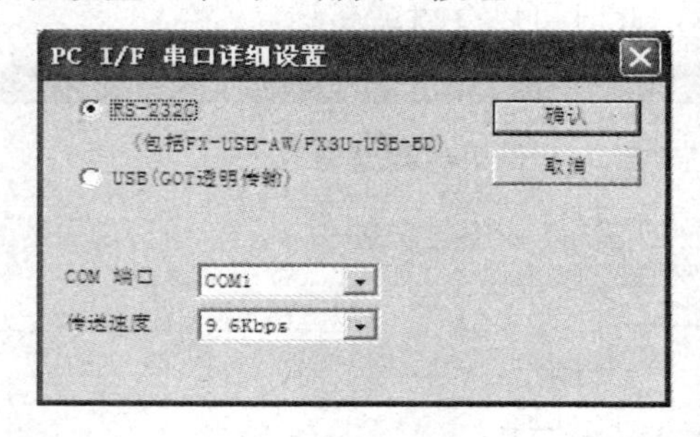

图2.16　“PC I/F 串口详细设置”对话框

(3) 程序的写入。在STOP状态下，选择“在线”→“PLC写入”命令，或单击工具栏中的(写入)按钮，弹出“PLC写入”对话框，如图2.17所示。单击“参数+程序”按钮，再单击“执行”按钮，即可完成将程序写入PLC的操作。

(4) 程序的读出。在STOP状态下，选择“在线”→“PLC读取”命令或单击工具栏中的(读取)按钮，将PLC中的程序发送到计算机中。

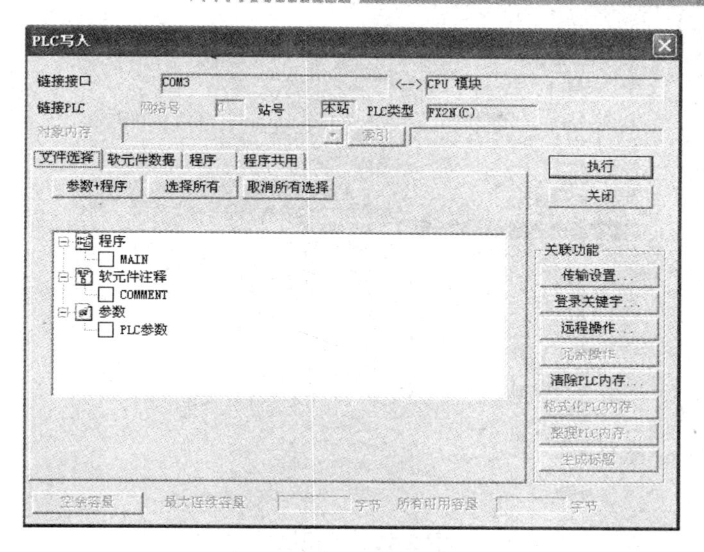

图 2.17　程序的写入操作

在传送程序时，应注意以下问题。

- 计算机的 RS-232C 端口及 PLC 之间必须用指定的电缆线及转换器连接。
- PLC 必须在 STOP 状态下，才能执行程序传送。
- 执行完“PLC 写入”命令后，PLC 中的程序将被删除，原有的程序将被写入的程序所代替。
- 在“PLC 读取”时，程序必须在 RAM 或 EEPROM 内存保护切断的情况下读取。

3. 程序的运行及监视

(1) 运行。选择“在线”→“远程操作”命令，在弹出的“远程操作”对话框中将 PLC 设置为 RUN 模式，如图 2.18 所示。

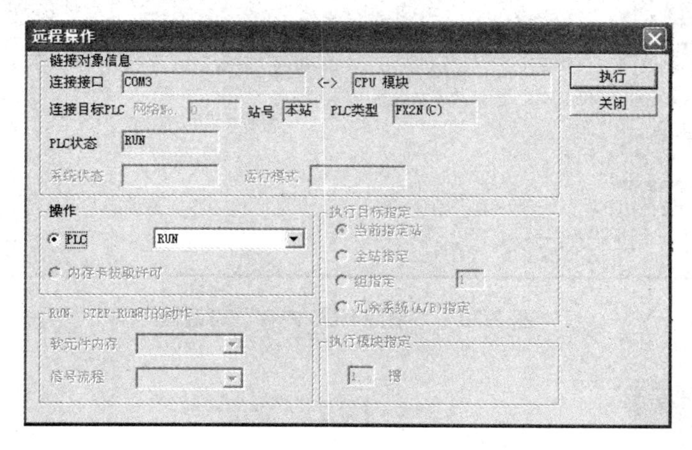

图 2.18　设置远程操作

(2) 监视。执行程序后，再选择“在线”→“监视”命令，可以对 PLC 的运行过程进行监视，如图 2.19 所示。可以结合控制程序，操作有关的输入信号，观察输出状态。

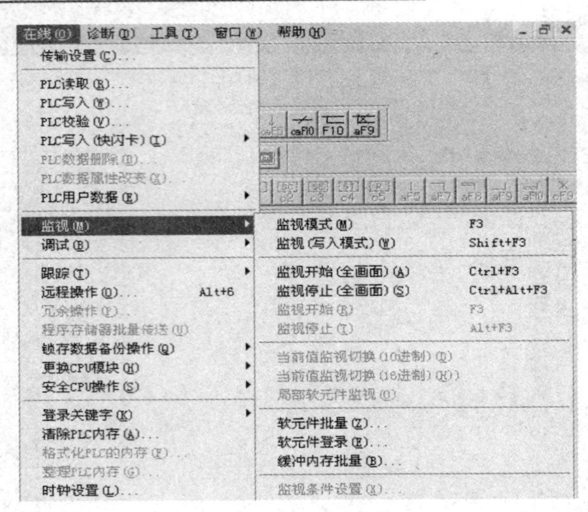

图2.19　监视操作

4. 程序的调试

程序运行过程中出现的错误有两种。

(1)　一般错误。运行的结果与设计要求不一致，需要修改程序。先选择“在线”→“远程操作”命令，将PLC设为STOP模式，再选择“编辑”→“写模式”命令，然后从“程序读出”开始执行(输入正确的程序)，直至程序正确。

(2)　致命错误。PLC停止运行，PLC上的ERROR指示灯亮，需要修改程序。先选择“在线”→“清除PLC内存”命令，弹出“清除PLC内存”对话框，如图2.20所示。

将PLC内的错误程序全部清除后，再从“程序读出”开始执行(输入正确的程序)，直至程序正确。

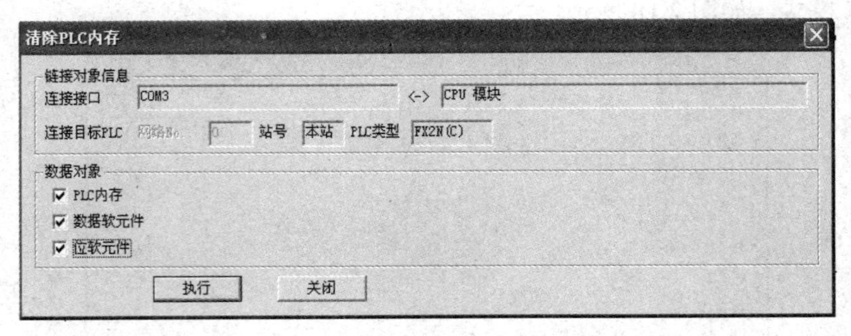

图2.20　“清除PLC内存”对话框

【任务实施】

一、I/O分配

根据电动机连续运行控制要求可知，输入信号有起动按钮SB2、停止按钮SB1和热继电器FR；输出信号有接触器线圈KM。其I/O分配如表2.3所示。

表 2.3　I/O 分配

输　入			输　出		
输入元件	输入继电器	功　用	输出元件	输出继电器	功　用
SB2	X0	起动按钮	KM	Y0	交流接触器
SB1	X1	停止按钮			
FR	X2	热继电器			

二、硬件接线

根据 PLC 的 I/O 分配，PLC 的外部硬件接线如图 2.21 所示。

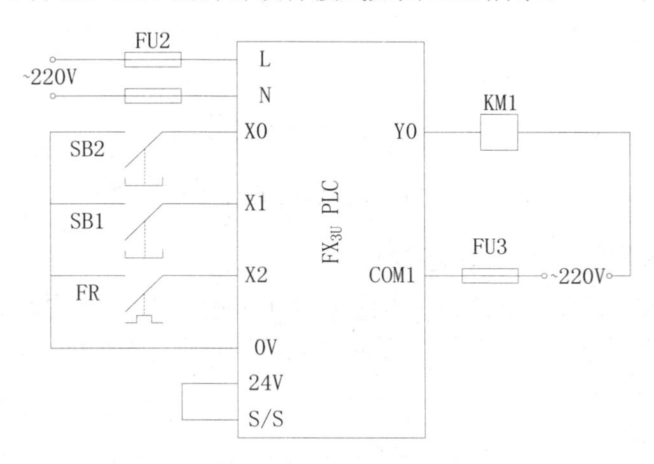

图 2.21　PLC 外部硬件接线

接线的注意事项如下。

(1) 认真核对 PLC 的电源规格。三菱 PLC 的工作电源是 AC100～240V。交流电源要接于专用端子上；否则会烧坏 PLC。

(2) PLC 的直流电源输出端电压为 24V，为外部传感器供电，该端不能接外部直流电源。

(3) PLC 的空端子“•”上不能接线，以防损坏 PLC。

(4) PLC 不要与电动机公共接地。

(5) FX_{3U} 系列 PLC 输入端子漏型连接如图 1.10 所示，源型连接如图 1.11 所示。

(6) FX_{3U} 系列 PLC 输出端子接线时，对于继电器输出型 PLC，既可以接交流负载，也可以接直流负载。此任务中，PLC 只有一个输出连接到接触器线圈 KM 上，所以采用交流 220V 电源，并在输出电路中串联熔断器。

三、程序设计

根据表 2.2 和图 2.2 中的控制时序图可知，当按下 SB2 按钮时，输入继电器 X0 接通，输出继电器 Y0 接通，交流接触器 KM 线圈得电，这时电动机连续运行。此时即使按钮 SB2

松开，输出继电器 Y0 仍保持接通状态，这就是“自锁”或“自保持”功能；当按下停止按钮 SB1 时，输入继电器 X1 接通，输出继电器 Y0 断电，电动机停止运行。

从以上分析可知，要满足电动机连续运行的控制要求，需要用到起动和复位控制程序。可通过下面两种方案来实现 PLC 控制电动机连续运行电路的要求。

1. 方案一：直接用起动、停止实现

梯形图及指令表如图 2.22 所示。图 2.22 所示电路又称为“起-保-停”电路，它是梯形图中最基本的电路之一。“起-保-停”电路在梯形图中的应用极为广泛，其最主要的特点是具有“记忆”功能。

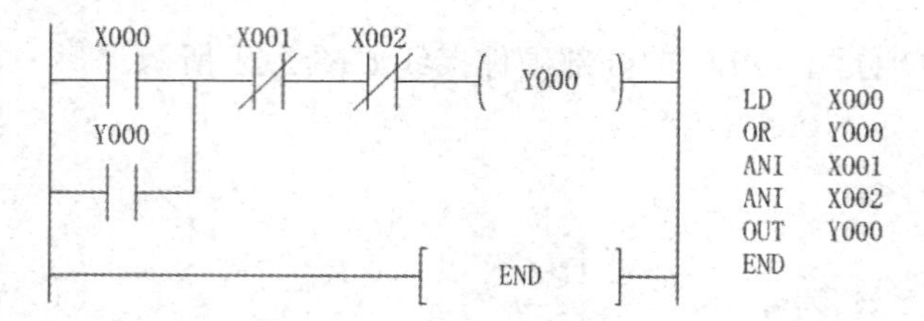

图 2.22　PLC 控制电动机连续运行电路方案一

2. 方案二：利用置位/复位指令实现

梯形图如图 2.23 所示。图 2.23 中的置位/复位电路与图 2.22 中的“起-保-停”电路的功能实现完全相同。该电路的“记忆”功能是通过置位指令实现的。置位/复位电路也是梯形图中基本的电路之一。

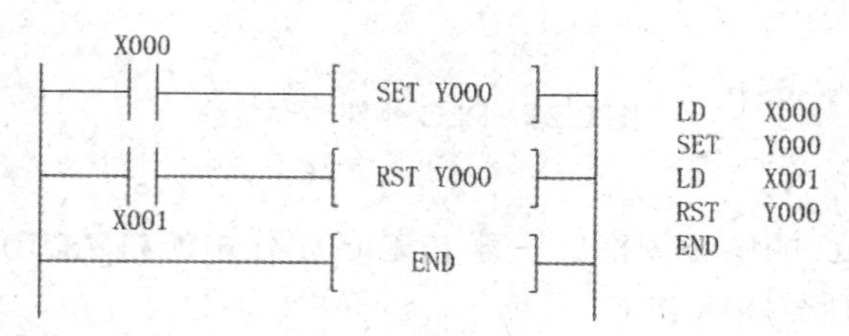

图 2.23　PLC 控制电动机连续运行电路方案二

四、运行调试

(1) 按图 2.21 所示将主电路与 PLC 的 I/O 接线连接起来。

(2) 用专业的编程电缆将装有 GX Developer 编程软件的上位机的 RS-232 接口与 PLC 的 RS-422 接口相连接。

(3) 接通电源，PLC 电源指示灯(POWER)亮，说明 PLC 已通电。将 PLC 的工作方式开关扳到 STOP 位置，使 PLC 处于编程状态。

(4) 用 GX Developer 编程软件将如图 2.22 所示的程序写入 PLC 中。

(5) PLC 上热继电器接入的输入指示灯 X2 点亮，表示输入继电器 X2 被热继电器 FR 的常闭触点接通。若指示灯 X2 不亮，说明热继电器 FR 的常闭触点断开，热继电器已过载保护。

(6) 调试运行。当程序输入完毕后，对照图 2.21，按下起动按钮 SB2，输入继电器 X0 通电，PLC 的输出指示灯 Y0 亮，接触器 KM 吸合，电动机运行。按下停止按钮 SB1，输入继电器 X1 通电，X1 的常闭触点断开，Y0 失电，接触器 KM 释放，电动机停止。

在调试过程中，常见故障及分析思路如下。

① 首先检查 PLC 的输出指示灯是否亮，若输出指示灯不亮，说明是程序错误；若输出指示灯亮，说明故障在 PLC 的外围电路中。

② 检查 PLC 的输出电路，先确定输出电路有无电压，若有电压则查看熔断器是否熔断，若没有熔断，查看接触器的线圈是否断线。

③ 若接触器吸合而电动机不转，查看主电路中熔断器是否熔断，若没有熔断则查看三相电压是否正常，若电压正常，则查看热继电器动作后是否复位，3 个热元件是否断路；若热继电器完好，则查看电动机是否断路。

(7) 监控运行。在 GX Developer 软件中，从菜单栏选择“在线”→“监视”→“监视开始”命令，就可以监控 PLC 程序的运行过程。其中梯形图中有“蓝色”表明该触点闭合或该线圈通电，没有“蓝色”则表明该触点断开，或该线圈失电。

【知识拓展】

一、编程指令

1. 指令功能

LDP、LDF、ANDP、ANDF、ORP、ORF 指令的功能如表 2.4 所示。

表 2.4　LDP、LDF、ANDP、ANDF、ORP、ORF 指令的功能

指令代码	名　称	目标元件	指令功能
LDP	取脉冲上升沿指令	X、Y、M、S、T、C	与左母线相连的常开触点上升沿检测指令，仅在指定元件的上升沿接通一个扫描周期
LDF	取脉冲下降沿指令	X、Y、M、S、T、C	与左母线相连的常开触点下降沿检测指令，仅在指定元件的下降沿接通一个扫描周期
ANDP	与脉冲上升沿指令	X、Y、M、S、T、C	上升沿检测串联连接指令，仅在指定元件的上升沿接通一个扫描周期
ANDF	与脉冲下降沿指令	X、Y、M、S、T、C	下降沿检测串联连接指令，仅在指定元件的下降沿接通一个扫描周期
ORP	或脉冲上升沿指令	X、Y、M、S、T、C	上升沿检测并联连接指令，仅在指定元件的上升沿接通一个扫描周期
ORF	或脉冲下降沿指令	X、Y、M、S、T、C	下降沿检测并联连接指令，仅在指定元件的下降沿接通一个扫描周期

2. 编程实例

LDP、LDF、ANDP、ANDF、ORP、ORF 指令的应用实例如表 2.5 所示。

表 2.5　LDP、LDF、ANDP、ANDF、ORP、ORF 指令的应用

指令代码	梯 形 图	语 句 表	时 序 图
LDP、LDF	X000 Y000 X001 Y001 END	LDP　X000 OUT　Y000 LDF　X001 OUT　Y001 END	X000 Y000 1个扫描周期 X001 Y001
ANDP、ANDF	X000 X001 Y001 X000 X002 Y002 END	LD　X000 ANDP　X001 OUT　Y001 LD　X000 ANDF　X002 OUT　Y002 END	X000 X001 X002 Y001 Y002 1个扫描周期
ORP	X000 Y001 X001 END	LD　X000 ORP　X001 OUT　Y001 END	X000 X001 Y001 1个扫描周期
ORF	X000 Y002 X002 END	LD　X000 ORF　X002 OUT　Y002 END	X000 X002 Y002 1个扫描周期

3. 指令说明

LDP、LDF、ANDP、ANDF、ORP、ORF 指令都占两个程序步。

ANDP、ANDF 指令都是指单个触点串联连接指令，串联次数没有限制，可反复使用。

ORP、ORF 指令都是指单个触点并联连接指令，并联次数没有限制，可反复使用。

二、PLC 控制系统与继电器控制系统的区别

1. 组成的器件不同

继电器控制系统是由许多硬件继电器、接触器组成的，而 PLC 则是由许多“软继电器”组成。传统的继电器控制系统本来有很强的抗干扰能力，但由于用了大量的机械触点，因物理性能疲劳、尘埃的隔离性及电弧的影响，系统可靠性大大降低。PLC 采用无机械触点的逻辑运算微电子技术，复杂的控制由 PLC 内部运算器完成，故寿命长、可靠性高。

2. 触点的数量不同

继电器、接触器的触点数较少，一般只有 4～8 对，而“软继电器”可供编程的触点数有无限对。

3. 控制方式不同

继电器控制系统是通过元件之间的硬接线来实现的，控制功能固定在线路上。PLC 控制功能是通过软件编程来实现的，只要改变程序，功能即可改变，控制灵活。

4. 工作方式不同

在继电器接触器控制线路中，当电源接通时，线路中各继电器都处于受制约状态。在 PLC 中，各“软继电器”都处于周期性循环扫描接通中，每个“软继电器”受制约接通的时间是短暂的。

【研讨训练】

(1) 在图 2.21 中，为了节约 PLC 的 I/O 点数，将热继电器的触点加在输出端，试画出 I/O 分配表、外部硬件接线图、设计梯形图及相应的指令表。

(2) 设计电动机的两地控制程序并调试。要求：按下 A 地或 B 地的起动按钮，电动机均可起动，按下 A 地或 B 地的停止按钮，电动机均可停止。

(3) 利用 LDP 与 LDF 指令控制两台电动机分时起动，两台电动机可以同时停止。

任务 2.2　楼梯照明控制

知识目标：

- 掌握 ANB 指令、ORB 指令的编程方法及应用。
- 掌握梯形图的特点及梯形图编程规则。

能力目标：

- 能利用所掌握的基本指令实现简单 PLC 控制编程。
- 会利用简易编程器和编程软件进行程序的运行调试。
- 熟悉 PLC 外部结构及外部电路接线方法。

【控制要求】

图 2.24 所示为楼梯结构图，楼上和楼下分别有两个开关(LS1 和 LS2)，它们共同控制灯 LP1 和 LP2 的点亮和熄灭。

在楼下，按 LS2 开关，可以将灯点亮：当上到楼上时，按 LS1 开关，可以将灯熄灭；反之亦然。

任务要求：用 PLC 实现上述控制要求，完成楼梯照明控制系统设计。

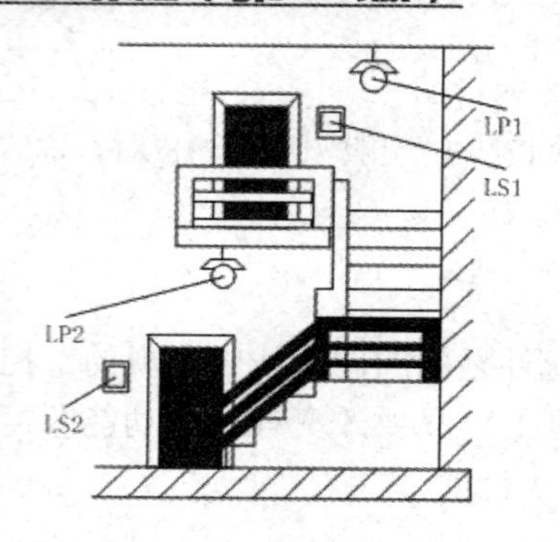

图 2.24　楼梯结构示意图

【相关知识】

编程指令 ANB、ORB 包括以下内容。

1．指令功能

ANB、ORB 指令的功能如表 2.6 所示。

表 2.6　ANB、ORB 指令的功能

指令代码	名　称	目标元件	指令功能
ANB	并联块“与”	—	并联电路块的串联连接指令
ORB	串联块“或”	—	串联电路块的并联连接指令

2．编程实例

ANB、ORB 指令的应用实例如表 2.7 所示。

3．指令说明

两个或两个以上接点串联连接的电路称为串联电路块。当串联电路块与前面的电路并联连接时，使用 ORB 指令；两个或两个以上接点并联连接的电路称为并联电路块。当并联电路块与前面的电路串联连接时，使用 ANB 指令。

表 2.7　ANB、ORB 指令的应用

指　令	梯 形 图	语句表(一)	语句表(二)
ANB	X000　X002　X004　Y000 X001　X003　X005	LD　X000 OR　X001 LD　X002 OR　X003 ANB LD　X004 OR　X005 ANB OUT　Y000	LD　X000 OR　X001 LD　X002 OR　X003 LD　X004 OR　X005 ANB ANB OUT　Y000

续表

指　令	梯 形 图	语句表(一)	语句表(二)
ORB	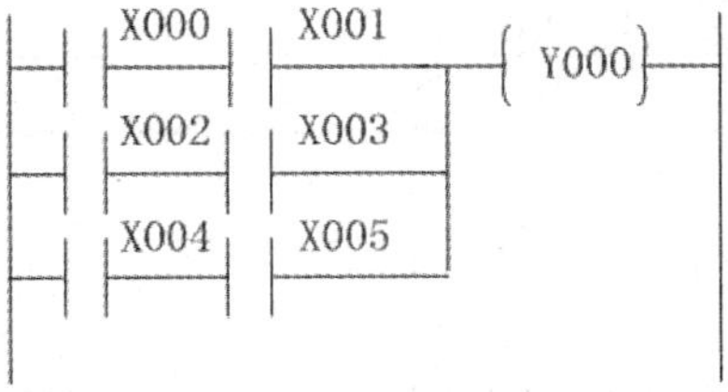 X000 X001 Y000 X002 X003 X004 X005	LD　X001 AND　X001 LD　X002 AND　X003 ORB LD　X004 AND　X005 ORB OUT　Y000	LD　X001 AND　X001 LD　X002 AND　X003 LD　X004 AND　X005 ORB ORB OUT　Y000
ANB、ORB	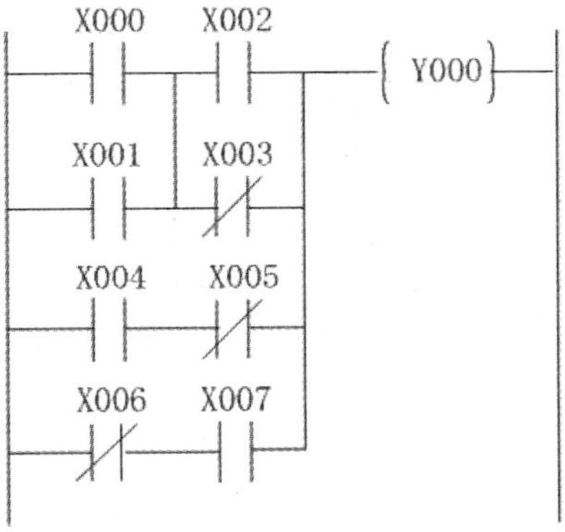 X000 X002 Y000 X001 X003 X004 X005 X006 X007	LD　X000 OR　X001 LD　X002 分支的起点 ORI　X003 ANB　与前面并联电路块串联连接 LD　X004 分支的起点 ANI　X005 ORB　与前面串联电路块并联连接 LDI　X006 分支的起点 AND　X007 ORB　与前面串联电路块并联连接 OUT　Y000 END	

ORB、ANB 指令无操作元件，是一个程序步指令。

串联电路块的分支开始用 LD、LDI 指令，分支结束用 ORB 指令，以表示与前面电路的并联；并联电路块的分支开始用 LD、LDI 指令，分支结束用 ANB 指令，以表示与前面电路的串联。

多个电路块并联时，可以分别使用 ORB 指令；多个电路块串联时，可以分别使用 ANB 指令。

【任务实施】

一、I/O 分配

根据楼梯控制要求可知，输入信号有楼上开关 LS1 和楼下开关 LS2；输出信号有楼上灯 LP1 和楼下灯 LP2。其 I/O 分配如表 2.8 所示。

表 2.8　I/O 分配

输　入			输　出		
输入元件	输入继电器	功　用	输出元件	输出继电器	功　用
LS1	X1	楼上开关	LP1、LP2	Y0	照明灯
LS2	X2	楼下开关			

二、硬件接线

根据 PLC 的 I/O 分配，PLC 外部硬件接线如图 2.25 所示。图中两盏灯由同一输出 Y0 驱动。

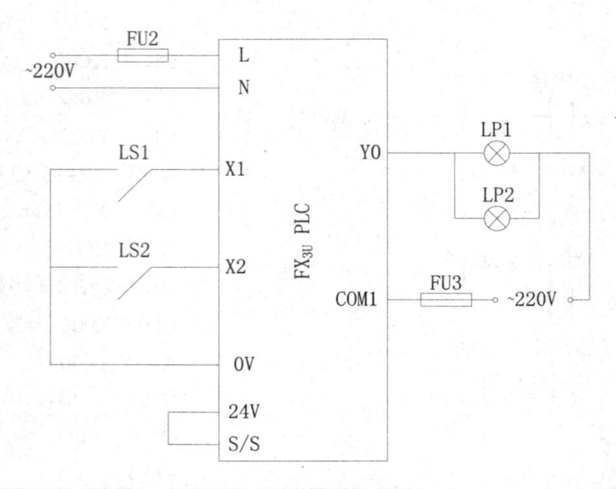

图 2.25　楼梯灯与 PLC 外部的硬件接线

三、程序设计

根据表 2.8 和控制要求，楼梯照明灯控制程序如图 2.26 所示。楼上和楼下两个开关状态一致时，即都为 ON 或都为 OFF 时，灯被点亮；状态不一致时，即一个为 ON，另一个为 OFF 时，灯熄灭。而在熄灭状态时，不管人是在楼上还是楼下，只要拨动该处的开关到另一个状态，即可将灯点亮。同样，灯在点亮状态时，不管人是在楼上还是楼下，只要拨动该处的开关到另一个状态，即可将灯熄灭(或关掉)。

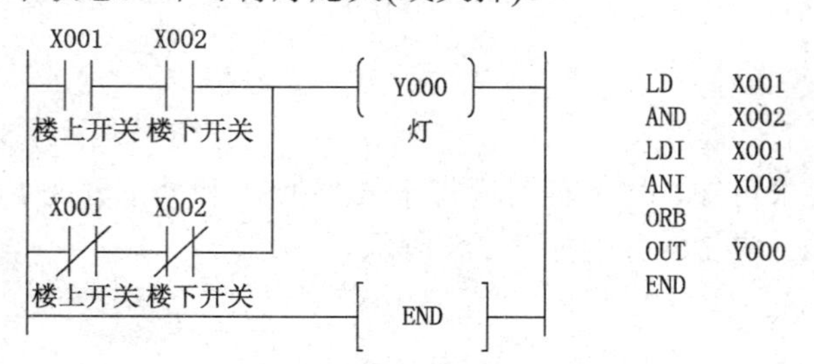

图 2.26　楼梯照明灯控制程序

在图 2.26 中，使用了 ORB 块或指令，它表示两个串联分支回路的并联。

四、运行调试

(1) 按图 2.25 所示将 PLC 的 I/O 接线连接起来。注意两盏灯是并联关系。

(2) 用专业的编程电缆将装有 GX Developer 编程软件的上位机的 RS-232 口与 PLC 的 RS-422 口相连接。

(3) 接通电源，PLC 电源指示灯(POWER)亮，说明 PLC 已通电。将 PLC 的工作方式开关扳到 STOP 位置，使 PLC 处于编程状态。

(4) 用 GX Developer 编程软件将如图 2.26 所示的程序写入 PLC 中。

(5) 按下开关 X2(准备上楼)，观察灯是否点亮，若点亮则按下开关 X1(人已在楼上)，观察灯是否熄灭，若熄灭则说明可以达到上楼的控制要求；接着再按下开关 X1(准备下楼)，观察灯是否点亮，若点亮则按下开关 X2(人已在楼下)，观察灯是否熄灭，若熄灭则说明可以达到下楼的控制要求。

【知识拓展】

一、梯形图的特点

(1) 梯形图按自上而下、从左到右的顺序排列。程序按从上到下、从左到右的顺序执行。每个继电器线圈为一个逻辑行，即一层阶梯。每一逻辑行开始于左母线，然后是触点的连接，最后终止于继电器线圈。左母线与线圈之间一定要有触点，而线圈与右母线之间不能有任何触点。

(2) 梯形图中，每个继电器均为存储器中的一位，称“软继电器”。当存储器状态为“1”时，表示该继电器线圈得电，其常开触点闭合或常闭触点断开。

(3) 梯形图两端的母线并非实际电源的两端，而是“概念”电流。“概念”电流只能从左到右流动。

(4) 在梯形图中，同一编号的继电器线圈只能出现一次(除跳转指令和步进指令的程序段外)，而继电器触点可无限次使用。如果同一继电器线圈使用两次，PLC 会将其视为语法错误，绝对不允许。

(5) 梯形图中，前面所有继电器线圈的执行结果，会立即被后面的逻辑操作利用。

(6) 梯形图中，输入继电器无线圈，只有触点，而其他继电器既有线圈又有触点。

二、梯形图编程规则

1. 水平不垂直

梯形图的接点应画在水平线上，不能画在垂直分支上，如图 2.27 所示。

2. 线圈右边无接点

不能将接点画在线圈右边，只能在接点的右边接线圈，如图 2.28 所示。

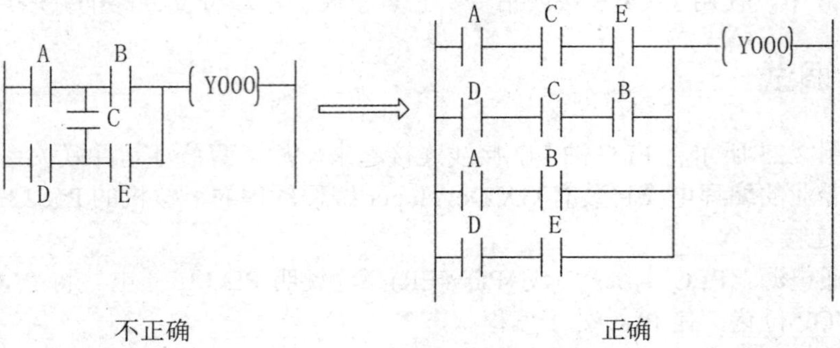

不正确 正确

图 2.27　梯形图画法规则之一

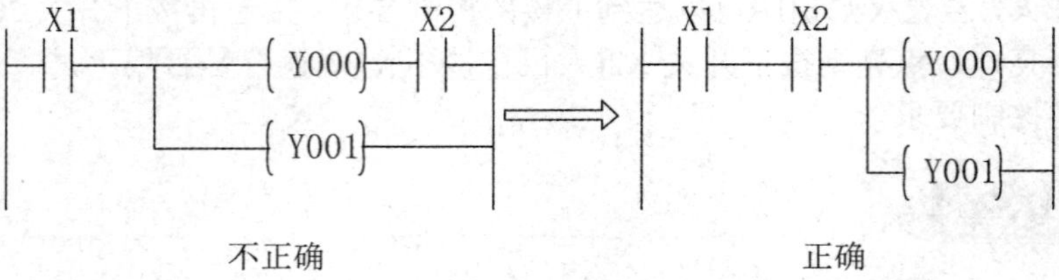

不正确 正确

图 2.28　梯形图画法规则之二

3. 多上串左

有串联电路并联时，应将接点最多的那个串联回路放在梯形图最上面。有并联电路相串联时，应将接点最多的并联回路放在梯形图的最左边。这种安排程序简洁、语句也少，如图 2.29 所示。

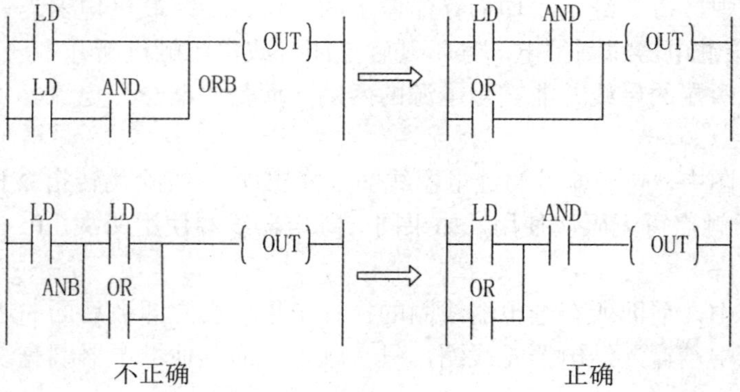

不正确 正确

图 2.29　梯形图画法规则之三

4. 双线圈输出不可用

如果在同一程序中同一元件的线圈使用两次或多次，则称为双线圈输出。这时前面的输出无效，只有最后一次才有效，如图 2.30 所示。一般不应出现双线圈输出。

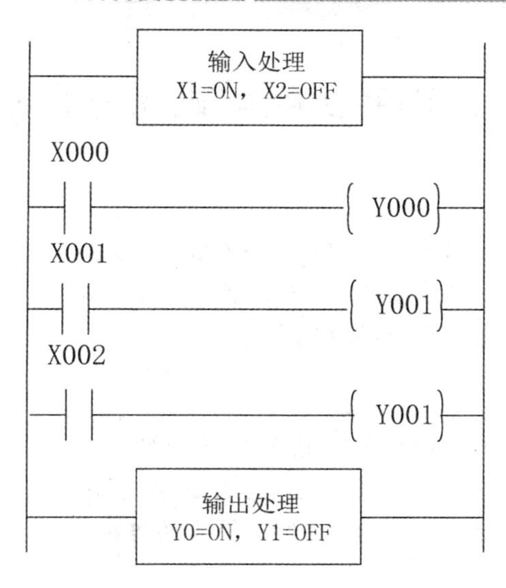

图 2.30　双线圈输出

三、输入信号的最高频率问题

输入信号的状态是在 PLC 输入处理时间内被检测的。如果输入信号为 ON 的时间或为 OFF 的时间过窄，有可能检测不到。也就是说，PLC 输入信号为 ON 的时间或为 OFF 的时间必须比 PLC 的扫描周期长。若考虑输入滤波器的响应延迟为 10ms，扫描周期为 10ms，则输入信号为 ON 的时间或为 OFF 的时间至少为 20ms。因此，要求输入脉冲的频率低于 25Hz[1000Hz/(20+20)]。不过，用 PLC 后述的功能指令结合使用，可以处理较高频率的信号。

【研讨训练】

(1)　将 3 个指示灯接在输出端上，要求 SB0、SB1、SB2 三个按钮任意一个按下时，灯 HL0 亮；任意两个按钮按下时，灯 HL1 亮；三个按钮同时按下时，灯 HL2 亮；没有按钮按下时，所有灯不亮。试用 PLC 实现上述控制要求，设计梯形图、写出指令表。

(2)　利用 PLC 设计电动机正反转控制的程序，并画出 I/O 接线图。

(3)　写出与下列指令表对应的梯形图：

```
0  LD   X000        8  AND  X007
1  AND  X001        9  ORB
2  LD   X002       10  ANB
3  ANI  X003       11  LD   X010
4  ORB             12  AND  X011
5  LD   X004       13  ORB
6  AND  X005       14  AND  X012
7  LD   X006       15  OUT  Y001
                   16  END
```

任务 2.3　三相异步电动机 Y-Δ 降压起动控制

知识目标：

- 掌握 MC、MCR、MPS、MRD、MPP 指令的编程方法及应用。
- 掌握编程元件辅助继电器(M)、定时器(T)、计时器(C)的应用。
- 了解堆栈指令与主控指令的异同点。

能力目标：

- 能利用堆栈指令与主控指令实现 PLC 控制编程。
- 会利用简易编程器和编程软件进行程序的运行调试。
- 熟悉 PLC 外部结构，实现 PLC 外部简单的接线。

【控制要求】

图 2.31 所示为三相异步电动机 Y-△降压起动控制原理图。KM1 为电源接触器，KM2 为△连接接触器，KM3 为星形连接接触器，KT 为起动时间继电器。

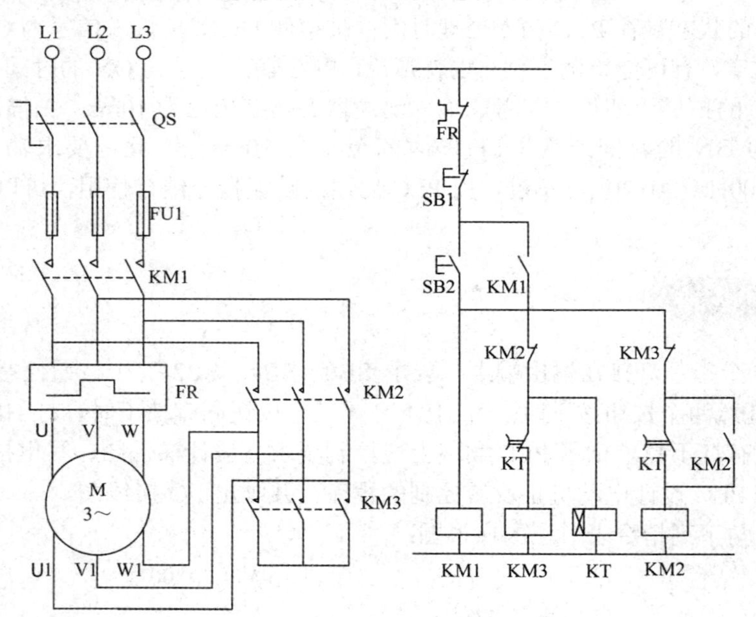

图 2.31　Y-Δ 降压起动控制原理图

三相异步电动机 Y-△降压起动工作原理如下。

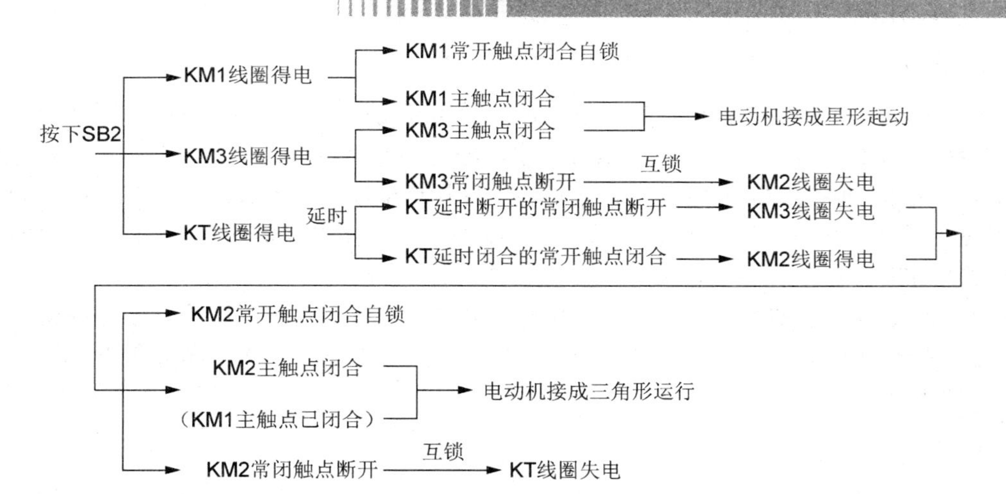

项目要求用 PLC 实现图 2.31 所示的 Y-△降压起动控制电路，其控制时序图如图 2.32 所示。

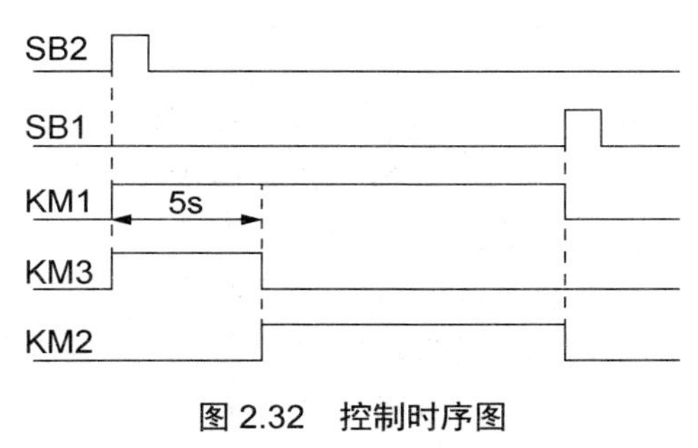

图 2.32　控制时序图

【相关知识】

一、编程元件

(一)辅助继电器(M)

PLC 内部有很多辅助继电器，与输出继电器一样，只能由程序驱动，每个辅助继电器也有若干对常开、常闭触点供编程使用。其作用相当于继电器控制线路中的中间继电器。辅助继电器的触点在 PLC 内部编程时可以任意使用，但它不能直接驱动负载，外部负载必须由输出继电器的输出接点来驱动。

在逻辑运算中，经常需要一些中间继电器作为辅助运算用，这些器件往往用作状态暂存、移位等运算。另外，辅助继电器还具有一些特殊功能。下面是几种常用的辅助继电器。

1. 通用辅助继电器

通用辅助继电器用于逻辑运算的中间状态存储及信号类型的变换。按十进制地址编号，有 M0～M499，共 500 点(在 FX 型 PLC 中除了输入输出继电器外，其他所有器件都是十进制编码)。

2. 断电保持辅助继电器

PLC 在运行中如发生停电，输出继电器和通用辅助继电器将会全变成为断开状态。上电后，除了 PLC 运行时被外部输入信号接通以外，其他仍断开。不少控制系统要求保持断电瞬间的状态。断电保持辅助继电器(包括断电保持用辅助继电器和断电保持专用辅助继电器)就是用于此种场合，断电保持是由 PLC 内装锂电池支持的。FX_{3U} 系列 PLC 有 M500～M1023 共 524 个断电保持用辅助继电器，此外，还有 M1024～M7679 共 6656 个断电保持专用辅助继电器，它与断电保持用辅助继电器的区别在于，断电保持用辅助继电器可用参数设定，是可变更非断电保持区域，而断电保持专用辅助继电器关于断电保持的特性无法用参数来改变。

3. 特殊辅助继电器

FX_{3U} 系列 PLC 有 M8000～M8511 共 512 个特殊辅助继电器，这些特殊辅助继电器各自具有特定的功能。通常分为下面两大类。

(1) 只能利用其触点的特殊辅助继电器。线圈由 PLC 自动驱动，用户只可以利用其接点。举例如下。

- M8000 为运行监控用，PLC 运行时 M8000 接通。
- M8002 为仅在运行开始瞬间接通的初始脉冲特殊辅助继电器。
- M8012 为产生 100ms 时钟脉冲的辅助继电器。

(2) 可驱动线圈型特殊辅助继电器。用户激励线圈后，PLC 做特定动作。举例如下。

- M8030 为锂电池电压指示灯特殊辅助继电器，当锂电池电压跌落时，M8030 动作，指示灯亮，提醒 PLC 维修人员需要赶快调换锂电池了。
- M8033 为 PLC 停止时输出保持特殊辅助继电器。
- M8034 为禁止全部输出特殊辅助继电器。
- M8039 为定时扫描特殊辅助继电器。

需要说明的是，未定义的特殊辅助继电器不可在用户程序中使用。

辅助继电器的常开、常闭触点在 PLC 内部可无限次地自由使用。

(二)定时器(T)

定时器在 PLC 中的作用相当于一个时间继电器，它有一个设定值寄存器(一个字长)、一个当前值寄存器(一个字长)以及无限个接点(一个位)。对于每一个定时器，这 3 个量使用同一地址编号名称，但使用场合不同，其所指也不同。通常在一个 PLC 中有几十至数百个定时器 T。

定时器累计 PLC 内的 1ms、10ms、100ms 等的时钟脉冲，当达到设定值时，输出接点动作。定时器可以使用用户程序存储器内的常数 K 作为设定值，也可以用后述的数据寄存器 D 的内容作为设定值。这里的数据寄存器应有断电保持功能。定时器的地址编号、设定值规定如下。

1. 常规定时器 T0～T245

100ms 定时器 T0～T199 共 200 点，每个设定值范围是 0.1～3276.7s；10ms 定时器 T200～

T245 共 46 点，每个设定值范围是 0.01～327.67s。如图 2.33(a)所示，当驱动输入 X000 接通时，T200 用当前值计数器累计 10ms 的时钟脉冲。如果该值等于设定值 K123 时，定时器的输出接点动作，即输出接点是在驱动线圈后的 123×0.01s=1.23s 时动作。驱动输入 X000 断开或发生断电时，计数器就复位，输出接点也复位。

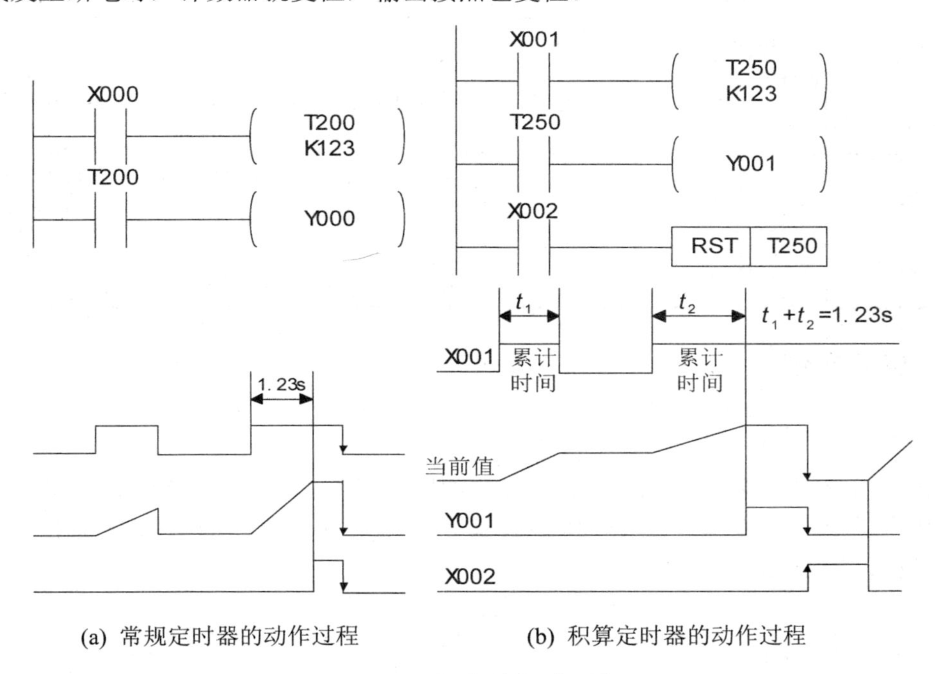

(a) 常规定时器的动作过程　　(b) 积算定时器的动作过程

图 2.33　定时器的动作过程

2. 积算定时器 T246～T255

1ms 积算定时器 T246～T249 共 4 点，每点设定值范围为 0.001～32.767s；100ms 积算定时器 T250～T255 共 6 点，每点设定值范围 0.1～3276.7s。如图 2.33(b)所示，当定时器线圈 T250 的驱动输入 X001 接通时，T250 用当前值计数器累计 100ms 的时钟脉冲个数。当该值与设定值 K123 相等时，定时器的输出接点输出；当计数中间驱动输入 X001 断开或停电时，当前值可保持。输入 X001 再接通或复电时，计数继续进行，当累计时间为 123×0.1s=12.3s 时，输出接点动作。

当复位输入 X002 接通时，计数器就复位，输出接点也复位。

二、编程指令

编程指令 MC、MCR、MPS、MRD、MPP 包括以下内容。

(一)指令功能

MC、MCR、MPS、MRD、MPP 指令的功能如表 2.9 所示。

表 2.9　MC、MCR、MPS、MRD、MPP 指令的功能

指令代码	名　称	目标元件	指令功能
MC	主控	Y、M	主控程序的起点
MCR	主控返回	—	主控程序的终点
MPS	进栈	—	将运算结果(或数据)压入栈存储器第一层，将先前送入的数据依次移到栈的下一层
MRD	读栈	—	将栈存储器第一层的内容读出，且该数据继续保存在栈存储器的第一层，栈内数据不发生移动
MPP	出栈	—	将栈存储器第一层的内容弹出，且该数据从栈中消失，同时将栈中其他数据依次上移一层

(二)编程实例

1. MPS、MRD、MPP 指令编程实例

栈操作指令用于多重输出梯形图中。在编程时，需要将中间运算结果存储时，就可以通过栈操作指令来实现。FX_{3U} 系列 PLC 提供了 11 个存储中间运算结果的存储区域，被称为栈存储器，如图 2.34 所示。

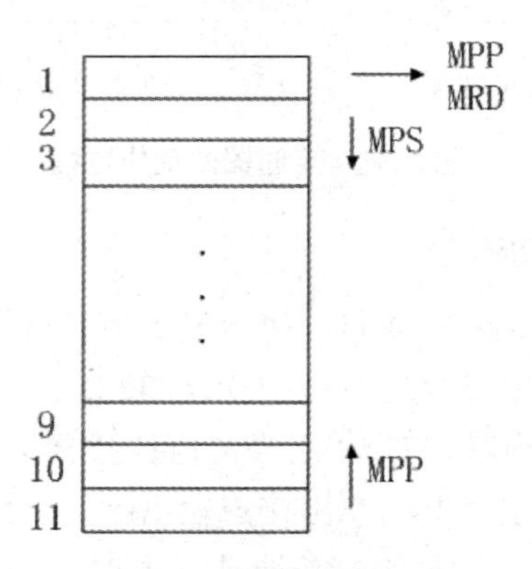

图 2.34　栈存储器

使用一次进栈指令 MPS 时，就将该时刻的运算结果压入栈的第一层进行存储；栈中原来的数据依次向下一层推移。

使用出栈指令 MPP 时，各层的数据依次向上移动一次，将最上端的数据读出后，数据就从栈中消失。

MRD 是读出最上层所存的最新数据的专用指令。读出时，栈内数据不发生移动，仍然保持在栈内的位置不变。

MPS、MRD、MPP 指令的编程实例如图 2.35 至图 2.38 所示。

图 2.35 所示为简单电路，即一层栈电路。在本例中，堆栈只使用了一段。因为在第二次使用进栈指令 MPS 前，已经用出栈指令 MPP 把数据取出。这样数据进栈就存放在第一

段存储器内，而不是第二段存储器。

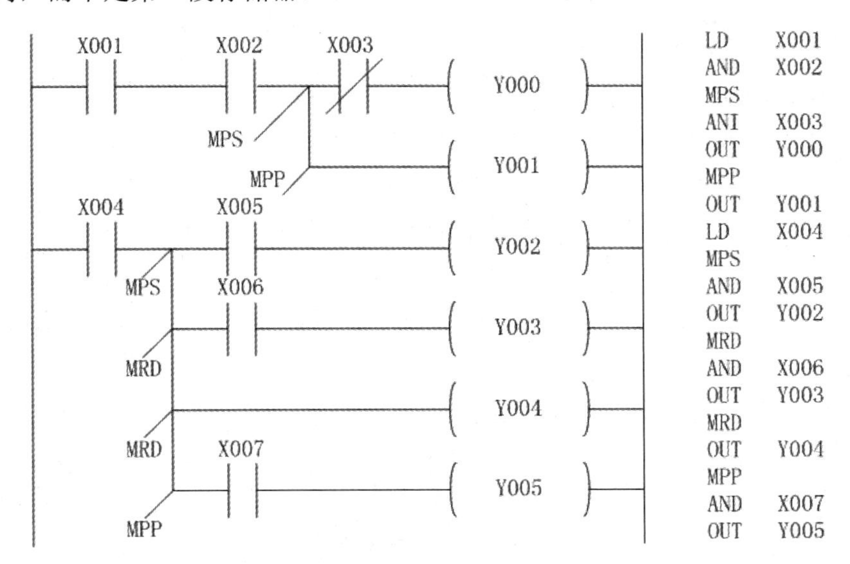

图 2.35　一层栈电路(1)

图 2.36 所示为一层栈与 ANB、ORB 指令配合。

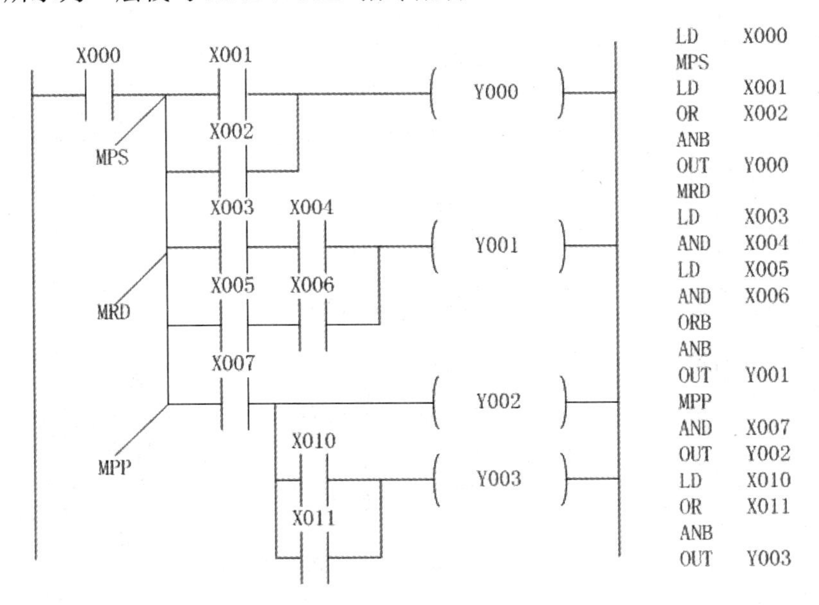

图 2.36　一层栈电路(2)

图 2.37 所示为二层栈电路。

图 2.38 所示为三层栈电路。

2. MC、MCR 指令编程实例

在编程时，经常遇到多个线圈同时受一个或一组触点控制。如果在每个线圈的控制电路中都串入同样的触点，将多占用存储单元，如图 2.39 所示。应用 MC、MCR 指令可以解

决这一问题。使用主控指令的触点称为主控触点，它在梯形图中与一般的触点垂直，主控触点是控制某一段程序的总开关。

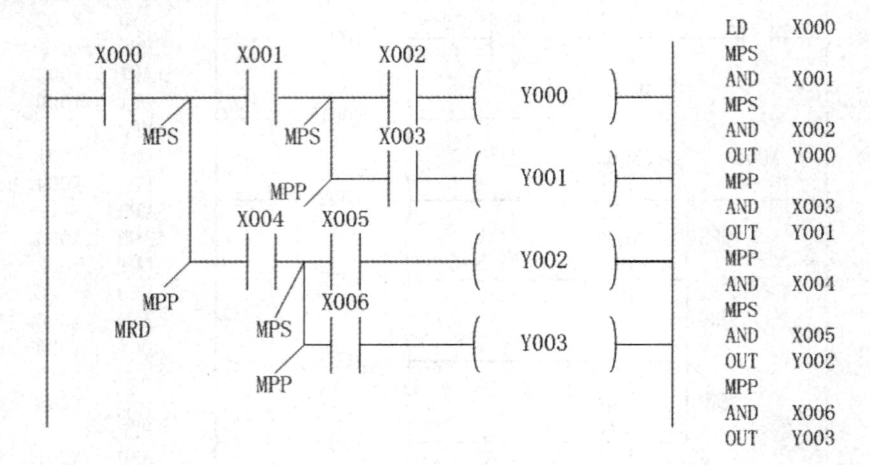

图 2.37　二层栈电路

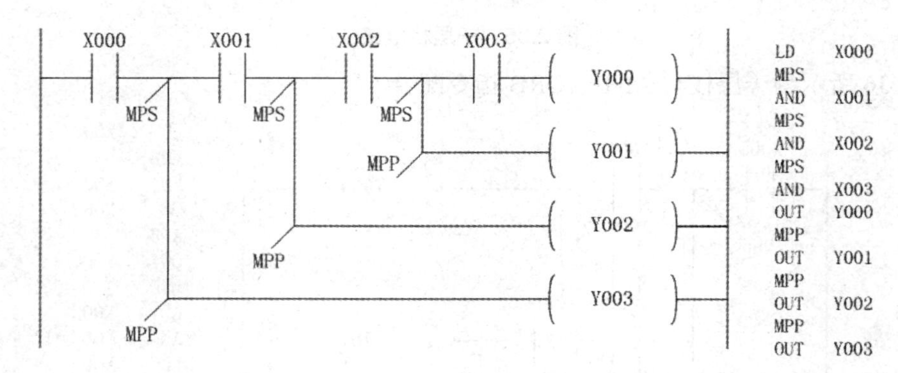

图 2.38　三层栈电路

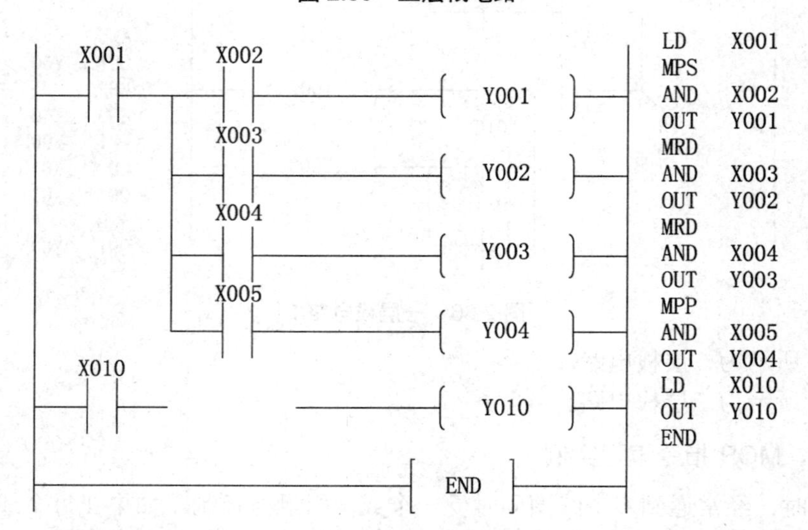

图 2.39　以多个线圈受一个触点控制的普通方法编程

图 2.39 中的控制程序采用主控指令编程时的梯形图和指令表如图 2.40 所示。

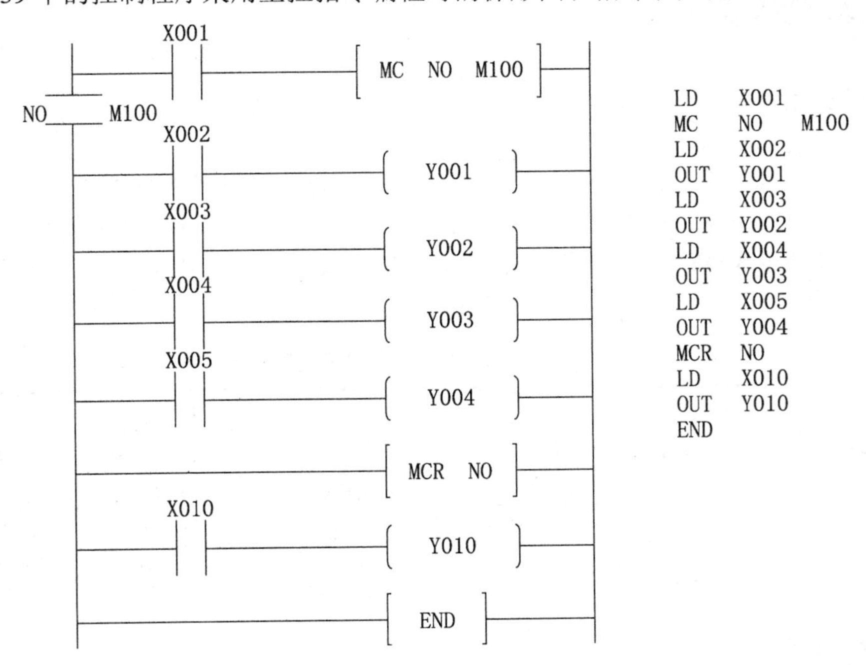

图 2.40　MC、MCR 指令编程

在图 2.40 中，常开触点 X001 接通时，主控触点 M100 闭合，执行 MC 和 MCR 之间的指令，输出线圈 Y001、Y002、Y003、Y004 分别由 X002、X003、X004、X005 的通断来决定各自的输出状态。当常开触点 X001 断开时，主控触点 M100 断开，MC 与 MCR 之间的指令不执行，此时无论 X002、X003、X004、X005 是否接通，输出线圈 Y001、Y002、Y003、Y004 全部处于 OFF 状态。输出线圈 Y010 不在主控范围内，所以其状态不受主控触点的限制，仅取决于 X010 的通断。

3. 指令说明

MPS 指令用于分支的开始处；MRD 指令用于分支的中间段；MPP 指令用于分支的结束处。

MPS 指令、MRD 指令及 MPP 指令均为无操作元件指令，为一个程序步指令，MPS 指令与 MPP 指令必须配对使用。

PLC 有 11 个栈存储器，所以 MPS 指令和 MPP 指令连续使用的次数不得超过 11 次。

主控指令必须有条件，当条件具备时，执行 MC 与 MCR 之间的指令；当条件不具备时，不执行 MC 与 MCR 之间的指令。此时 MC 与 MCR 之间的非积算定时器及用 OUT 指令驱动的元件复位，而积算定时器、计数器以及用 SET/RST 指令驱动的元件都保持当前的状态。

使用 MC 指令后，相当于母线移到主控触点的后面，所以与主控触点相连的触点必须用 LD 或 LDI 指令，MCR 指令使母线返回原来的状态。

MC 指令里的 M(或 Y)不能重复使用，如重复使用，会出现双重线圈输出。MC 指令占 3 个程序步，MCR 指令占两个程序步，MC 指令和 MCR 指令在程序中是成对出现的。

【任务实施】

一、I/O 分配

根据如图 2.31 所示的三相异步电动机 Y-△降压起动原理图及图 2.32 所示的 Y-△降压起动控制时序图可知，输入信号有起动按钮 SB2、停止按钮 SB1 和热继电器 FR；输出信号有电源接触器 KM1，△连接接触器 KM2，Y 连接接触器 KM3。其 I/O 分配如表 2.10 所示。

表 2.10 三相异步电动机 Y-Δ 降压起动 I/O 分配

输入			输出		
输入元件	输入继电器	功用	输出元件	输出继电器	功用
SB2	X000	起动按钮	KM1	Y001	电源接触器
SB1	X001	停止按钮	KM2	Y002	△连接接触器
FR	X002	热继电器	KM3	Y003	Y 连接接触器

二、硬件接线

根据 PLC 的 I/O 分配，PLC 外部硬件接线如图 2.41 所示。

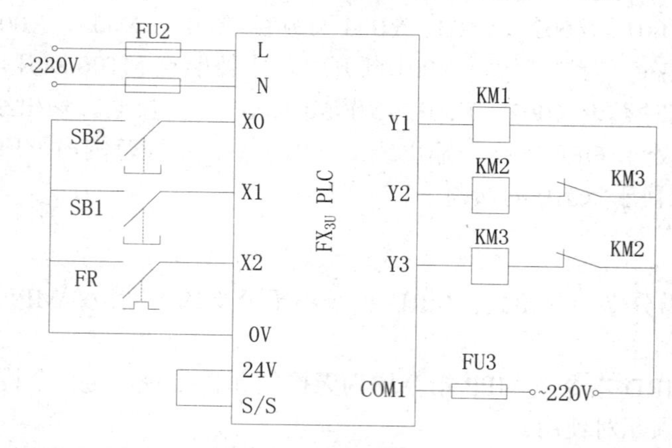

图 2.41 三相异步电动机 Y-Δ 降压起动 PLC 外部硬件接线

三、程序设计

根据表 2.10 和图 2.32 所示的控制时序图可知，当按下 SB2 按钮时，输入继电器 X000 接通，输出继电器 Y001 接通，交流接触器 KM1 线圈得电，输出继电器 Y003 接通，交流接触器 KM3 线圈得电，电动机 Y 连接起动；同时，定时器线圈接通开始定时，定时达到 5s 时，输出继电器 Y002 接通，交流接触器 KM2 线圈得电，输出继电器 Y003 断开，交流接触器 KM3 线圈失电(交流接触器 KM1 线圈继续保持得电)，电动机△连接运行。当按下停止按钮 SB1 时，输入继电器 X001 接通，输出继电器 Y001、Y002、Y003 断电，电动机停止运行。从以上的分析可知，可通过以下几种方案来满足电动机 Y-△降压起动的控制要求。

1. 方案一：直接用串、并联及输出指令实现

用这种方案实现控制要求的梯形图及指令表如图 2.42 所示。

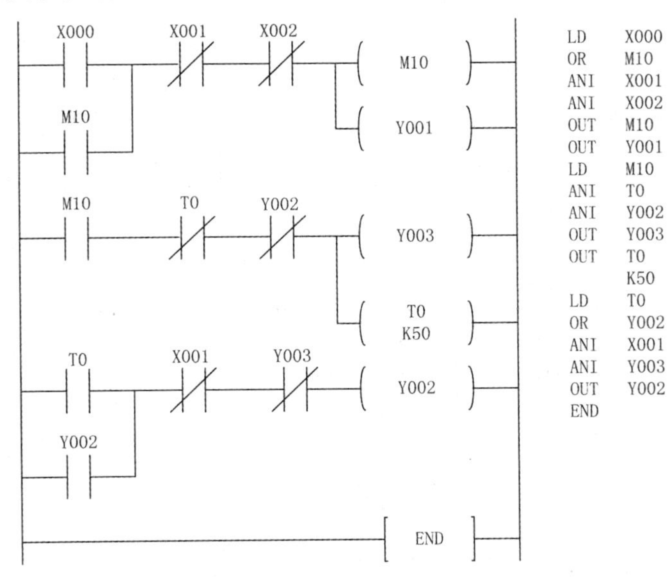

图 2.42　PLC 控制电动机 Y-Δ 降压起动电路方案一

2. 方案二：用堆栈指令实现

用这种方案实现控制要求的梯形图及指令表如图 2.43 所示。

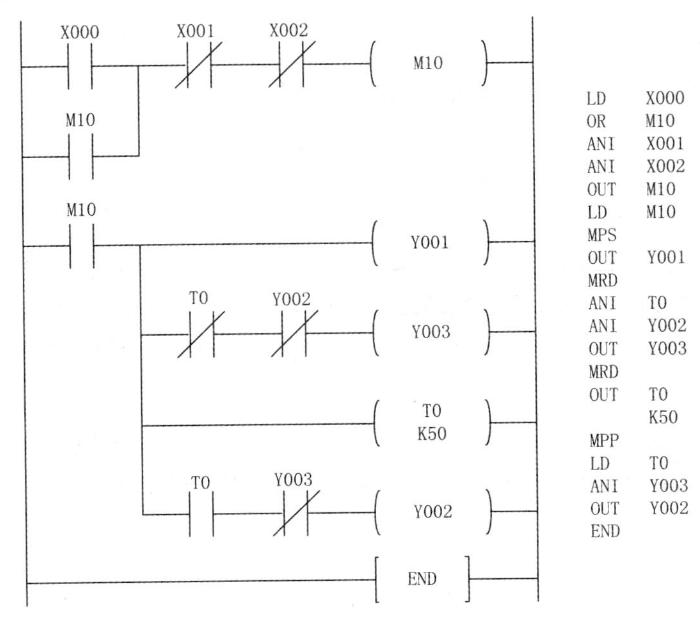

图 2.43　PLC 控制电动机 Y-Δ 降压起动电路方案二

3. 方案三：用主控指令实现

用这种方案实现控制要求的梯形图及指令表如图 2.44 所示。

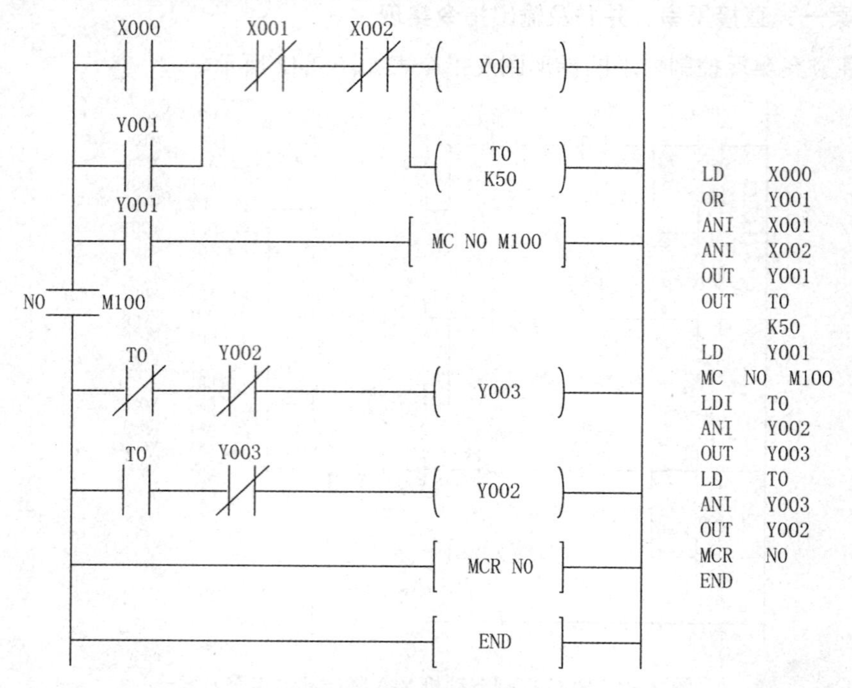

图 2.44 PLC 控制电动机 Y-Δ 降压起动电路方案三

四、运行调试

(1) 按图 2.41 所示完成 PLC 的 I/O 连接。

(2) 用专业的编程电缆将装有 GX Developer 编程软件的上位机的 RS-232 口与 PLC 的 RS-422 口相连接。

(3) 接通电源，PLC 电源指示灯(POWER)亮，说明 PLC 已通电。将 PLC 的工作方式开关扳到 STOP 位置，使 PLC 处于编程状态。

(4) 用 GX Developer 软件分别将图 2.42 至图 2.44 所示的程序写入 PLC 中。

(5) PLC 上热继电器接入的输入指示灯 X002 应点亮，表示输入继电器 X002 被热继电器 FR 的常闭触点接通。若指示灯 X002 不亮，说明热继电器 FR 的常闭触点断开，热继电器已过载保护。

(6) 调试运行。根据图 2.41，按下启动按钮 SB2，首先看到 KM1、KM3 得电，电动机 Y 形起动，经过大约 5s，KM3 失电，同时 KM2 得电，电动机△运行。按下停止按钮 SB1，电动机停止运行。

【知识拓展】

一、常闭触点输入信号的处理

有些输入信号只能由常闭触点提供，图 2.45(a)所示为控制电动机的继电器电路图，SB1 和 SB2 分别是起动按钮和停止按钮，如果将它们的常开触点接到 PLC 的输入端，则梯形图中的触点类型与继电器电路的触点类型完全一致。

如果接入 PLC 的是 SB2 的常闭触点，则图 2.45(b)中的 SB2 按动时，X001 的常闭触点断开，X001 的常开触点接通，显然在梯形图中应将 X001 的常开触点与 Y000 的线圈串联，如图 2.45(c)所示，但这时在梯形图中所用的 X001 的触点的类型与 PLC 外接 SB2 的常开触点刚好相反，与继电器电路图中的习惯也是相反的。建议尽可能采用常开触点作为 PLC 的输入信号。

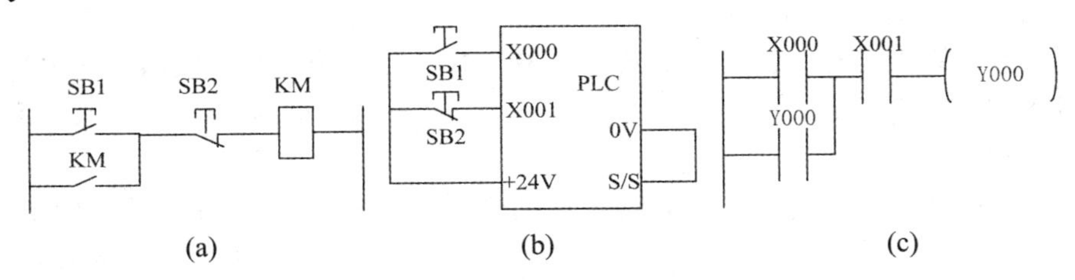

图 2.45　常闭触点输入电路

如果某些信号只能用常闭触点输入，可以按输入全部为常开触点来设计，然后将梯形图中相应的输入继电器的触点改为相反的触点，即常闭触点改为常开触点。

二、计数器 C0～C255

(一)内部信号计数器

内部信号计数器是在执行扫描操作时对内部器件(如 X、Y、M、S、T 和 C)的信号进行计数的计数器，其接通时间和断开时间应比 PLC 的扫描周期稍长。

1. 16 位递增计数器

设定值为 1～32767。其中，C0～C99 共 100 点是通用型，C100～C199 共 100 点是断电保持型。图 2.46 表示了递增计数器的动作过程。图 2.46 左边是梯形图，右边是时序表。X011 是计数输入，每当 X011 接通一次，计数器当前值就加 1。当计数器的当前值为 8 时(也就是说，计数输入达到第 8 次时)，计数器 C0 的接点接通。之后即使输入 X011 再接通，计数器的当前值也保持不变。当复位输入 X010 接通时，执行 RST 复位指令，计数器当前值复位为 0，输出接点也断开。计数器的设定值除了可由常数 *K* 设定外，还可间接通过指定数据寄存器来设定。

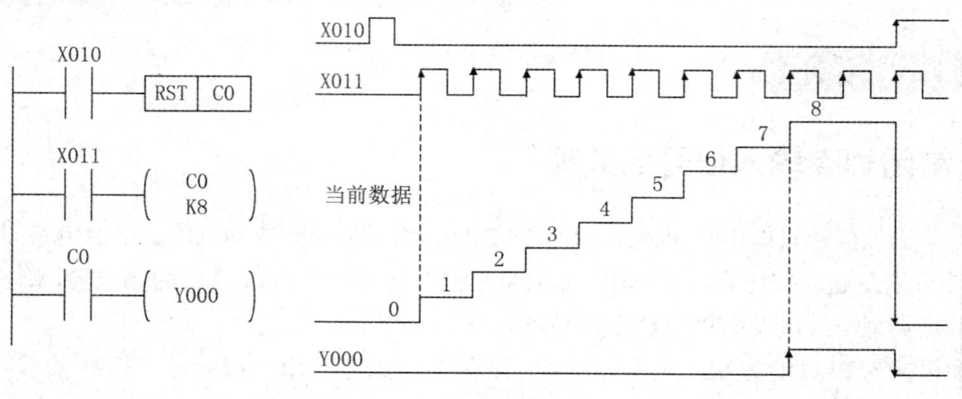

图 2.46　递增计数器的动作过程

2. 32 位双向计数器

设定值为-2147483648 ～ +2147483647，其中 C200～C219 共 20 点是通用型，C220～C234 共 15 点为断电保持型计数器。

32 位双向计数器是递增型计数还是递减型计数将由特殊辅助继电器 M8200～M8234 设定。特殊辅助继电器接通(置 1)时，为递减型计数；特殊辅助继电器断开(置 0)时，为递增型计数。

与 16 位计数器一样，可直接用常数 *K* 或间接用数据寄存器 D 的内容作为设定值。间接设定时，要用器件号紧连在一起的两个数据寄存器。如图 2.47 所示，用 X014 作为计数输入，驱动 C200 计数器线圈进行计数操作。

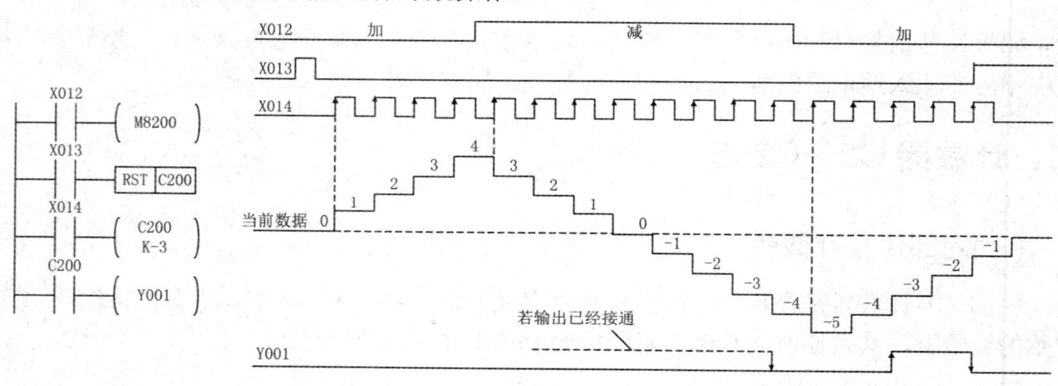

图 2.47　加减计数器的动作过程

当计数器的当前值由-4 到-3(增大)时，其接点接通(置 1)；当计数器的当前值由-3 到-4(减小)时，其接点断开(置 0)。

当复位输入 X013 接通时，计数器的当前值就为 0，输出接点也复位。

使用断电保持型计数器，其当前值和输出接点均能保持断电时的状态。

32 位计数器可当作 32 位数据寄存器使用，但不能用作 16 位指令中的操作目标器件。

(二)高速计数器

高速计数器 C235～C255 共 21 点，共用 PLC 的 8 个高速计数器输入端 X0～X7。这 21

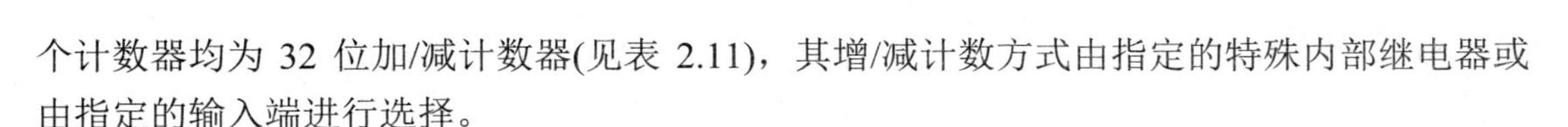

个计数器均为 32 位加/减计数器(见表 2.11)，其增/减计数方式由指定的特殊内部继电器或由指定的输入端进行选择。

高速计数器的选择不是任意的，它取决于所需计数器的类型及高速输入端子。高速计数器的类型如下。

- 1 相无起动/复位端子高速计数器 C235～C240。
- 1 相带起动/复位端子高速计数器 C241～C245。
- 1 相 2 输入(双向)高速计数器 C246～C250。
- 2 相输入(A-B 相型)高速计数器 C251～C255。

表 2.11 中给出了与各个高速计数器相对应的输入端子的名称。

表 2.11　高速计数器表(X000、X002、X003 的最高频率为 10kHz；X001、X004、X005 的最高频率为 7kHz)

输入	1 相						1 相带起动/复位					1 相 2 输入(双向)					2 相输入(A-B 相型)				
	C235	C236	C237	C238	C239	C240	C241	C242	C243	C244	C245	C246	C247	C248	C249	C250	C251	C252	C253	C254	C255
X000	U/D						U/D			U/D		U	U		U		A	A		A	
X001		U/D					R			R		D	D		D		B	B		B	
X002			U/D					U/D			U/D		R		R			R		R	
X003				U/D				R			R			U		U			A		A
X004					U/D				U/D					D		D			B		B
X005						U/D			R					R		R			R		R
X006										S					S					S	
X007											S					S					S

注：U 为递增计数输入；D 为递减计数输入；A 为 A 相输入；B 为 B 相输入；R 为复位输入；S 为起动输入。

在高速计数器的输入端中，X000、X002、X003 的最高频率为 10kHz，X001、X004、X005 的最高频率为 7kHz。X006 和 X007 也是高速输入，但只能用作起动信号，而不能用于高速计数。不同类型的计数器可同时使用，但它们的输入不能共用。输入端 X000～X007 不能同时用于多个计数器。例如，若使用了 C251，下列计数器不能使用：C235、C236、C241、C244、C246、C247、C249、C252、C254 等。因为这些高速计数器都要使用输入 X000 和 X001。

高速计数器是按中断原则运行的，因而它独立于扫描周期，选定计数器的线圈应以连续方式驱动，以表示这个计数器及其有关输入连续有效，其他高速处理不能再用其输入端子。图 2.48 表明高速计数器的输入。当 X020 接通时，选中高速计数器 C235；而由表 2.11 中可查出，C235 对应的计数器输入端为 X000，计数器输入脉冲应为 X000 而不是 X020。当 X020 断开时，C235 线圈断开，同时 C236 接通，选中计数器 C236，其计数脉冲输入端为 X001。特别注意，不要用计数器输入端接点作为计数器线圈的驱动接点。

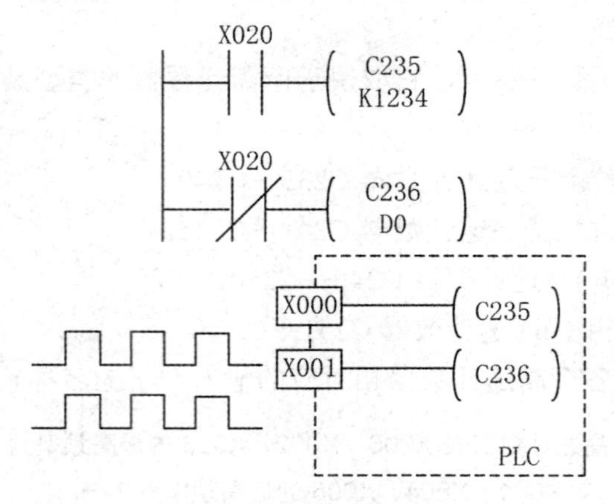

图 2.48　高速计数器的输入

三、闪烁电路

闪烁电路如图 2.49 所示。设开始时 T0 和 T1 均为 OFF，当 X000 为 ON 后，T0 线圈通电 2s 后，T0 的常开触点接通，使 Y000 变为 ON，同时 T1 的线圈通电，开始定时。T1 线圈通电 3s 后，它的常闭触点断开，使 T0 线圈断电，T0 的常开触点断开，使 Y000 变为 OFF，同时使 T1 线圈断电，其常闭触点接通，T0 又开始定时，以后 Y000 的线圈将这样周期性地通电和断电，直到 X000 变为 OFF，Y000 通电和断电的时间分别等于 T1 和 T0 的设定值。

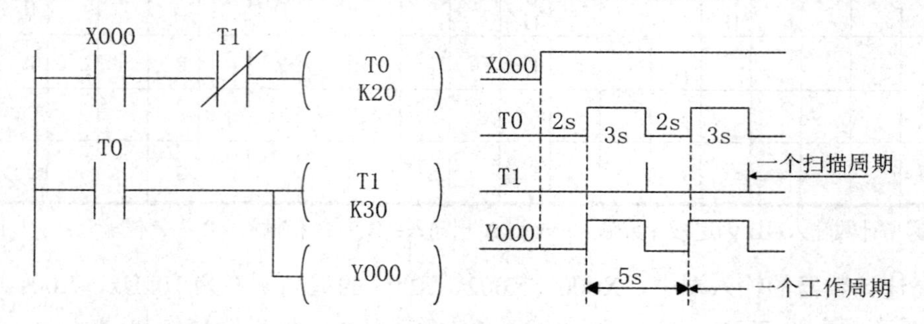

图 2.49　闪烁电路

四、延合延分电路

延合延分电路如图 2.50 所示，用 X000 控制 Y000，当 X000 的常开触点接通后，T0 开始定时，10s 后 T0 的常开触点接通，使 Y000 变为 ON。X000 为 ON 时其常闭触点断开，使 T1 复位，X000 变为 OFF 后 T1 开始定时，5s 后 T1 的常闭触点断开，使 Y000 变为 OFF，T1 也被复位。Y000 用起动、保持、停止电路来控制。

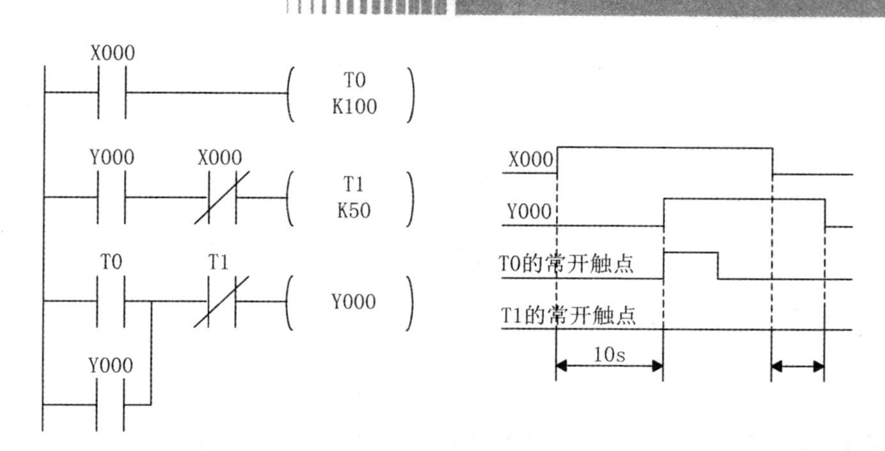

图 2.50　延合延分电路

五、定时器接力电路

定时器接力电路如图 2.51 所示，当 X000 接通时，T0 线圈得电并开始延时(3000s)，延时到 T0 常开触点闭合，又使 T1 线圈得电，并开始延时(3000s)，当定时器 T1 延时到，其常开触点闭合，再使 T2 线圈得电，并开始延时(3000s)，当定时器 T2 延时到，其常开触点闭合，才使 Y000 接通。因此，从 X000 为 ON 开始到 Y000 接通共延时 9000s。

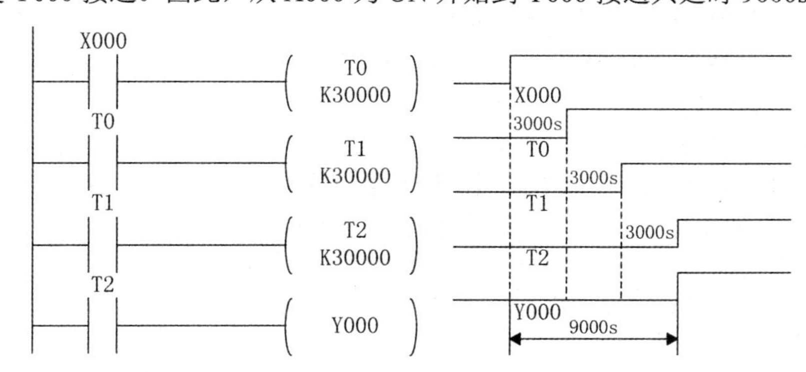

图 2.51　定时器接力电路

六、定时器、计数器组合延时电路

定时器、计数器组合延时电路如图 2.52 所示，当 X000 为 OFF 时，T0 和 C0 复位不工作。当 X000 为 ON 时，T0 开始定时，3000s 后 T0 定时时间到，其常闭触点断开，使它自己复位，复位后 T0 的当前值变为 0，同时它的常闭触点接通，使它自己的线圈重新通电，又开始定时。T0 将这样周而复始地工作，直至 X000 变为 OFF。从分析中可看出，图 2.52 中最上面一行电路是一个脉冲信号发生器，脉冲周期等于 T0 的设定值。

产生的脉冲序列送给 C0 计数，计满 30000 个数(即 25000h)后，C0 的当前值等于设定值，它的常开触点闭合，Y000 开始输出。

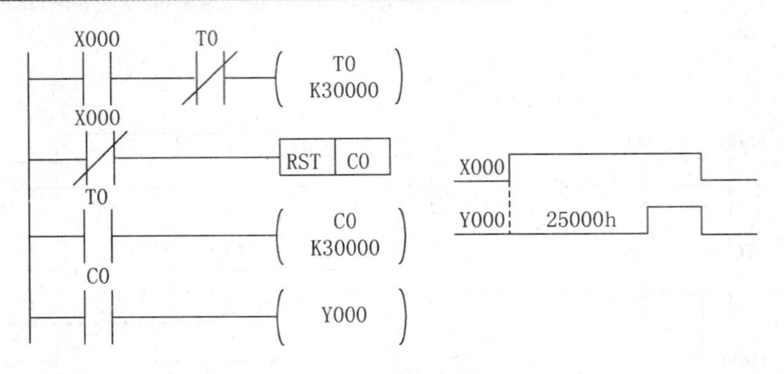

图 2.52　定时器与计数器组合电路

如果以特殊辅助继电器 M8014 的触点向计数器提供周期为 1min 的时钟脉冲，单个计数器的最长定时时间为 32767min，如果需要更长的延时时间，可以使用多个计数器。

【研讨训练】

(1) 某控制系统中有 3 台电动机，当按下起动按钮 SB1 时，润滑电动机起动；运行 5s 后，主电动机起动；运行 10s 后，冷却泵电动机起动。

当按下停止按钮 SB2 时，主电动机立即停止；主电动机停 5s 后，冷却泵电动机停止；冷却泵电动机停 5s 后，润滑电动机停止。当任一电动机过载时，3 台电动机全停。试设计 PLC 外部接线图、编写控制程序并上机调试。

(2) 某控制系统有一盏红灯，当合上开关 K 后，红灯亮 1s 灭 1s，累计点亮 0.5h 后自行关闭。试编写控制程序。

(3) 用 PLC 控制发射型天塔。发射型天塔有 HL1～HL9 9 个指示灯，要求起动后，HL1 亮 2s 后熄灭，接着 HL2、HL3、HL4、HL5 亮 2s 后熄灭，然后 HL6、HL7、HL8、HL9 亮 2s 后熄灭，最后 HL1 亮 2s 后熄灭，如此循环下去。试编写控制程序。

(4) 图 2.53 所示是 3 条传送带运输机工作示意图，其控制要求如下。

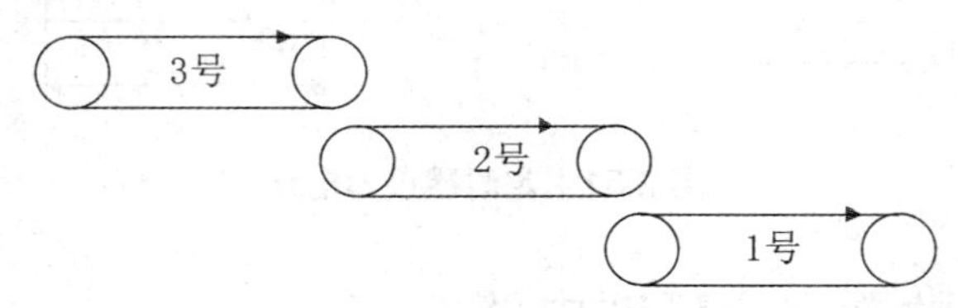

图 2.53　3 条传送带运输机工作示意图

① 按下起动按钮，1 号传送带运行 2s 后，2 号传送带运行，2 号传送带运行 2s 后，3 号传送带开始运行，即顺序起动，以防止货物在传送带上堆积。

② 按下停止按钮，3 号传送带停止，2s 后 2 号传送带停止，再过 2s 后 1 号传送带停止，按逆序停止，以保证停车后传送带上不残存货物。

试列出 I/O 分配表，设计外围接线电路，编写梯形图并上机调试。

(5) 按下按钮 X000 后 Y000 变为 ON 并自锁，T0 计时 7s 后，用 C0 对 X001 输入的脉冲计数，计满 4 个脉冲后 Y000 变为 OFF，同时 C0 和 T0 复位，在 PLC 刚开始执行用户程序时，C0 也被复位。设计梯形图。

任务 2.4 电动机单按钮起停控制

知识目标：

- 掌握 PLS、PLF 指令的编程方法及应用。
- 了解 INV、NOP 指令的应用。

能力目标：

- 能利用所学指令编写梯形图，完成常用的逻辑控制。
- 会利用简易编程器和编程软件进行程序的运行调试。
- 熟悉 PLC 外部结构，实现 PLC 外部简单的接线。

【控制要求】

在图 2.1 中，三相异步电动机的连续运行控制电路采用两个按钮控制电动机起动和停止，现要求设计只用一个按钮控制电动机起停的电路，即第一次按下该按钮电动机起动，第二次按下该按钮电动机停止。

【相关知识】

一、PLS、PLF 指令功能

PLS、PLF 指令的功能如表 2.12 所示。

表 2.12 PLS、PLF 指令的功能

指令代码	名　称	目标元件	指令功能
PLS	上升沿微分输出指令	Y、M	在输入信号的上升沿使控制对象输出一个扫描周期的脉冲信号
PLF	下降沿微分输出指令	Y、M	在输入信号的下降沿使控制对象输出一个扫描周期的脉冲信号

二、编程实例

PLS、PLF 指令的编程实例如图 2.54 所示。当按下按钮 X000 时，M0 产生一个扫描周期的脉冲输出，M0 的常开触点闭合，通过 SET 指令，使 Y000 通电保持，即使松开 X000，Y000 仍然接通；当按下按钮 X001 时，M1 并不通电，只有松开按钮 X001，M1 才产生一个扫描周期的脉冲输出，M1 的常开触点闭合，通过 RST 指令对 Y000 复位。

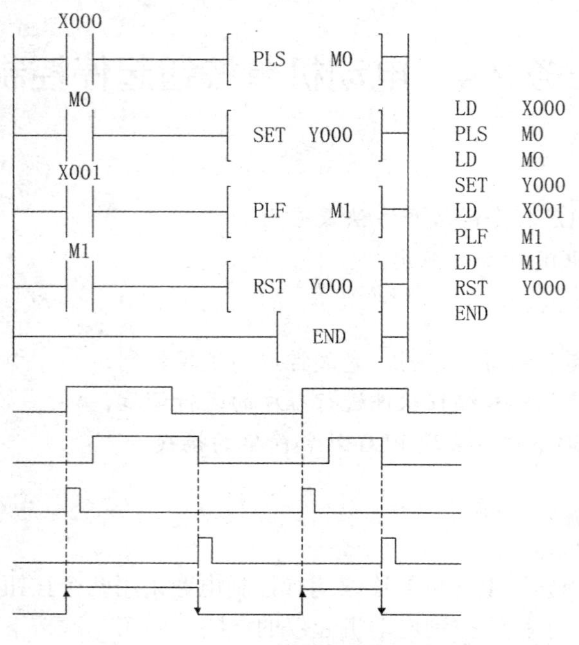

图 2.54　PLS、PLF 指令编程实例

三、指令说明

(1) 使用 PLS 指令，元件 Y、M 仅在驱动输入接通后的一个扫描周期内动作为 ON；而使用 PLF 指令，元件 Y、M 仅在输入断开后的一个扫描周期内动作。

(2) PLS、PLF 指令的目标操作元件为 Y 和 M，但特殊辅助继电器不能用作 PLS、PLF 指令的操作元件。PLS、PLF 指令是两个程序步指令。

(3) 在驱动输入接通时，若 PLC 由运行→停机→运行，此时 PLS M0 动作，但 PLS M600(断电时由电池后备的辅助继电器)不动作。这是因为 M600 是特殊保持继电器，即使在断电停机时其动作也能保持。

【任务实施】

一、I/O 分配

根据任务要求，要完成电动机单按钮的起停控制，输入信号只有一个起停按钮 SB；输出信号有交流接触器 KM。为了节约 PLC 的 I/O 点数，将电动机的过载保护接在 PLC 输出电路中。I/O 分配如表 2.13 所示。

表 2.13　三相异步电动机单按钮起停 I/O 分配

输　入			输　出		
输入元件	输入继电器	功　用	输出元件	输出继电器	功　用
SB	X000	起停按钮	KM	Y000	交流接触器

二、硬件接线

根据 PLC 的 I/O 分配，PLC 外部硬件接线如图 2.55 所示。

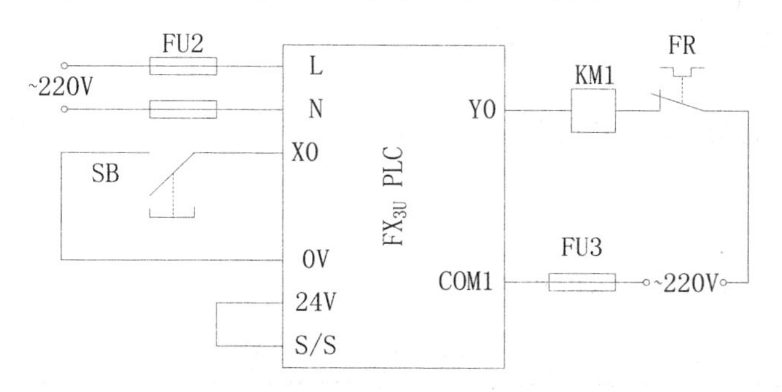

图 2.55　三相异步电动机单按钮起停 PLC 外部硬件接线

三、程序设计

采用 PLS 指令实现电动机单按钮起停控制，如图 2.56 所示。第一次按下 SB 按钮，输入继电器 X000 接通，M0 闭合一个扫描周期，Y000 通电并自锁，交流接触器 KM 线圈得电，电动机起动；第二次按下 SB 按钮，M0 再闭合一个扫描周期，此时 M1 线圈通电，M1 常闭触点断开，Y000 失电，交流接触器 KM 线圈断电，电动机停止。

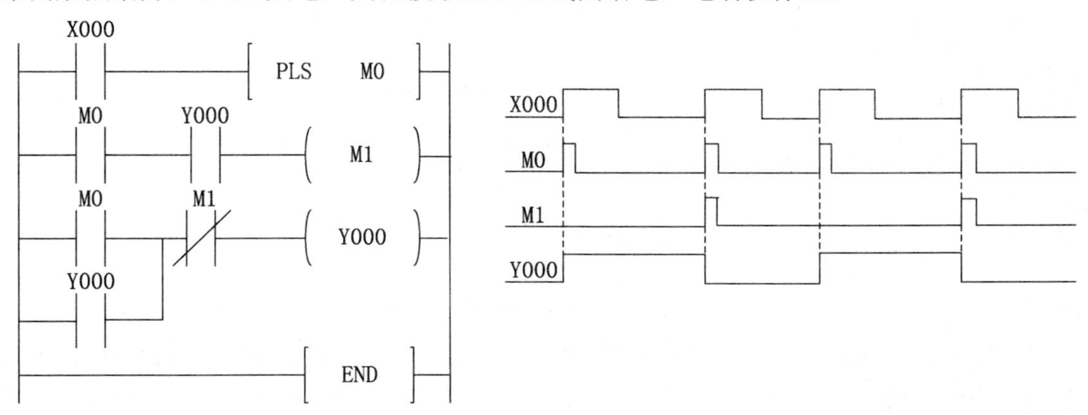

图 2.56　电动机单按钮起停控制程序

四、运行调试

(1)　按图 2.55 所示完成 PLC 的 I/O 连接。

(2)　用专业的编程电缆将装有 GX Developer 编程软件的上位机的 RS-232 口与 PLC 的 RS-422 口相连接。

(3)　接通电源，PLC 电源指示灯(POWER)亮，说明 PLC 已通电。将 PLC 的工作方式开关扳到 STOP 位置，使 PLC 处于编程状态。

(4) 用 GX Developer 软件将如图 2.56 所示的程序写入 PLC 中。

(5) 调试运行。根据图 2.55，合上开关 QS，第一次按下 SB 按钮，KM 得电，电动机起动，第二次按下 SB 按钮，KM 失电，电动机停止。

【知识拓展】

一、编程指令(INV、NOP)

1. 指令功能

INV、NOP 指令的功能如表 2.14 所示。

表 2.14　INV、NOP 指令的功能

指令代码	名　称	目标元件	指令功能
INV	取反转指令	—	将执行该指令之前的运算结果进行取反操作
NOP	空操作指令	—	程序中仅做空操作运行

2. 编程实例

INV 指令的编程实例如图 2.57 所示。

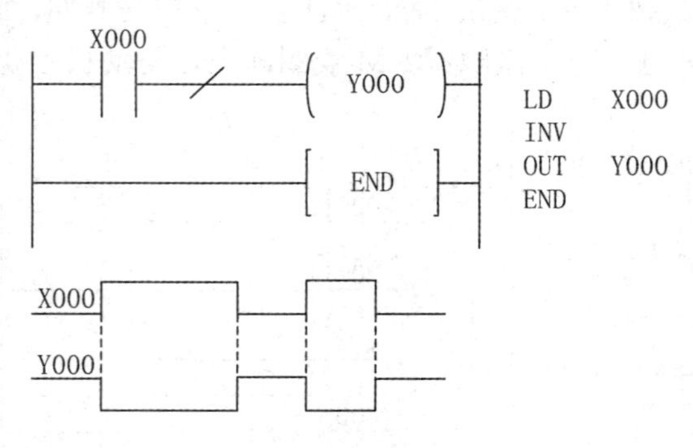

图 2.57　INV 指令的编程实例

当输入信号 X000 接通(由 OFF→ON)时，INV 指令对 X000 取反转，使输出线圈断开(OFF)；当输入信号 X000 断开(由 ON→OFF)时，INV 指令对 X000 取反转，使输出线圈接通(ON)。

3. 指令说明

(1) INV 指令只能用在可以使用 LD、LDI、LDP 和 LDF 的位置，不能直接连接母线，也不能像 OR、ORI、ORP 和 ORF 指令那样单独使用。

(2) 如将已写入的指令改为 NOP，程序将发生变化，如图 2.58 所示。

在图 2.58(a)中，AND、ANI 指令改为 NOP 指令时使相关触点短路。

在图 2.58(b)中，OR 指令改为 NOP 指令时使相关电路切断。

在图 2.58(c)中，ANB 指令改为 NOP 指令时使前面的电路全部短路。

在图 2.58(d)中，ORB 指令改为 NOP 指令时使前面的电路全部切断。

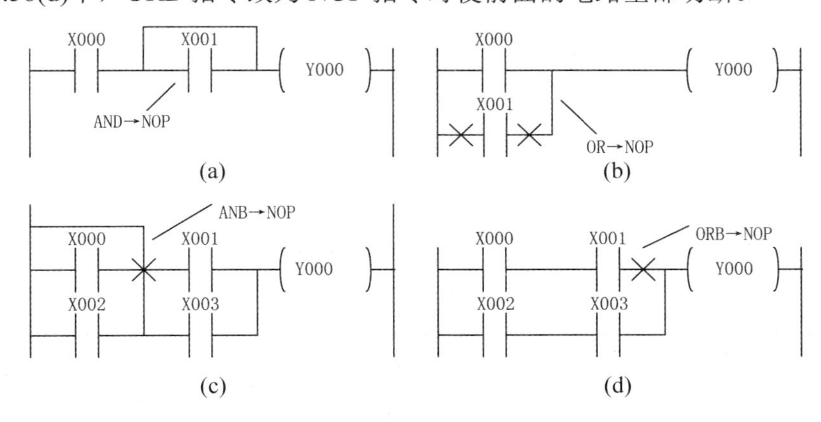

图 2.58　已有指令变为 NOP 指令时程序结构的变化

当执行完清除用户存储器的操作时，用户存储器的内容全部变为空操作指令。

二、分频电路

用 PLC 可以实现对输入信号的任意分频，图 2.59 所示是一个二分频电路，将脉冲信号加入 X000 端，在第 1 个脉冲到来时，M100 产生一个扫描周期的单脉冲，使 M100 的常开触点闭合，Y000 线圈接通并保持；当第 2 个脉冲到来时，由于 M100 的常闭触点断开一个扫描周期，Y000 自保持消失，Y000 线圈断开；第 3 个脉冲到来时，M100 又产生单脉冲，Y000 线圈再次接通，输出信号又建立；在第 4 个脉冲的上升沿，输出再次消失，以后循环往复，不断重复上述过程，结果 Y000 是 X000 的二分频。

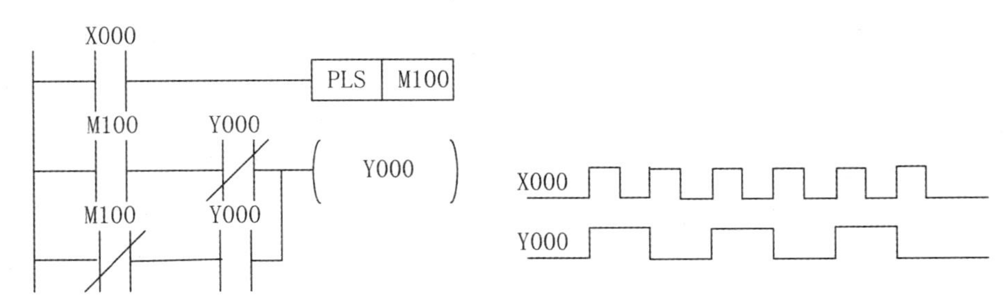

图 2.59　分频电路

【研讨训练】

(1)　试用 PLS 指令及“起-保-停”电路来实现两台电动机顺序起动，同时停止控制电路。设计 PLC 程序并上机调试。

(2)　图 2.59 所示为 PLC 对输入信号做二分频。如果要求 PLC 对输入信号进行八分频，试设计梯形图。

(3)　图 2.60 所示的程序表示对 X010 和 X011 进行逻辑“与”运算，取“与”的反驱动 Y010，输入和输出的状态关系见表 2.15。如果不用 INV 指令，要求实现图 2.60 所示程序的功能，设计程序。

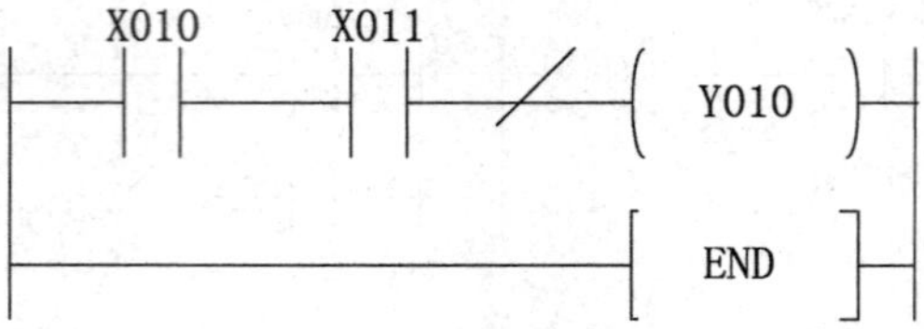

图 2.60　使用 INV 指令

表 2.15　输入和输出状态关系

X010 的状态	X011 的状态	Y010 的状态
0	0	1
0	1	1
1	0	1
1	1	0

模块 3　PLC 的顺序控制

任务 3.1　小车往返运动控制

知识目标：

- 掌握顺序功能图的组成要素和基本结构。
- 掌握起-保-停电路的单序列结构的编程方法。
- 掌握以转换为中心的单序列结构的编程方法。
- 掌握步进梯形指令的单序列结构的编程方法。

能力目标：

- 会根据工艺要求绘制单序列结构的顺序功能图。
- 会利用起-保-停电路的编程方法将单序列结构的顺序功能图转换成梯形图。
- 会利用以转换为中心的编程方法将单序列结构的顺序功能图转换成梯形图。
- 会利用步进梯形指令将单序列结构的顺序功能图转换成梯形图。

【控制要求】

图 3.1 是小车往返运动的示意图。小车在初始位置时停在右边，限位开关 SQ2 动作。按下起动按钮后，小车向左运动，碰到限位开关 SQ1 后变为右行；返回限位开关 SQ2 处变为左行，碰到限位开关 SQ0 后变为右行，返回起始位置后停止运动。

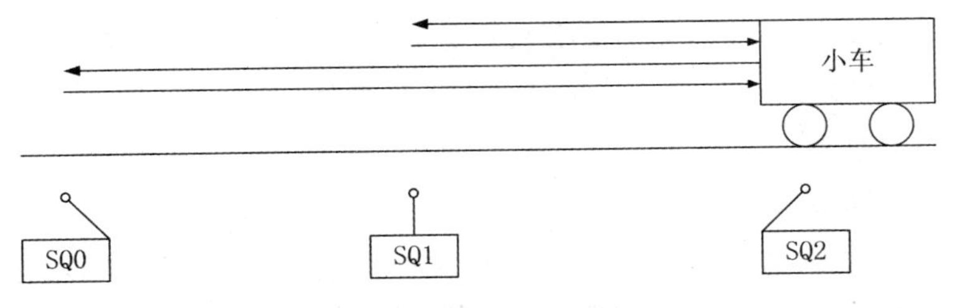

图 3.1　小车往返运动示意图

【相关知识】

一、顺序控制设计法

顺序控制设计法是一种先进的设计方法，很容易被初学者接受，程序的调试、修改和阅读也很容易，并且大大缩短了设计周期，提高了设计效率。按照生产工艺预先规定的顺序，在各个输入信号的作用下，根据内部状态和时间的顺序，在生产过程中各个执行机构自动有序地进行工作。

使用顺序控制设计法时，首先根据系统的工艺过程，画出顺序功能图，然后根据顺序功能图画出梯形图。顺序控制设计法的基本步骤及内容如下。

1. 步的划分

分析被控对象的工作过程及控制要求，将系统的工作过程划分成若干个阶段，这些阶段称为“步”。步是根据 PLC 输出量的状态划分的，只要系统的输出量状态发生变化，系统就从原来的步进入新的步。如图 3.2(a)所示，整个工作过程可划分为四步。在每一步内，PLC 各输出量状态均保持不变，但是相邻两步输出量总的状态是不同的。

步也可根据被控对象工作状态的变化来划分，但被控对象工作状态的变化应该是由 PLC 输出状态变化引起的。图 3.2(b)所示为某液压动力滑台工作循环图，整个工作过程可以划分为停止(原位)、快进、工进、快退四步。这些状态的改变都必须由 PLC 输出量的变化引起；否则就不能这样划分。

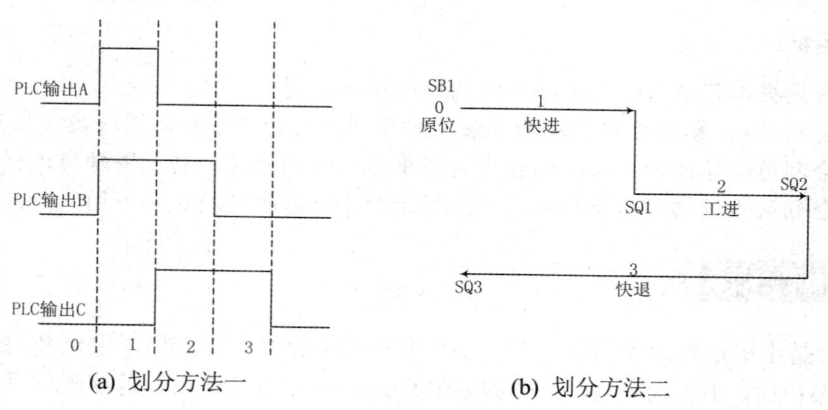

(a) 划分方法一　　(b) 划分方法二

图 3.2　步的划分

总之，步的划分应以 PLC 输出量状态的变化为依据，因为如果 PLC 输出状态没有变化，就不存在程序的变化。步的这种划分方法使代表各步的编程元件的状态与各输出量的状态之间有着极为简单的逻辑关系。

2. 转换条件的确定

转换条件是使系统从当前步进入下一步的条件。常见的转换条件有按钮、行程开关、定时器和计数器的触点的动作等。如图 3.2(b)所示，滑台由停止转为快进，其转换条件是按下起动按钮 SB1；由快进转为工进的转换条件是行程开关 SQ1 动作；由工进转为快退的转换条件是终点行程开关 SQ2 动作；由快退转为停止(原位)的转换条件是原位行程开关 SQ3 动作。转换条件也可以是若干个信号的逻辑组合。

3. 顺序功能图的绘制

根据以上分析，画出描述系统工作过程的顺序功能图，这是顺序控制设计法中最关键的一个步骤。

4. 梯形图的绘制

根据顺序功能图，采用某种编程方式设计出梯形图。

二、顺序功能图的绘制

(一)顺序功能图概述

顺序功能图是描述控制系统的控制过程、功能和特性的一种图形。顺序功能图并不涉及所描述的控制功能的具体技术，是一种通用的技术语言，可以为不同专业的人员之间进行技术交流和对 PLC 系统进一步设计编程提供参考。顺序功能图是设计顺序控制程序的有力工具。在顺序控制设计法中，顺序功能图的绘制是最为关键的一个环节，它直接决定用户设计的 PLC 程序的质量。

(二)顺序功能图的组成要素

顺序功能图主要由步、有向连线、转换、转换条件和动作等要素组成。

1. 步与动作

上面介绍过，用顺序控制设计法设计 PLC 程序时，应根据系统输出状态的变化，将系统的工作过程划分成若干个状态不变的阶段，这些阶段称为“步”，可以用编程元件(如辅助继电器 M 和状态继电器 S)来代表各步。

如图 3.3 所示，送料小车开始停在左侧限位开关 X2 处，按下起动按钮 X0，Y2 变为 ON，打开储料斗的闸门，开始装料，同时用定时器 T0 定时，10s 后关闭储料斗的闸门，Y0 变为 ON，开始右行，碰到限位开关 X1 后 Y3 为 ON，开始停车卸料，同时用定时器 T1 定时，5s 后 Y1 变为 ON，开始左行，碰到限位开关 X2 后返回初始状态，停止运行。

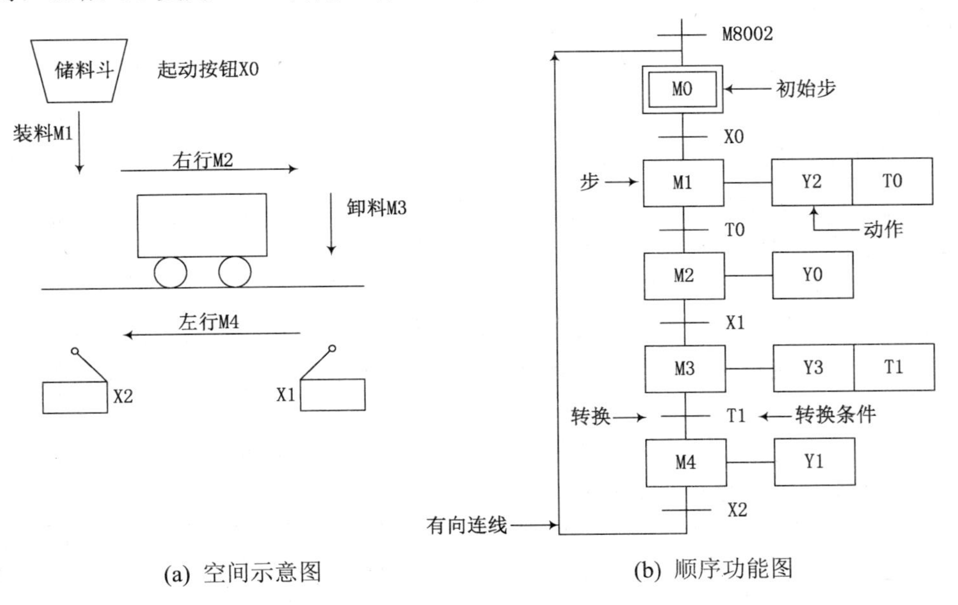

(a) 空间示意图　　(b) 顺序功能图

图 3.3　小车运动控制示意图及顺序功能图

根据 Y0、Y1、Y2、Y3 的 ON/OFF 状态的变化，显然一个工作周期可以分为装料、右行、卸料和左行 4 步，另外还应设置等待起动的初始步，分别用 M0、M1、M2、M3、M4 来代表这 5 步。

图 3.3(b)所示为该系统的顺序功能图。步在顺序功能图中用矩形框表示，方框中可以用数字表示该步的编号，一般用代表该步的编程元件的元件号作为步的编号，如 M0 等，这样在根据顺序功能图设计梯形图时较为方便。

当系统正工作于某一步时，该步处于活动状态，称为“活动步”。步处于活动状态时，相应的动作被执行；处于不活动状态时，相应的非保持型动作被停止执行。

控制过程刚开始阶段的活动步与系统初始状态相对应，称为“初始步”，初始状态一般是系统等待起动命令的相对静止的状态。在顺序功能图中初始步用双线框表示，每个顺序功能图中至少应有一个初始步。

“动作”是指某步活动时，PLC 向被控系统发出的命令，或被控系统应执行的动作。动作用矩形框中的文字或符号表示，该矩形框应与相应步的矩形框相连接。如果某一步有几个动作，可以用图 3.4 中的两种画法来表示，但是并不隐含这些动作之间的任何顺序。

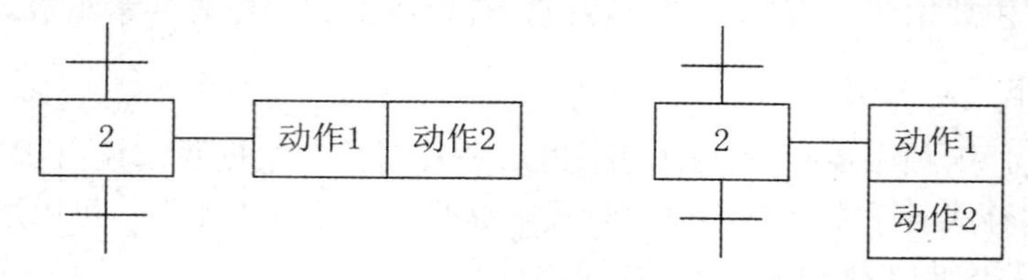

图 3.4 多个动作的表示方法

当步处于活动状态时，相应的动作被执行。但是应注意表明动作是保持型还是非保持型的。

保持型的动作是指该步活动时执行该动作，该步变为不活动后继续执行该动作。

非保持型动作是指该步活动时执行该动作，该步变为不活动后停止执行该动作。

一般保持型的动作在顺序功能图中应该用文字或指令助记符标注，而非保持型动作不要标注。

2. 有向连线、转换和转换条件

在图 3.3 中，步与步之间用有向连线连接，并且用转换将步分隔开。步的活动状态的进展按有向连线规定的路线进行。有向连线上无箭头标注时，其进展方向是从上到下、从左到右。如果不是上述方向，应在有向连线上用箭头注明方向。

步的活动状态的进展是由转换来完成的。转换用与有向连线垂直的短划线来表示，步与步之间不允许直接相连，必须由转换隔开，而转换与转换之间也同样不能直接相连，必须由步隔开。

转换条件是与转换相关的逻辑命题。转换条件可以用文字语言、布尔代数表达式或图形符号标注在表示转换的短划线旁边。

转换条件 X 和 $\overline{X}$ 分别表示当二进制逻辑信号 X 为“1”状态和“0”状态时条件成立；转换条件 X↓和 X↑分别表示当 X 从“1”(接通)到“0”(断开)和从“0”到“1”状态时条件成立。

(三)顺序功能图中转换实现的基本规则

步与步之间实现转换，应同时具备以下两个条件。

- 前级步必须是活动步。
- 对应的转换条件成立。

当同时具备以上两个条件时，才能实现步的转换。即所有由有向连线与相应转换符号相连的后续步都变为活动步，而所有由有向连线与相应转换符号相连的前级步都变为不活动步。例如，图 3.3 中 M2 步为活动步的情况下转换条件 X1 成立，则转换实现，即 M3 步变为活动步，而 M2 步变为不活动步。如果转换的前级步或后续步不止一个，则同步实现转换。

(四)单序列结构顺序功能图的基本结构

顺序功能图的单序列结构形式最为简单，它由一系列按顺序排列、相继激活的步组成。每步的后面只有一个转换，每个转换后面只有一步，如图 3.5 所示。

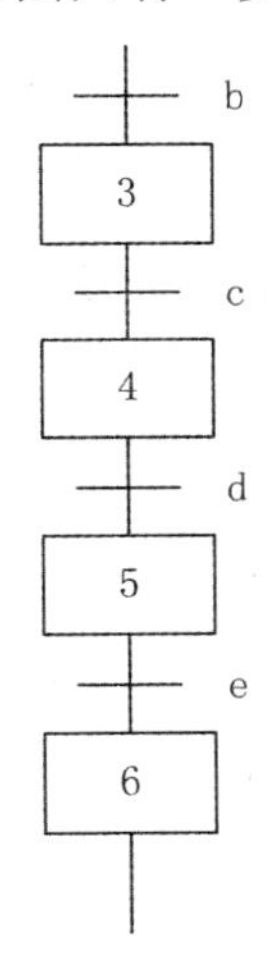

图 3.5 单序列结构

三、使用起-保-停电路的单序列结构的编程方法

根据顺序功能图设计梯形图时，可用辅助继电器 M 来代表各步。某一步为活动步时，对应的辅助继电器为 ON，某一转换实现时，该转换的后续步变为活动步，前级步变为不活动步。很多转换条件都是短信号，即它存在的时间比它激活的后续步为活动步的时间短，因此应使用有记忆(或称保持)功能的电路来控制代表步的辅助继电器。常用的有起动、保持、停止电路和置位、复位指令组成的电路。

起-保-停电路仅仅使用与触点和线圈有关的通用逻辑指令，各种型号 PLC 都有这一类指令，所以这是一种通用的编程方式，适用于各种型号 PLC。

在图 3.6 中，采用了起动、保持、停止电路进行顺序控制梯形图编程。图中 M1、M2 和 M3 是顺序功能图中顺序相连的 3 步，X1 是步 M2 之前的转换条件，M2 变为活动步的条件是它的前级步 M1 为活动步，且转换条件 X1=1。所以在梯形图中，应将 M1 和 X1 对应的常开触点串联，作为控制 M2 的起动电路。

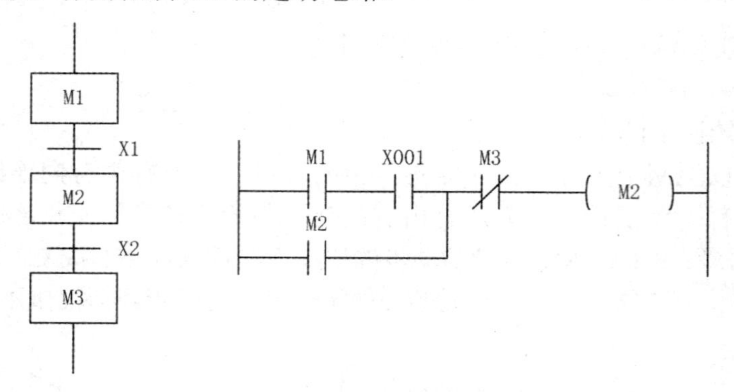

图 3.6　使用起-保-停电路的控制步

当 M2 和 X2 均为 ON 时，步 M3 变为活动步，这时步 M2 应变为不活动步，因此可以将 M3=1 作为使 M2 变为 OFF 的条件，即将后续步 M3 的常闭触点与 M2 的线圈串联，作为控制 M2 的停止电路。

用 M2 的常开触点与 M1 和 X1 的串联电路并联，作为控制 M2 的保持电路。

四、以转换为中心的单序列结构的编程方法

在顺序功能图中，如果某一转换所有的前级步都是活动步，并且相应的转换条件满足，则转换可以实现。在以转换为中心的编程方法中，用该转换所有前级步对应的辅助继电器的常开触点与转换对应的触点或电路串联，作为使所有后续步对应的辅助继电器置位(使用 SET 指令)和使所有前级步对应的辅助继电器复位(使用 RST 指令)的条件。在任何情况下，代表步的辅助继电器的控制电路都可以用这一原则来设计，每个转换对应一个这样的控制置位和复位的电路块，有多少个转换就有多少个这样的电路块。这种设计方法很有规律，在设计复杂的顺序功能图的梯形图时既容易掌握，又不容易出错。

图 3.7 给出了以转换为中心的编程方法的顺序功能图与梯形图的对照关系。实现图中 X1 对应的转换需要同时满足两个条件，即该转换的前级步是活动步(M1=1)和转换条件满足(X1=1)。在梯形图中可以用 M1 和 X1 的常开触点组成的串联电路来表示上述条件。该电路接通时，两个条件同时满足，此时应完成两个操作：将该转换的后续步变为活动步(用 SET M2 指令将 M2 置位)和将该转换的前级步变为不活动步(用 RST M1 指令将 M1 复位)，这种编程方法与转换实现的基本规则之间有着严格的对应关系，用它编制复杂的顺序功能图的梯形图时，更能显示出它的优越性。

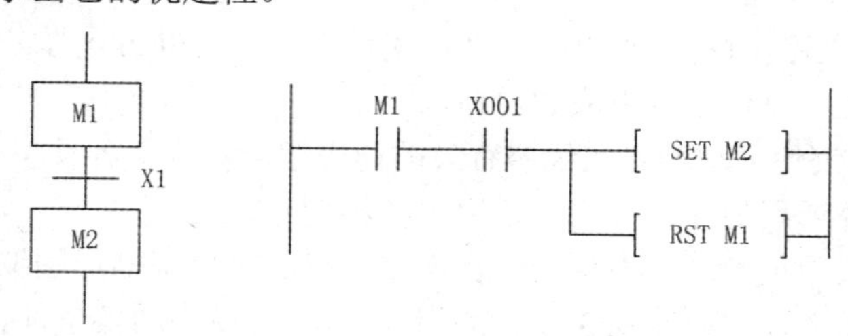

图 3.7　以转换为中心的编程方式

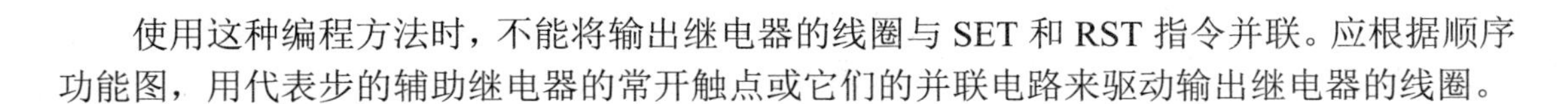

使用这种编程方法时，不能将输出继电器的线圈与 SET 和 RST 指令并联。应根据顺序功能图，用代表步的辅助继电器的常开触点或它们的并联电路来驱动输出继电器的线圈。

五、步进梯形指令的单序列结构的编程方法

FX_{3U} 系列 PLC 的 STL 指令即步进梯形指令，还有一条使 STL 指令复位的 RET 指令。利用这两条指令，可以很方便地编制顺序控制梯形图程序。

步进梯形指令 STL 只有与状态继电器 S 配合才具有步进功能。FX_{3U} 系列 PLC 状态继电器 S 的分类、编号、数量及用途如表 3.1 所示。

表 3.1 FX_{3U} 系列 PLC 状态继电器

符号/点数	用　途
S0～S9，10 点	初始状态用
S10～S499，490 点	一般用
S500～S899，400 点	停电保持用(电池保持)
S900～S999，100 点	信号报警器用
S1000～S4095，3096 点	停电保持专用(电池保持)

使用 STL 指令的状态继电器的常开触点称为 STL 触点，用符号—┤STL├—表示，没有常闭的 STL 触点。

如图 3.8 所示，从图中可以看出顺序功能图与梯形图之间的关系。用状态继电器代表顺序功能图各步，每步都具有 3 种功能，即负载的驱动处理、指定转换条件和指定转换目标。

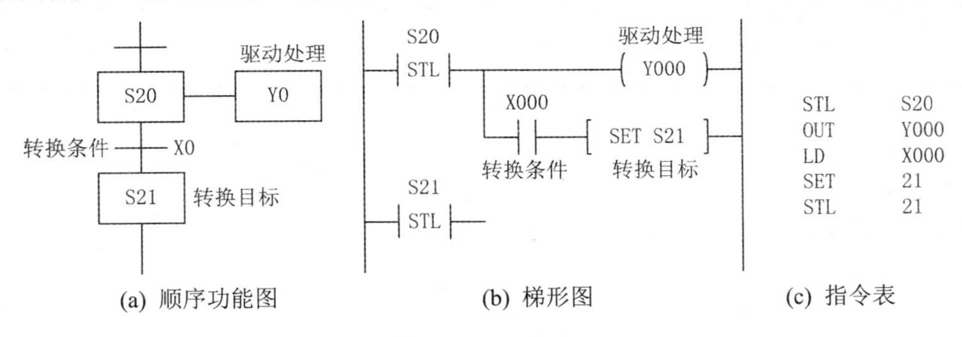

(a) 顺序功能图　(b) 梯形图　(c) 指令表

图 3.8 STL 指令

图 3.8 中 STL 指令的执行过程：当步 S20 为活动步时，S20 的 STL 触点接通，负载 Y0 输出。如果转换条件 X0 满足，后续步 S21 被置位变成活动步，同时前级步 S20 自动断开变成不活动步，输出 Y0 也断开。

使用 STL 指令使新的状态置位，前一状态自动复位。STL 触点接通后，与此相连的电路工作；当 STL 触点断开时，与此相连的电路停止工作。

STL 指令的转换目标元件只能是状态继电器 S。当状态继电器不作为 STL 指令的目标元件时，就具有一般辅助继电器的功能。STL 触点可以直接驱动或通过别的触点驱动 Y、M、S、T 等元件的线圈和功能指令。

STL 触点与左母线相连，同一状态继电器 S 的 STL 触点只能使用一次(除了后面介绍的并行序列的合并)。与 STL 触点相连的起始触点要使用 LD、LDI 指令。使用 STL 指令后，

LD 触点移至 STL 触点右侧，直到出现下一条 STL 指令或者出现 RET 指令。RET 指令使 LD 触点返回左母线。STL 指令和 RET 指令是一对步进梯形(开始和结束)指令。在一系列步进梯形指令 STL 之后，加上 RET 指令，表明步进梯形指令功能的结束，LD 触点返回到原来母线。

梯形图中，同一元件的线圈可以被不同的 STL 触点驱动，也就是说，使用 STL 指令时允许双线圈输出。STL 触点右边不能使用入栈(MPS)指令。STL 指令不能与 MC-MCR 指令一起使用。

在由 STOP 状态切换到 RUN 状态时，可用初始化脉冲 M8002 来将初始状态继电器置为 ON，可用区间复位指令(ZRST)将除初始步以外的其余各步的状态继电器复位。

【任务实施】

一、I/O 分配

由控制要求可确定 PLC 需要 4 个输入点、2 个输出点，其 I/O 分配见表 3.2。

表 3.2　小车往返控制系统 I/O 分配

输入		输出	
输入继电器	作用	输出继电器	作用
X0	限位开关 SQ0	Y0	接触器 KM1 小车左行
X1	限位开关 SQ1	Y1	接触器 KM2 小车右行
X2	限位开关 SQ2		
X3	启动按钮 SB0		

二、硬件接线

小车往返控制系统的 I/O 接线如图 3.9 所示。

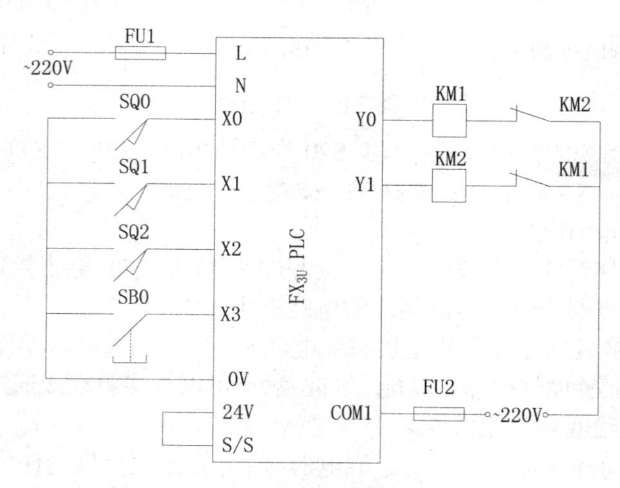

图 3.9　小车往返控制系统的 I/O 接线

三、程序设计

1. 起-保-停电路的编程方法

小车往返控制系统的一个工作周期可以分为一个初始步和 4 个运动步，分别用 M0～M4 来表示这 5 步。起动按钮 X3、限位开关 X0～X2 的常开触点是各步之间的转换条件。

图 3.10(a)所示为该系统的顺序功能图。

根据顺序功能图和起-保-停电路的编程方法，很容易画出图 3.10(b)所示的梯形图。

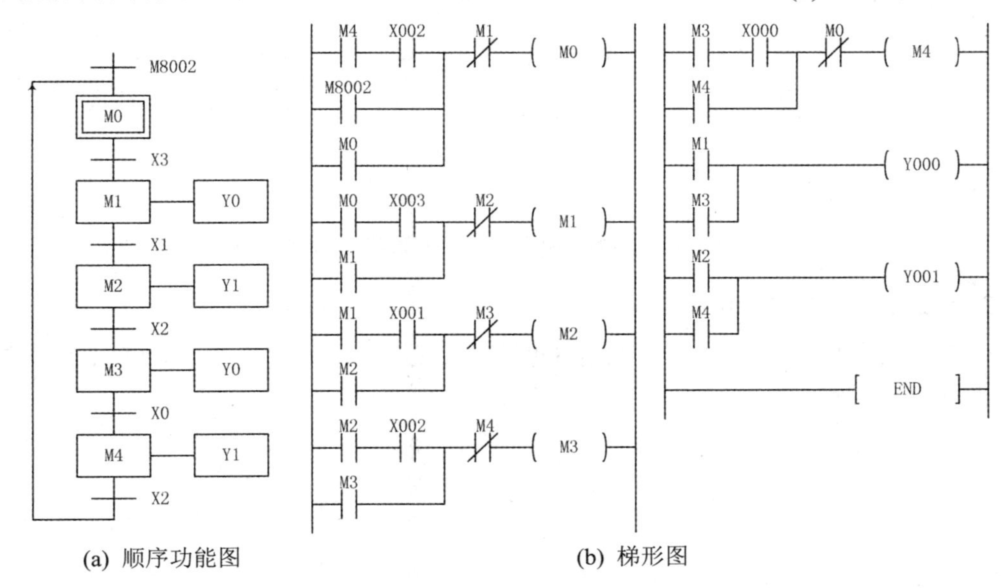

(a) 顺序功能图　　　　(b) 梯形图

图 3.10　采用起-保-停电路的小车往返运动控制编程

例如，图 3.10(b)中，步 M1 的前级步为 M0，该步前面的转换条件为 X3，所以 M1 的起动电路由 M0 和 X3 的常开触点串联而成，起动电路还并联了 M1 的自保持触点。步 M1 的后续步是 M2，所以应将 M2 的常闭触点与 M1 的线圈串联，作为控制 M1 的停止电路，M2 为 ON 时，其常闭触点断开，使 M1 的线圈“断电”。

PLC 开始运行时，应将 M0 置为 ON，否则系统无法工作，所以将 M8002 的常开触点与 M0 的起动电路(由 M4 和 X2 的常开触点串联而成)并联。

设计梯形图的输出电路部分时，应注意以下问题。

(1) 如果某一输出量仅在某一步中为 ON，可以将它们的线圈与对应步的辅助继电器的常开触点串联。

(2) 如果某一输出继电器在几步中都应为 ON，应将代表各有关步的辅助继电器的常开触点并联后，驱动该输出继电器的线圈。图 3.10 中，Y0 在步 M1 和 M3 中都应为 ON，所以将 M1 和 M3 的常开触点并联后，来控制 Y0 的线圈。

2. 以转换为中心的编程方法

以转换为中心的小车往返运动控制编程如图 3.11 所示。

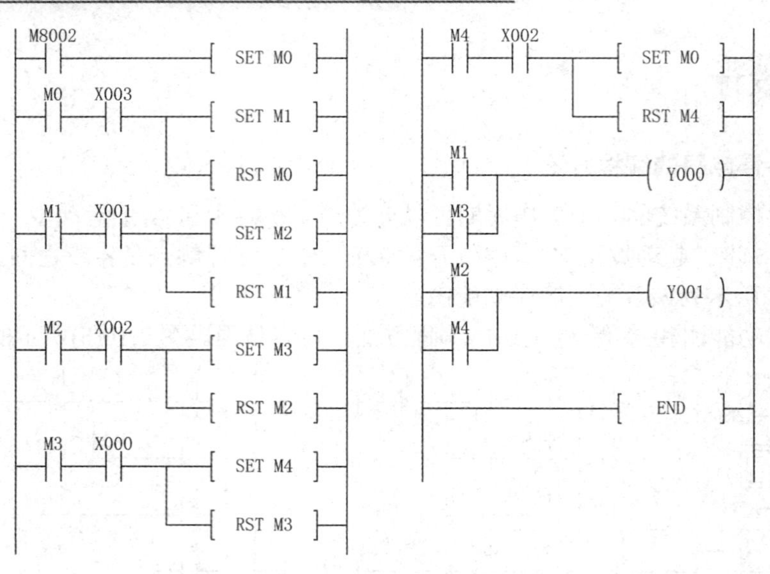

图 3.11　以转换为中心的小车往返运动控制编程

3. 步进梯形图指令的编程方法

小车往返运动控制系统一个周期由 5 步组成，它们可分别对应 S0、S20～S23，步 S0 代表初始步，其顺序功能图和梯形图如图 3.12 所示。

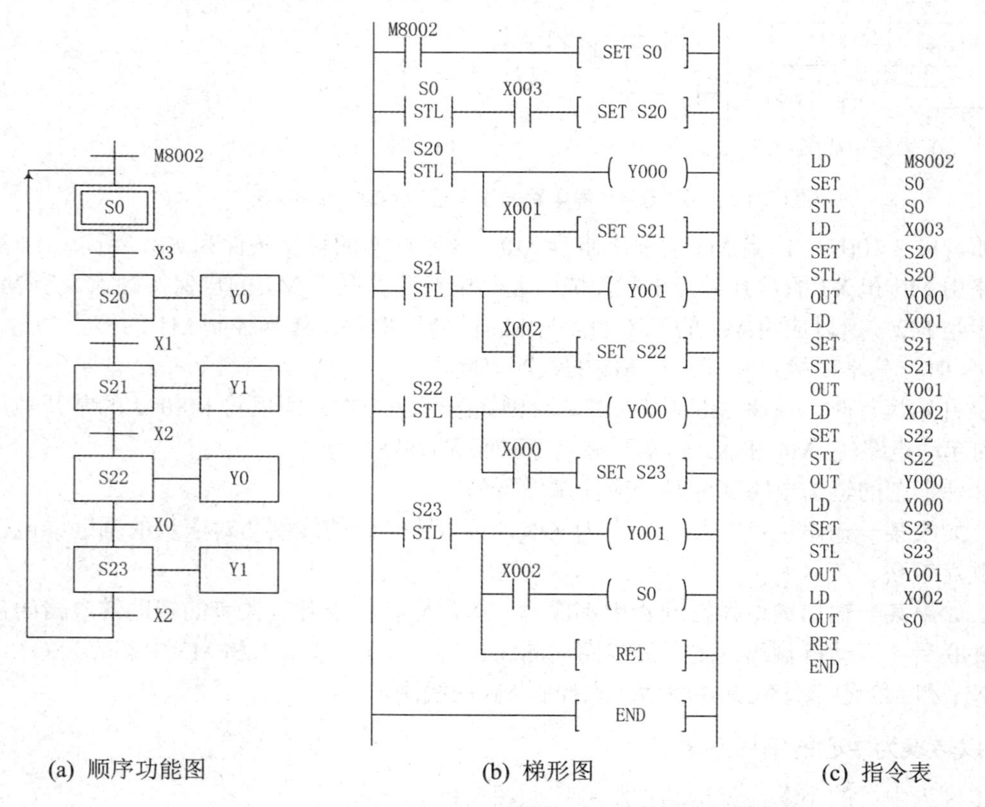

LD	M8002
SET	S0
STL	S0
LD	X003
SET	S20
STL	S20
OUT	Y000
LD	X001
SET	S21
STL	S21
OUT	Y001
LD	X002
SET	S22
STL	S22
OUT	Y000
LD	X000
SET	S23
STL	S23
OUT	Y001
LD	X002
OUT	S0
RET	
END	

(a) 顺序功能图　　(b) 梯形图　　(c) 指令表

图 3.12　采用步进梯形图指令的小车往返运动控制编程

PLC 上电进入 RUN 状态，初始化脉冲 M8002 的常开触点闭合一个扫描周期，梯形图中第一行的 SET 指令将初始步 S0 置为活动步。

在梯形图的第二行中，S0 的 STL 触点和 X003 的常开触点组成的串联电路代表转换实现的两个条件。

当初始步 S0 为活动步时，按下起动按钮 X3，转换实现的两个条件同时满足，置位指令 SET S20 被执行，后续步 S20 变为活动步，同时 S0 自动复位为不活动步。

S20 的 STL 触点闭合后，该步的负载被驱动，Y0 线圈通电，小车左行。限位开关 SQ1 动作使 X1 为 ON 时，转换条件得到满足，下一步的状态继电器 S21 被置位，同时状态继电器 S20 被自动复位。

系统将这样依次工作下去，直到最后返回到起始位置，限位开关 SQ2 动作使 X2 为 ON 时，用 OUT S0 指令使 S0 变为 ON 并保持，系统返回并停在初始步。

在图 3.12 中，梯形图的结束处一定要使用 RET 指令，使 LD 触点回到左母线上；否则系统将不能正常工作。

四、运行调试

(1) 如图 3.9 所示，完成 PLC 的 I/O 连接。

(2) 用专业的编程电缆，将装有 GX Developer 编程软件的上位机的 RS-232 口与 PLC 的 RS-422 口连接起来。

(3) 接通电源，PLC 电源指示灯(POWER)亮，说明 PLC 已通电。将 PLC 的工作方式开关扳到 STOP 位置，使 PLC 处于编程状态。

(4) 用 GX Developer 软件分别将图 3.10 至图 3.12 中的程序写入 PLC 中。

(5) 调试运行。小车在初始位置时停在右边，限位开关 SQ2 动作。按下起动按钮 SB0 后，小车向左运动，碰到限位开关 SQ1 后变为右行；返回限位开关 SQ2 处变为左行，碰到限位开关 SQ0 后变为右行，返回起始位置后停止运动。

【知识拓展】

绘制顺序功能图的注意事项

(1) 两个步绝对不能直接相连，必须用一个转换将它们隔开。

(2) 两个转换也不能直接相连，必须用一个步将它们隔开。

(3) 顺序功能图中的初始步一般对应于系统等待起动的初始状态，初始步可能没有输出处于 ON 状态，但初始步是必不可少的。

(4) 自动控制系统应能多次重复执行同一工艺过程，因此在顺序功能图中，一般应有由步和有向连线组成的闭环，即在完成一次工艺过程的全部操作之后，应从最后一步返回初始步，系统停留在初始状态，在连续循环工作方式时，应从最后一步返回下一个工作周期开始运行的第一步。

(5) 在顺序功能图中，只有当某一步的前级步是活动步时，该步才有可能变成活动步。

如果用没有断电保持功能的编程元件代表各步，进入 RUN 工作方式时，它们均处于 OFF 状态，必须用初始化脉冲 M8002 的常开触点作为转换条件，将初始步预置为活动步；否则因顺序功能图中没有活动步，系统将无法工作。顺序功能图是用来描述系统自动工作过程的，如果系统有自动、手动两种工作方式，这时应在系统由手动工作方式进入自动工作方式时，用一个适当的信号将初始步置为活动步。

【研讨训练】

(1) 现有 3 台小容量三相异步电机 M1、M2、M3，控制要求如下。

按下起动按钮 SB1 后，电动机 M1 起动并保持，延时 2s 后，电动机 M2 起动并保持，再延时 3s 后，M3 起动并保持；按下停止按钮 SB2 后，M3 立刻停止，延时 3s 后，M2 停止，再延时 2s 后，M1 停止。

(2) 设计一个彩灯闪烁电路的控制程序。控制要求为：3 盏彩灯 HL1、HL2、HL3，按下起动按钮后 HL1 亮，1s 后 HL1 灭 HL2 亮，再 1s 后 HL2 灭 HL3 亮，再 1s 后 HL3 灭，再 1s 后 HL1、HL2、HL3 全亮，再 1s 后 HL1、HL2、HL3 全灭，再 1s 后 HL1 亮……如此循环，可随时按停止按钮使停止系统运行。

任务 3.2 自动门控制

知识目标：

- 掌握起-保-停电路的选择序列结构的编程方法。
- 掌握以转换为中心的选择序列结构的编程方法。
- 掌握步进梯形指令的选择序列结构的编程方法。

能力目标：

- 会根据工艺要求绘制选择序列结构的顺序功能图。
- 会利用起-保-停电路的编程方法，将选择序列结构的顺序功能图转换成梯形图。
- 会利用以转换为中心的编程方法，将选择序列结构的顺序功能图转换成梯形图。
- 会利用步进梯形指令，将选择序列结构的顺序功能图转换成梯形图。

【控制要求】

人靠近自动门时，感应器 S 使 X0 为 ON，Y0 驱动电动机高速开门，碰到开门减速开关 SQ1 时，变为低速开门；碰到开门极限开关 SQ2 时电动机停转，开始延时；若在 0.5s 内感应器检测到无人，Y2 起动电动机高速关门；碰到关门减速开关 SQ3 时，改为低速关门，碰到关门极限开关 SQ4 时电动机停转；在关门期间，若感应器检测到有人，停止关门，T1 延时 0.5s 后自动转换为高速开门。图 3.13 所示为自动门控制示意图。

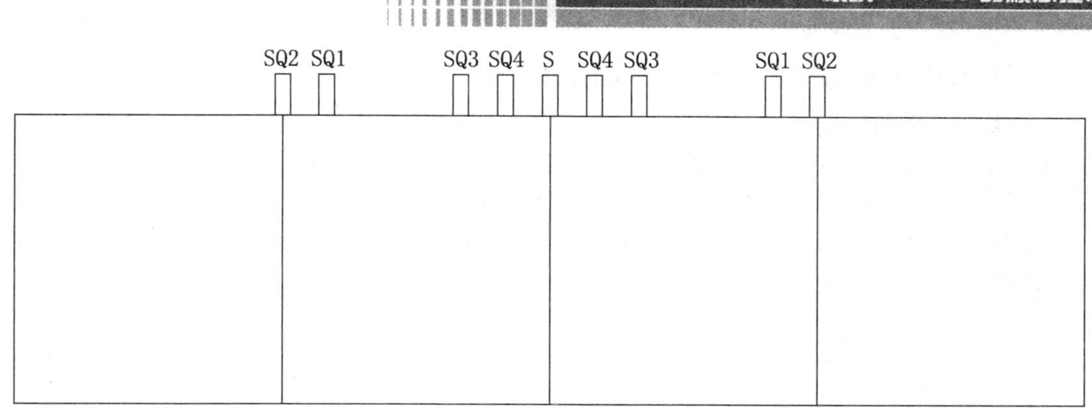

图 3.13　自动门控制示意图

【相关知识】

一、选择序列结构顺序功能图的绘制

选择序列有开始和结束之分。选择序列的开始称为分支，选择序列的结束称为合并。

选择序列的分支是指一个前级步后面紧接着有若干个后续步可供选择，各分支都有各自的转换条件。分支中表示转换的短划线只能标在水平线之下。图 3.14(a)所示为选择序列的分支。假设步 4 为活动步，如果转换条件 a 成立，则步 4 向步 5 转换；如果转换条件 b 成立，则步 4 向步 7 转换；如果转换条件 c 成立，则步 4 向步 9 转换。分支中一般同时只允许选择其中一个序列。

选择序列的合并是指几个选择分支合并到一个公共序列上。各分支也都有各自的转换条件，转换条件只能标在水平线之上。图 3.14(b)所示为选择序列的合并。如果步 6 为活动步，转换条件 d 成立，则由步 6 向步 11 转换；如果步 8 为活动步，转换条件 e 成立，则由步 8 向步 11 转换；如果步 10 为活动步，转换条件 f 成立，则由步 10 向步 11 转换。

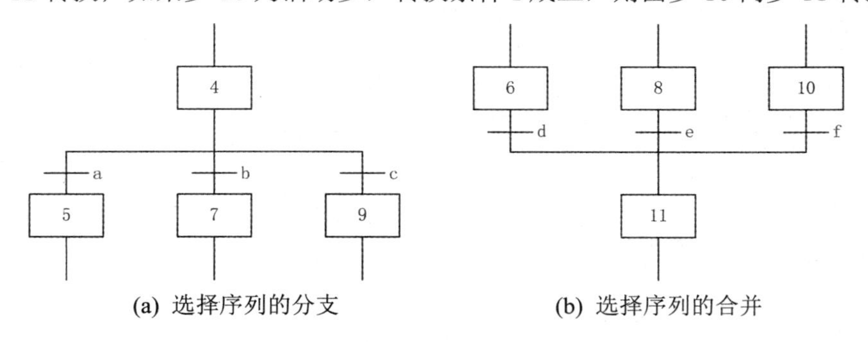

(a) 选择序列的分支　　(b) 选择序列的合并

图 3.14　选择序列结构

二、使用起-保-停电路的选择序列结构的编程方法

对选择序列和并行序列，编程的关键在于对它们的分支和合并的处理，转换实现的基本规则是设计复杂系统梯形图的基本规则。

1. 选择序列分支的起-保-停电路编程方法

如果某一步的后面有一个由 *N* 条分支组成的选择序列，该步可能转换到不同的分支去，应将这 *N* 个后续步对应的辅助继电器的常闭触点与该步的线圈串联，作为结束该步的条件。

如图 3.15(a)所示，步 M2 之后有一个选择序列的分支，当它的后续步 M3、M4 或者 M5 变为活动步时，它应变为不活动步。所以，需将 M3、M4 和 M5 的常闭触点串联作为步 M2 的停止条件，如图 3.15(b)所示。

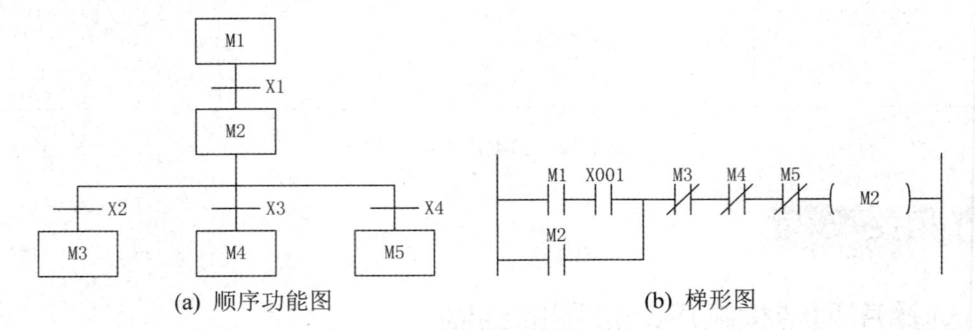

(a) 顺序功能图　　(b) 梯形图

图 3.15　选择序列分支的起-保-停电路编程方法示例

2. 选择序列合并的起-保-停电路编程方法

对于选择序列的合并，如果某一步之前有 *N* 个转换，即有 *N* 条分支在该步之前合并后进入该步，则代表该步的辅助继电器的起动电路由 *N* 条支路并联而成，各支路由某一前级步对应的辅助继电器的常开触点与相应转换条件对应的触点或电路串联而成。

如图 3.16(a)所示，步 M4 之前有一个选择序列的合并。当步 M1 为活动步并且转换条件 X1 满足，或步 M2 为活动步并且转换条件 X2 满足，或步 M3 为活动步并且转换条件 X3 满足时，步 M4 都应变成活动步，即控制步 M4 的起-保-停电路的起动条件应为 M1·X1+M2·X2+M3·X3，对应的起动条件由 3 条并联支路组成，每条支路分别由 M1、X1 和 M2、X2 以及 M3、X3 的常开触点串联而成，如图 3.16(b)所示。

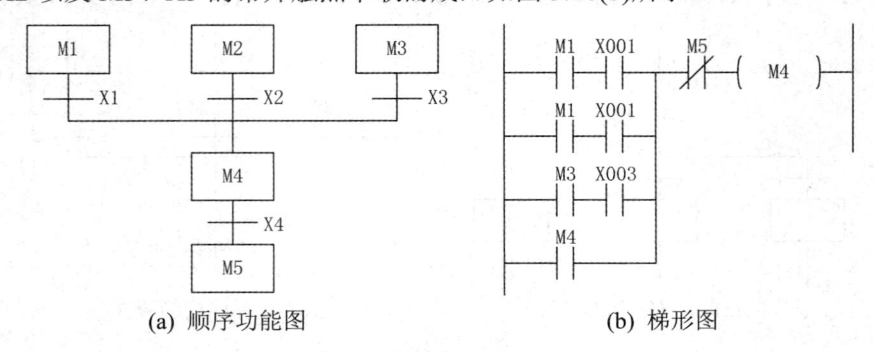

(a) 顺序功能图　　(b) 梯形图

图 3.16　选择序列合并的起-保-停电路编程方法示例

三、以转换为中心的选择序列结构的编程方法

如果某一转换与并行序列的分支、合并无关，那么它的前级步和后续步都只有一个，需要置位、复位的辅助继电器也只有一个，因此对选择序列的分支与合并的编程方法实际

上与对单序列的编程方法完全相同。

四、步进梯形指令的选择序列结构的编程方法

1. 选择序列分支的步进梯形指令编程方法

如图 3.17 所示的步 S20 之后有一个选择序列分支。当步 S20 为活动步时，如果转换条件 X2 满足，将转换到步 S21；如果转换条件 X3 满足，将转换到步 S22；如果转换条件 X4 满足，将转换到步 S23。

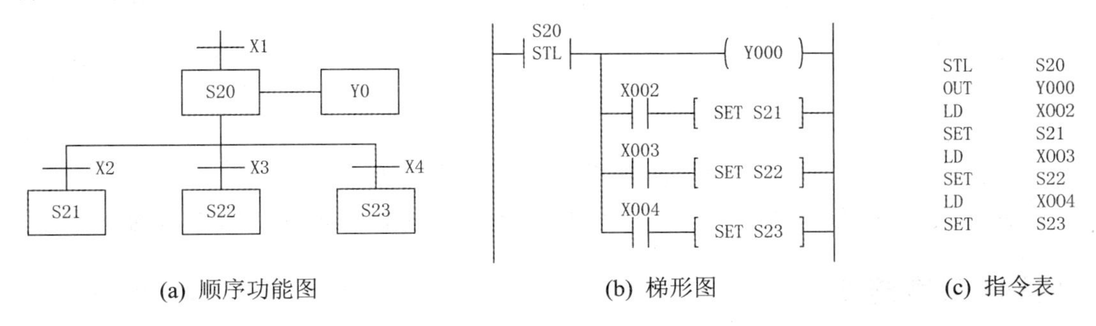

(a) 顺序功能图　　(b) 梯形图　　(c) 指令表

图 3.17　选择序列分支的步进梯形指令编程方法示例

如果某一步后面有 *N* 条选择序列的分支，则该步的 STL 触点开始的电路中应有 *N* 条分别指明各转换条件和各转换目标的并联电路。对于图 3.17 中步 S20 之后的这 3 条支路有 3 个转换条件 X2、X3 和 X4，可能进入步 S21、S22 或 S23，所以在 S20 的 STL 触点开始的电路块中，有 3 条由 X2、X3 和 X4 作为置位条件的串联电路。STL 触点具有与主控指令相同的特点，即 LD 点移到了 STL 触点的右端，对于选择序列分支对应的电路设计是很方便的。用 STL 指令设计复杂系统的梯形图时更能体现其优越性。

2. 选择序列合并的步进梯形指令编程方法

如图 3.18 所示的步 S24 之前有一个由 3 条支路组成的选择序列的合并。当步 S21 为活动步，转换条件 X1 得到满足时；或当步 S22 为活动步，转换条件 X2 得到满足时；或当步 S23 为活动步，转换条件 X3 得到满足时，都将使步 S24 变为活动步，同时将步 S21、S22 和 S23 变为不活动步。

在梯形图中，由 S21、S22 和 S23 的 STL 触点驱动的电路块中均有转换目标 S24，对它们的后续步 S24 的置位是用 SET 指令来实现的，对应的前级步的复位是由系统程序自动完成的。在设计梯形图时，没有必要特别留意选择序列的合并如何处理，只要正确地确定每一步的转换条件和转换目标，就能自然地实现选择序列的合并。

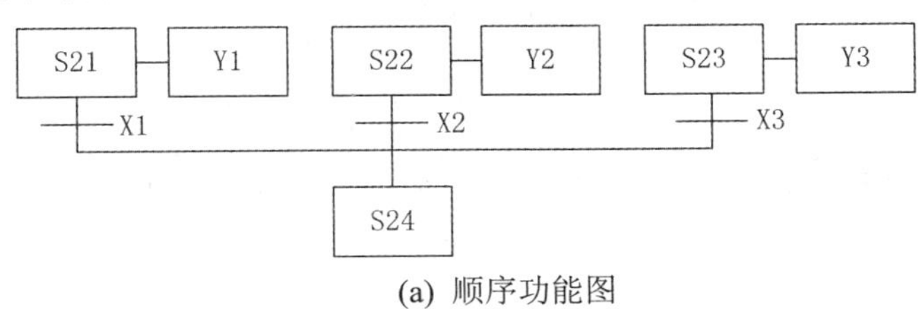

(a) 顺序功能图

图 3.18　选择序列合并的步进梯形指令编程方法示例

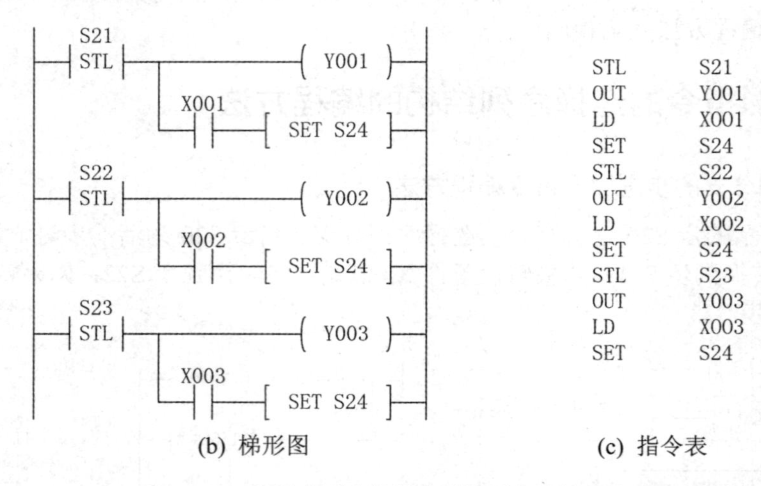

(b) 梯形图　　　　(c) 指令表

图 3.18　选择序列合并的步进梯形指令编程方法示例(续)

在分支、合并的处理程序中，不能用 MPS、MRD、MPP、ANB、ORB 等指令。

【任务实施】

一、I/O 分配

由控制要求可确定 PLC 需要 5 个输入点、4 个输出点，其 I/O 分配见表 3.3。

表 3.3　自动门控制系统的 I/O 分配

输　入		输　出	
输入继电器	作　用	输出继电器	作　用
X0	感应器 S	Y0	电动机高速开门
X1	开门减速开关 SQ1	Y1	电动机低速开门
X2	开门极限开关 SQ2	Y2	电动机高速关门
X3	关门减速开关 SQ3	Y3	电动机低速关门
X4	关门极限开关 SQ4		

二、硬件接线

自动门控制系统 I/O 接线如图 3.19 所示。

三、程序设计

自动门控制系统的顺序功能图如图 3.20 所示。

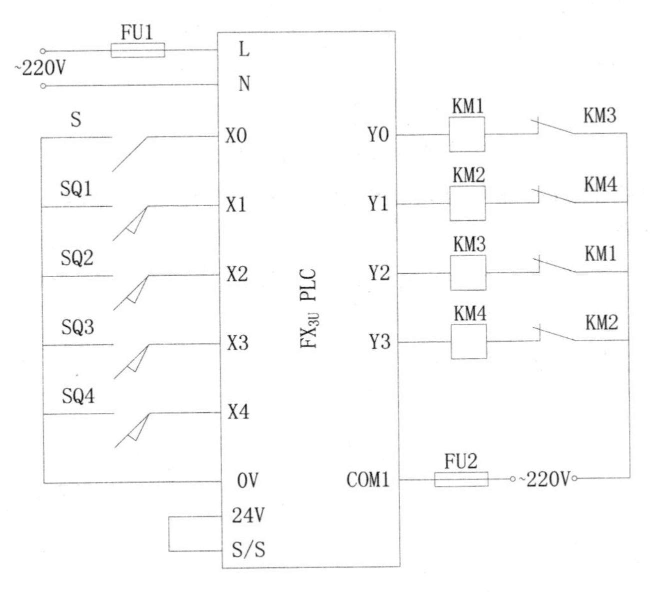

图 3.19 自动门控制系统 I/O 接线

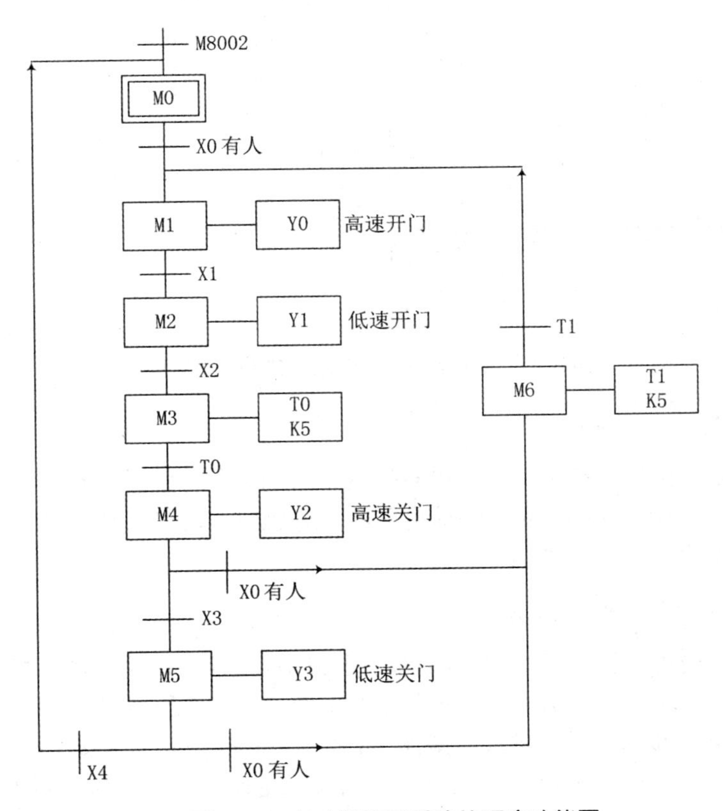

图 3.20 自动门控制系统的顺序功能图

1. 起-保-停电路的编程方法

在图 3.20 中，步 M4 之后有一个选择序列的分支，当它的后续步 M5、M6 变为活动步时，它应变为不活动步。所以，需将 M5 和 M6 的常闭触点与 M4 的线圈串联。同样，M5 之后也有一个选择序列的分支，处理方法同上。

图 3.20 中，步 M1 之前有一个选择序列的合并，当步 M0 为活动步并且转换条件 X0 满足，或 M6 为活动步，并且转换条件 T1 满足，步 M1 都应变为活动步，即控制 M1 的起动、保持、停止电路的起动条件应为 M0 和 X0 的常开触点串联电路与 M6 和 T1 的常开触点串联电路进行并联。

采用起-保-停电路的自动门控制编程如图 3.21 所示。

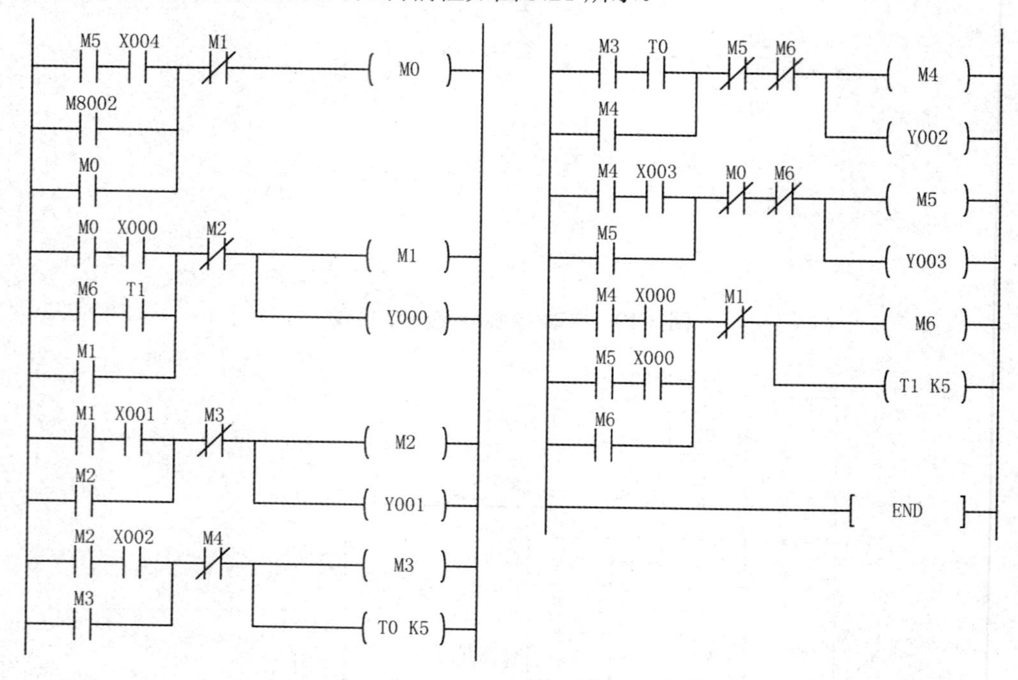

图 3.21　采用起-保-停电路的自动门控制编程

2. 以转换为中心的编程方法

图 3.22 给出了自动门控制系统的以转换为中心的编程方法的梯形图。每一个控制置位、复位的电路块都由前级步对应的辅助继电器的常开触点和转换条件的常开触点组成的串联电路、一条 SET 指令和一条 RST 指令组成。

3. 步进梯形指令的编程方法

图 3.23 是采用步进梯形指令编程的自动门控制系统的顺序功能图、梯形图和指令表。

在图 3.23 中，步 S23 之后有一个选择序列的分支。当 S23 为活动步时，如果转换条件 X0 满足，将转换到步 S25；如果转换条件 X3 满足，将转换到步 S24。在 S23 的 STL 触点开始的电路块中，有两条分别由 X0 和 X3 作为置位条件的串联电路。同样，S24 之后也有一个选择序列的分支，处理方法同上。

在图 3.23 中，步 S20 之前有一个由两条支路组成的选择序列的合并。当 S0 为活动步，转换条件 X0 得到满足，或者步 S25 为活动步，转换条件 T1 得到满足时，都将使步 S20 变为活动步，同时将步 S0 或步 S25 变为不活动步。

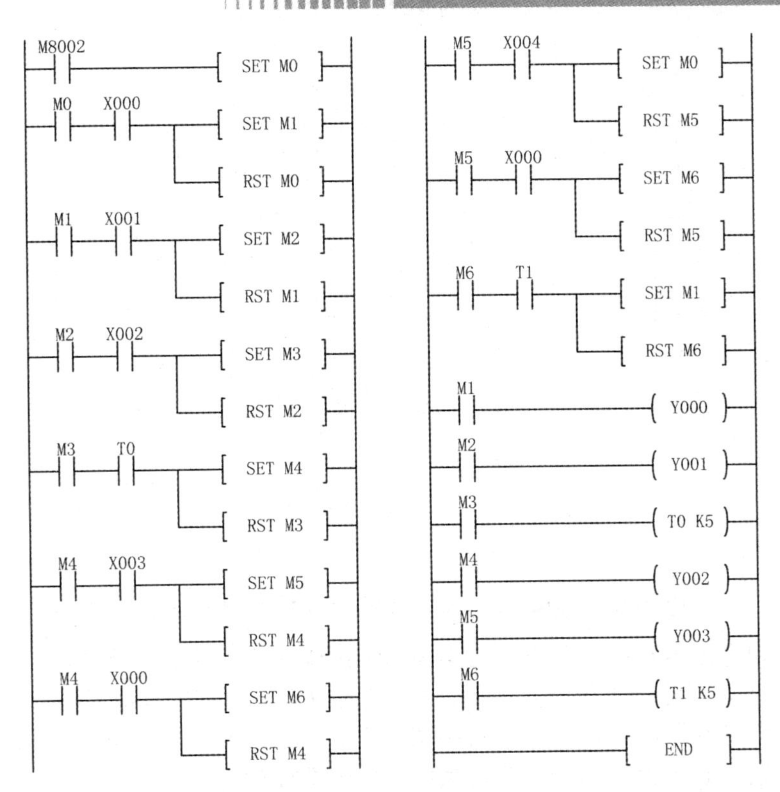

图 3.22 以转换为中心的自动门控制编程

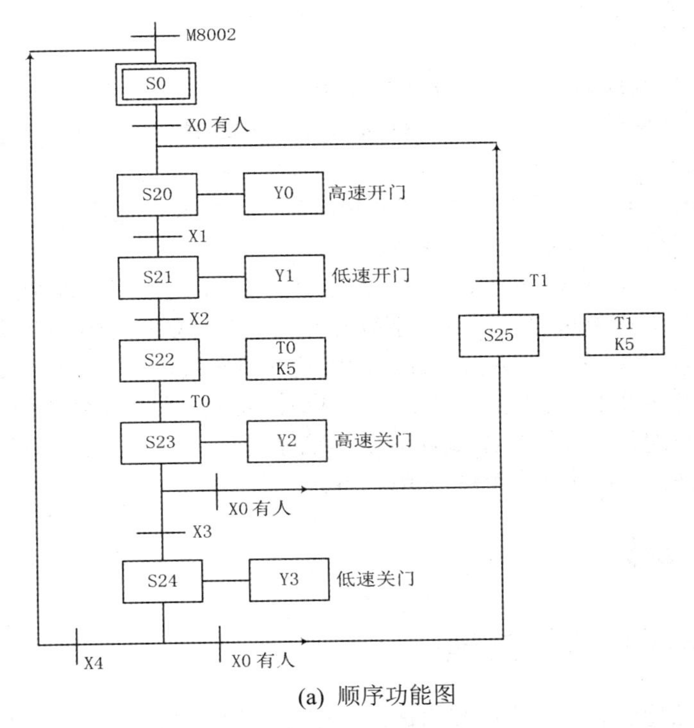

(a) 顺序功能图

图 3.23 采用步进梯形指令的自动门控制系统编程

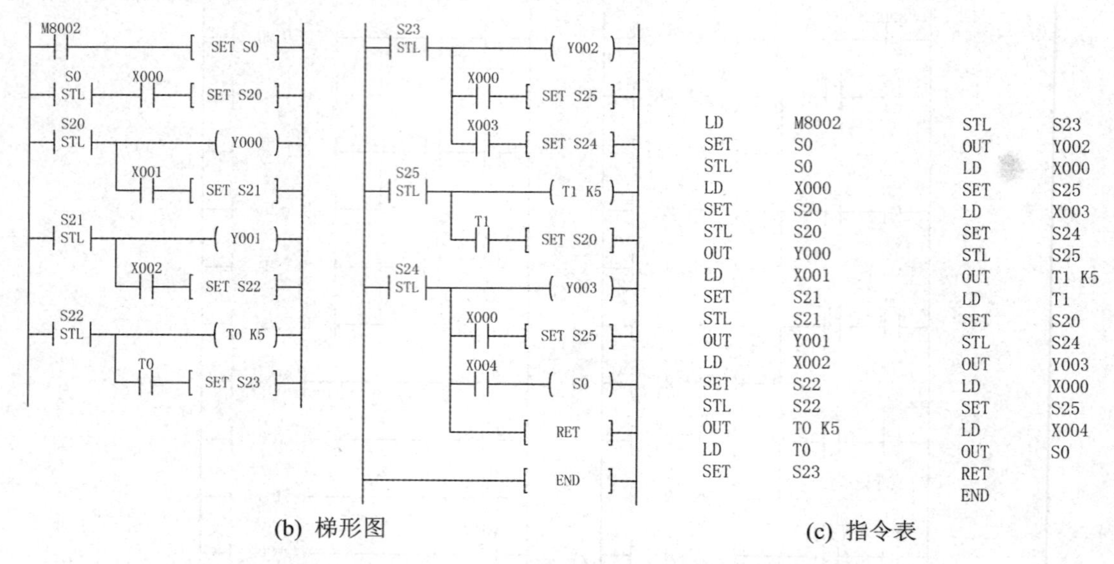

(b) 梯形图　　　　(c) 指令表

图 3.23　采用步进梯形指令的自动门控制系统编程(续)

在梯形图中，由 S0 和 S25 的 STL 触点驱动的电路块中均有转换目标 S20，对它们的后续步 S20 的置位是用 SET 指令实现的，对相应的前级步的复位是由系统程序自动完成的。

其实在设计梯形图时，没有必要特别留意选择序列的合并如何处理，只要正确地确定每一步的转换条件和转换目标，就能自然地实现选择序列的合并。

四、运行调试

(1) 按照图 3.19 所示完成 PLC 的 I/O 连接。

(2) 用专业的编程电缆将装有 GX Developer 编程软件的上位机的 RS-232 口与 PLC 的 RS-422 口连接起来。

(3) 接通电源，PLC 电源指示灯(POWER)亮，说明 PLC 已通电。将 PLC 的工作方式开关扳到 STOP 位置，使 PLC 处于编程状态。

(4) 用 GX Developer 软件分别将图 3.21 至图 3.23 中的程序写入 PLC 中。

(5) 调试运行。人靠近自动门时，感应器 S 使 X0 为 ON，Y0 驱动电动机高速开门，碰到开门减速开关 SQ1 时，变为低速开门。碰到开门极限开关 X2 时电动机停转，开始延时。若在 0.5s 内感应器检测到无人，Y2 起动电动机高速关门。碰到关门减速开关 SQ3 时，改为低速关门，碰到关门极限开关 SQ4 时电动机停转。在关门期间，若感应器检测到有人，停止关门，T1 延时 0.5s 后自动转换为高速开门。

【知识拓展】

一、仅有两步的闭环的处理

如果在顺序功能图中有仅由两步组成的小闭环，如图 3.24(a)所示，则用起动、保持、停止电路设计的梯形图不能正常工作。

例如，在 M2 和 X2 均为 ON 时，M3 的起动电路接通，但是这时与它串联的 M2 的常闭触点却是断开的，如图 3.24(b)所示，所以 M3 的线圈不能“通电”。出现上述问题的根本原因在于步 M2 既是步 M3 的前级步，又是它的后续步。在小闭环中增设一步就可以解决这一问题，如图 3.24(c)所示，这一步没有什么操作，它后面的转换条件“=1”相当于逻辑代数中的常数 1，即表示转换条件总是满足的，只要进入步 M10，将马上转换到步 M2。图 3.24(d)是根据图 3.24(c)画出的梯形图。

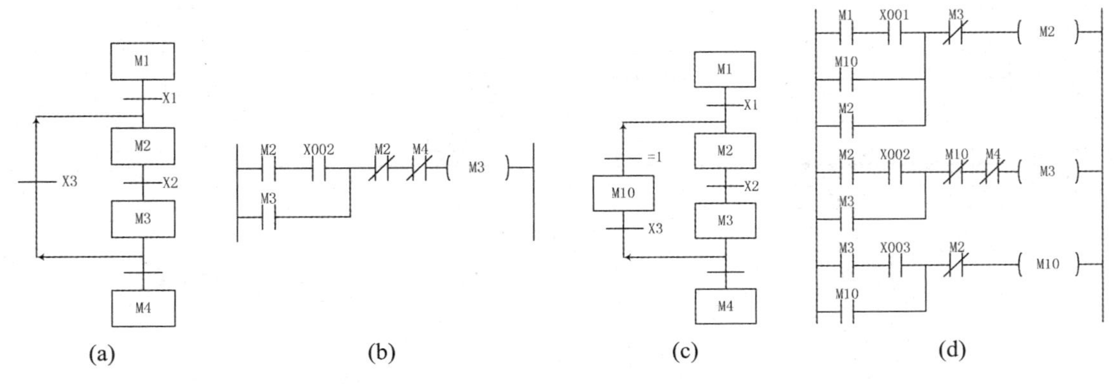

图 3.24　仅有两步的闭环的处理

二、跳步、重复和循环序列结构

跳步、重复和循环序列结构实际上都是选择序列结构的特殊形式。

图 3.25(a)所示为跳步序列结构。当步 3 为活动步时，如果转换条件 e 成立，则跳过步 4 和步 5 直接进入步 6。

图 3.25(b)所示为重复序列结构。

当步 6 为活动步时，如果转换条件 d 不成立而条件 e 成立，则重新返回步 5，重复执行步 5 和步 6，直到转换条件 d 成立，重复结束，转入步 7。

图 3.25(c)所示为循环序列结构。即在序列结束后，用重复的办法直接返回初始步，形成系统的循环。

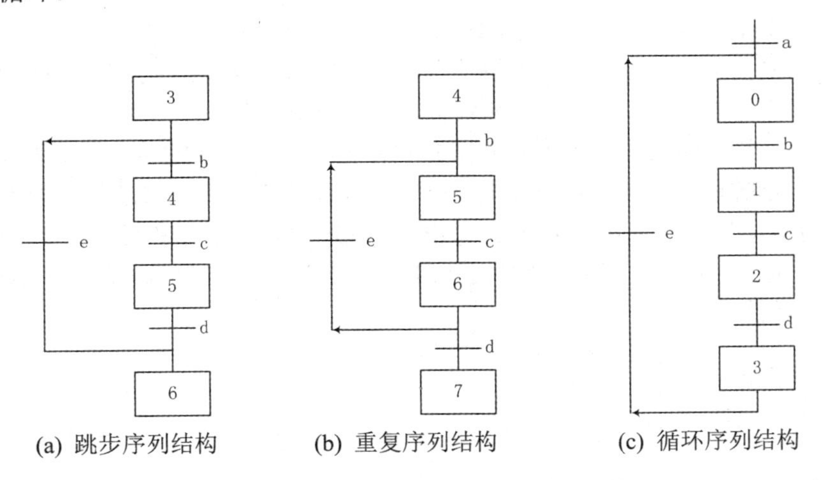

图 3.25　跳步、重复和循环序列结构

三、选择序列合并后的选择序列分支的编程

图 3.26(a)是选择序列合并后选择序列分支的顺序功能图，要采用步进梯形指令对这种顺序功能图进行编程，可在合并和分支之间插入一个虚拟步，见图 3.26(b)中的 S100，相应地，步进梯形图和指令表如图 3.26(c)和图 3.26(d)所示。

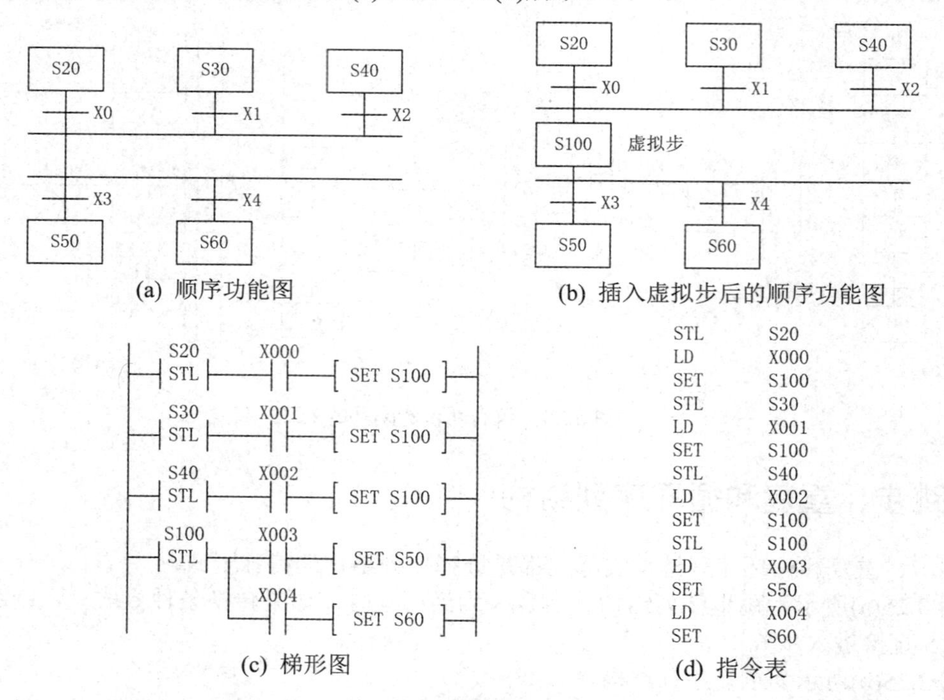

图 3.26　选择序列合并后的选择序列分支的编程

【研讨训练】

(1)　设计一个抢答器控制系统，控制要求如下：A、B、C 三人各有一个抢答器按钮和一个指示灯，谁先按下抢答按钮，谁取得抢答权，谁的指示灯亮；答题时间为 30s，30s 后报警指示灯亮，主持人按下复位按钮，系统回到初始状态，等待下一轮抢答。

(2)　设计一个给咖啡发放 3 种不同量糖的 PLC 程序，需实现的功能要求为：每按一次运行按钮 SB1，咖啡机运行一个加糖周期。咖啡机能发放 3 种不同量的糖，即不加糖、加 1 份糖、加 2 份糖，分别对应操作面板上的 SB2、SB3、SB4 这 3 个按钮。按下 SB2 按钮时不开加糖阀门；按下 SB3 按钮时加糖阀门开启 1s；按下 SB4 按钮时加糖阀门开启 2s。加糖完毕后系统回到初始状态。

任务 3.3　按钮式人行横道交通灯控制

知识目标：

- 掌握起-保-停电路的并行序列结构的编程方法。
- 掌握以转换为中心的并行序列结构的编程方法。
- 掌握步进梯形指令的并行序列结构的编程方法。

能力目标：

- 会根据工艺要求绘制并行序列结构的顺序功能图。
- 会利用起-保-停电路的编程方法将并行序列结构的顺序功能图转换成梯形图。
- 会利用以转换为中心的编程方法将并行序列结构的顺序功能图转换成梯形图。
- 会利用步进梯形指令将并行序列结构的顺序功能图转换成梯形图。

【控制要求】

按钮式人行道交通灯控制要求如下：正常情况下汽车通行，即主干道的 Y3 绿灯亮，人行道的 Y4 红灯亮；当行人要过马路时，就按下按钮 SB1 或 SB2，按下按钮后主干道交通灯的变化为 Y3 绿灯亮 5s、Y3 绿灯闪亮 3s、Y3 绿灯灭、Y2 黄灯亮 3s、Y2 黄灯灭、Y1 红灯亮 20s，当主干道 Y1 红灯亮时，人行道的 Y4 红灯灭、Y5 绿灯亮 15s、Y5 绿灯闪亮 5s，最后转为主干道 Y3 绿灯亮，人行道 Y4 红灯亮，如图 3.27 所示。

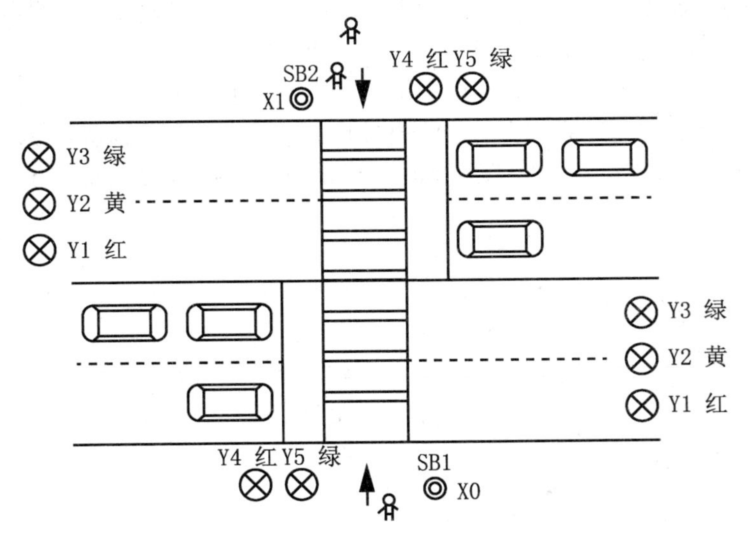

图 3.27　按钮式人行道交通灯示意图

各信号灯的工作时序如图 3.28 所示。

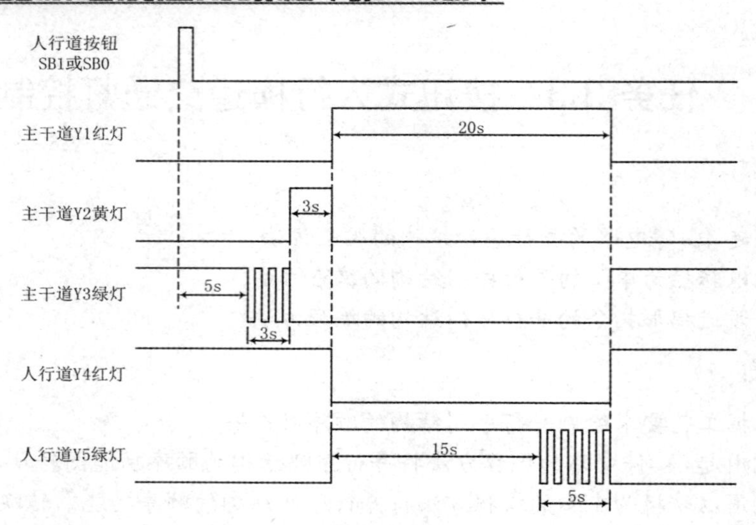

图 3.28　按钮式人行道交通灯时序图

【相关知识】

一、并行序列结构顺序功能图的绘制

并行序列的开始称为分支，并行序列的结束称为合并。

图 3.29(a)所示为并行序列的分支。它是指当转换实现后将同时使多个后续步激活。为了强调转换的同步实现，水平连线用双线表示。如果步 3 为活动步，且转换条件 e 成立，则 4、6、8 三步同时变成活动步，而步 3 变为不活动步。

注意：当步 4、6、8 被同时激活后，每一序列接下来的转换将是独立的。

图 3.29(b)所示为并行序列的合并。当直接连在双线上的所有前级步 5、7、9 都为活动步时，且转换条件 d 成立，才能使转换实现，即步 10 变为活动步，而步 5、7、9 均变为不活动步。

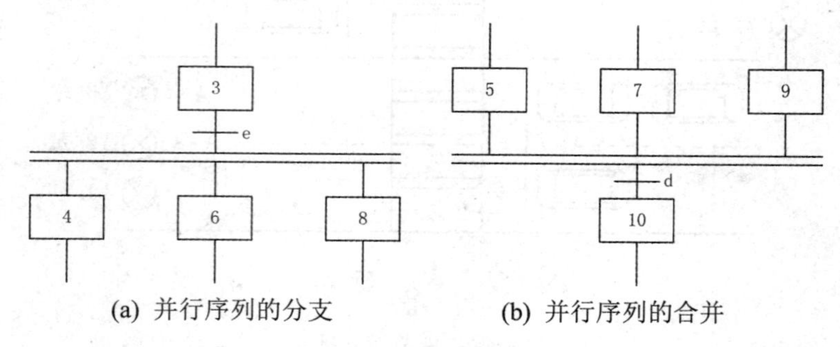

(a) 并行序列的分支　　(b) 并行序列的合并

图 3.29　并行序列结构

二、使用起-保-停电路的并行序列结构的编程方法

并行序列中，各单序列的第一步应同时变为活动步。对控制这些步的起动、保持、停

止电路使用同样的起动电路，可以实现这一要求。

在图 3.30 中，M1 之后有一个并行序列的分支，当步 M1 为活动步且转换条件 X1 满足时，步 M2 和步 M4 同时变为活动步，即 M1 和 X1 的常开触点串联电路同时作为控制步 M2 和步 M4 的起动电路。

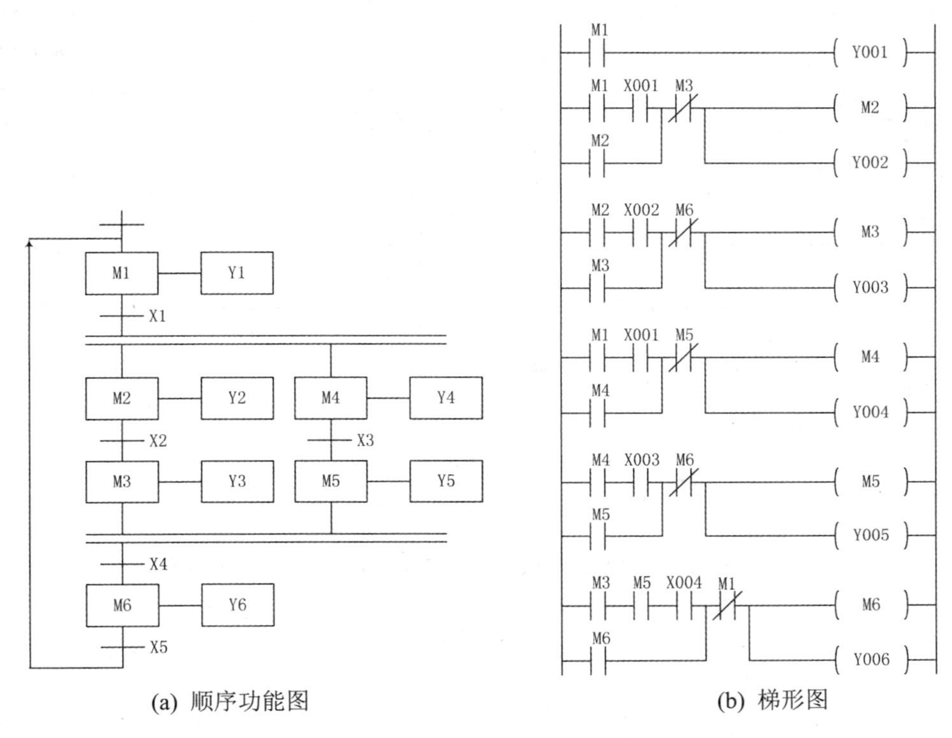

(a) 顺序功能图　　(b) 梯形图

图 3.30　并行序列结构的起-保-停电路编程方法示例

在图 3.30 中，步 M6 之前有一个并行序列的合并，该转换实现的条件是所有的前级步(即步 M3 和步 M5)都是活动步且转换条件 X4 满足。由此可知，应将 M3、M5 和 X4 的常开触点串联，作为控制步 M6 的起动电路。

三、以转换为中心的并行序列结构的编程方法

在图 3.30 中，步 M1 之后有一个并行序列的分支，当 M1 是活动步时，并且转换条件 X1 满足，步 M2 和步 M4 应同时变为活动步。采用以转换为中心的编程方法时，需将 M1 和 X1 的常开触点串联，作为使 M2 和 M4 同时置位和使 M1 复位的条件，如图 3.31 所示。

在图 3.30 中，步 M6 之前有一个并行序列的合并，该转换实现的条件是所有的前级步(即步 M3 和 M5)都是活动步，并且转换条件 X4 满足。采用以转换为中心的编程方法时，需将 M3、M5 和 X4 的常开触点串联，作为使 M6 置位和使 M3、M5 同时复位的条件，如图 3.31 所示。

转换的同步实现如图 3.32 所示，转换的上面是并行序列的合并，转换的下面是并行序列的分支，该转换实现的条件是所有的前级步(即步 M3 和 M5)都是活动步，和转换条件 X010 满足，所以，应将 M3、M5、X010 的常开触点组成的串联电路作为使 M4、M6 置位

和使M3、M5复位的条件。

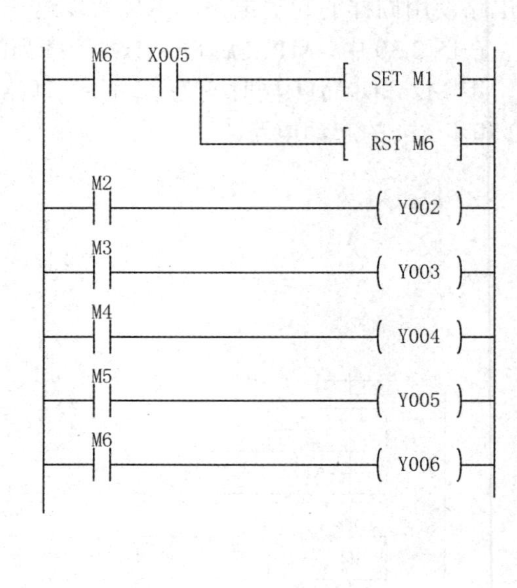

图3.31　并行序列结构的以转换为中心的编程方法示例

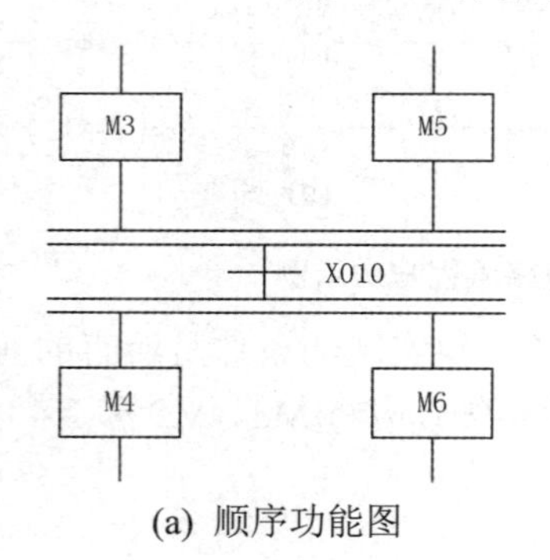

(a) 顺序功能图

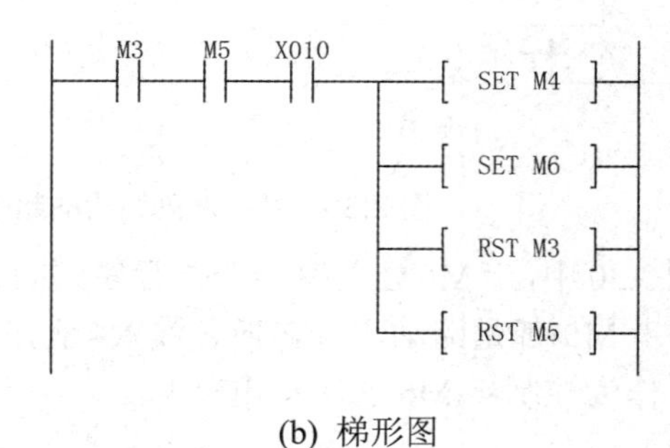

(b) 梯形图

图3.32　转换的同步实现

四、步进梯形指令的并行序列结构的编程方法

在图3.33中，由S22、S23和S24、S25组成的两个单序列是并行工作的，设计梯形图时应保证这两个单序列同时开始工作和同时结束，即步S22和S24应同时变为活动步，步S23和S25应同时变为不活动步。

并行序列分支的处理是很简单的，在图3.33中，当步S21是活动步且转换条件X1满足时，步S22和S24同时变为活动步，两个序列同时开始工作。在梯形图中，用S21的STL触点和X1的常开触点组成的串联电路来控制SET指令对S22和S24同时置位，同时系统程序将前级步S21变为不活动步。

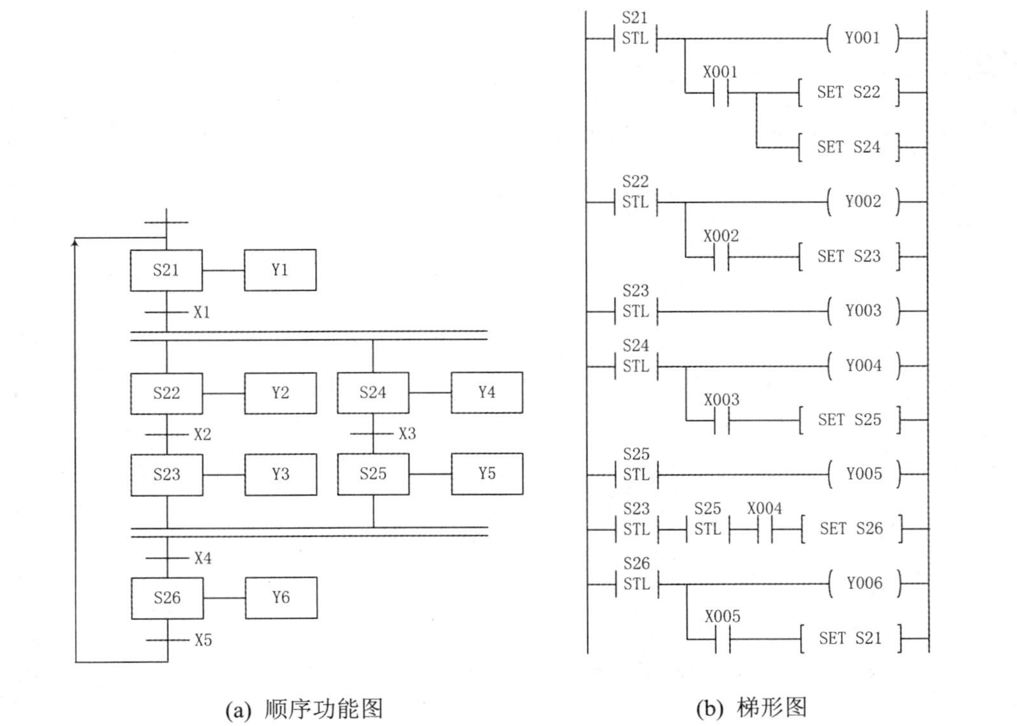

(a) 顺序功能图　　(b) 梯形图　　(c) 指令表

图 3.33　并行序列结构的步进梯形指令编程方法示例

在图 3.33 中，并行序列合并处的转换有两个前级步 S23 和 S25，根据转换实现的基本规则，当它们均为活动步且转换条件满足时，将实现并行序列的合并。在梯形图中，用 S23 和 S25 的 STL 触点和 X4 的常开触点组成的串联电路使步 S26 置位变为活动步，同时系统程序将两个前级步 S23 和 S25 变为不活动步。

【任务实施】

一、I/O 分配

由控制要求可确定 PLC 需要 2 个输入点、5 个输出点，其 I/O 分配见表 3.4。

表 3.4　按钮式人行道交通灯控制系统的 I/O 分配

输　入		输　出	
输入继电器	作　用	输出继电器	作　用
X0	人行道按钮 SB1	Y1	主干道红灯
X1	人行道按钮 SB2	Y2	主干道黄灯
		Y3	主干道绿灯
		Y4	人行道红灯
		Y5	人行道绿灯

二、硬件接线

按钮式人行道交通灯控制系统的I/O接线如图3.34所示。

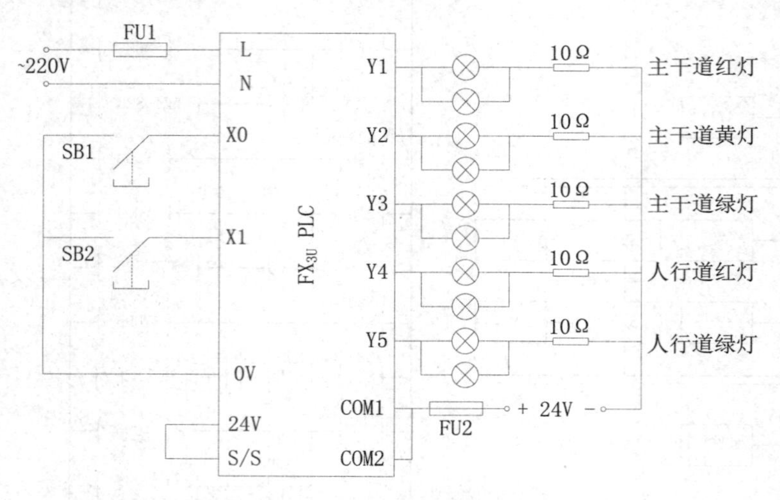

图3.34　按钮式人行道交通灯控制系统的I/O接线

三、程序设计

按钮式人行道交通灯控制系统的顺序功能图如图3.35所示。

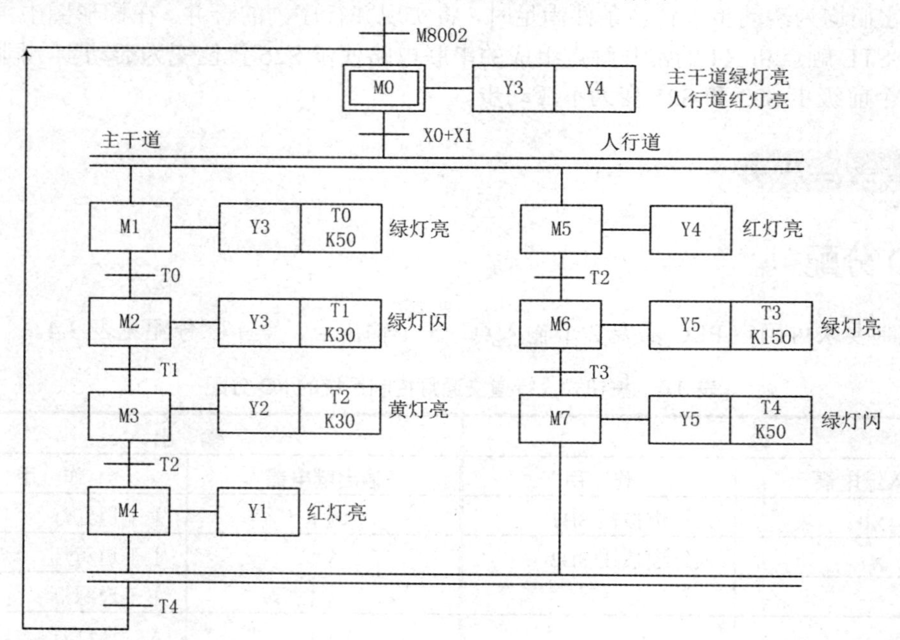

图3.35　按钮式人行道交通灯控制系统的顺序功能图

1. 起-保-停电路的编程方法

采用起-保-停电路编程方法的按钮式人行道交通灯控制梯形图如图 3.36 所示。

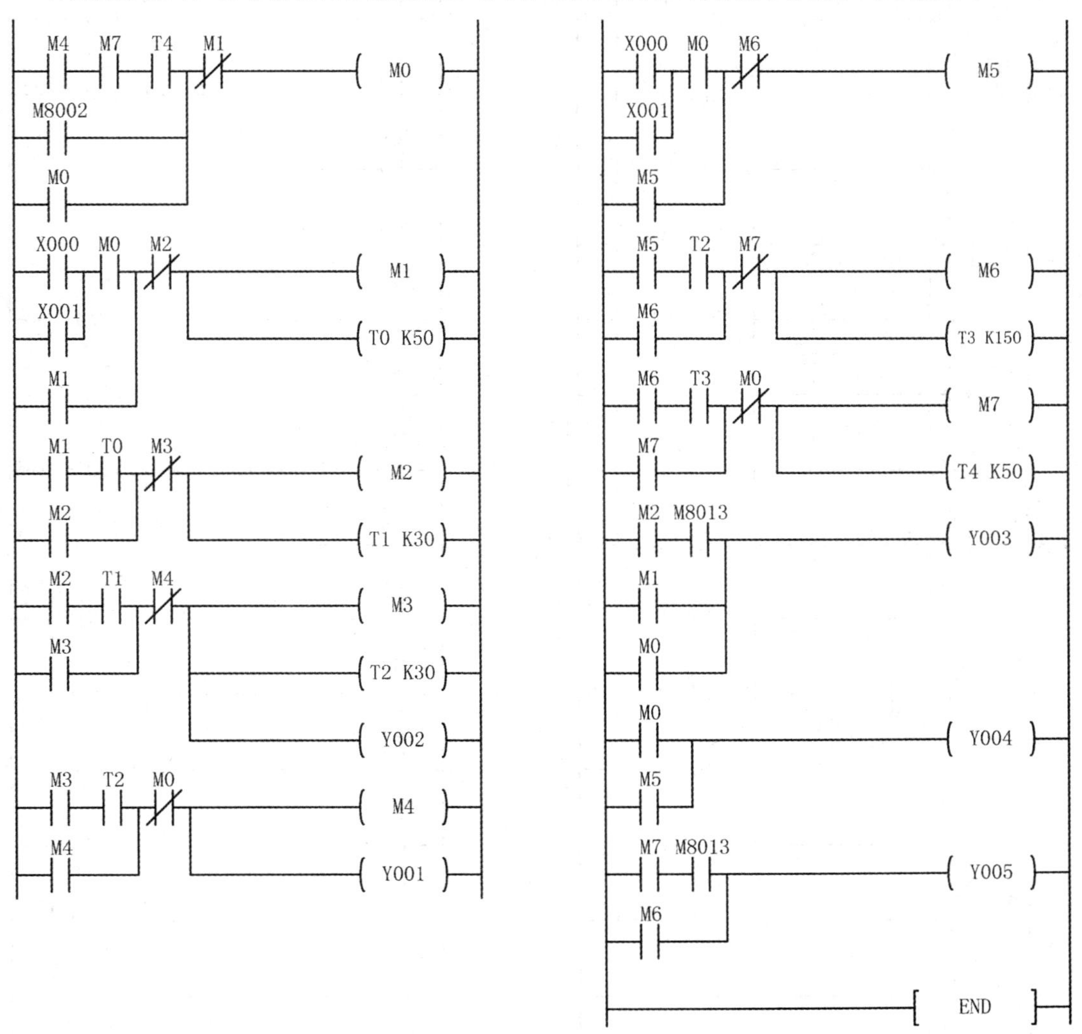

图 3.36　采用起-保-停电路的按钮式人行道交通灯控制编程

2. 以转换为中心的编程方法

采用以转换为中心编程方法的按钮式人行道交通灯控制梯形图如图 3.37 所示。

3. 步进梯形指令的编程方法

采用步进梯形指令编程方法的按钮式人行道交通灯控制顺序功能图、梯形图和指令表如图 3.38 所示。

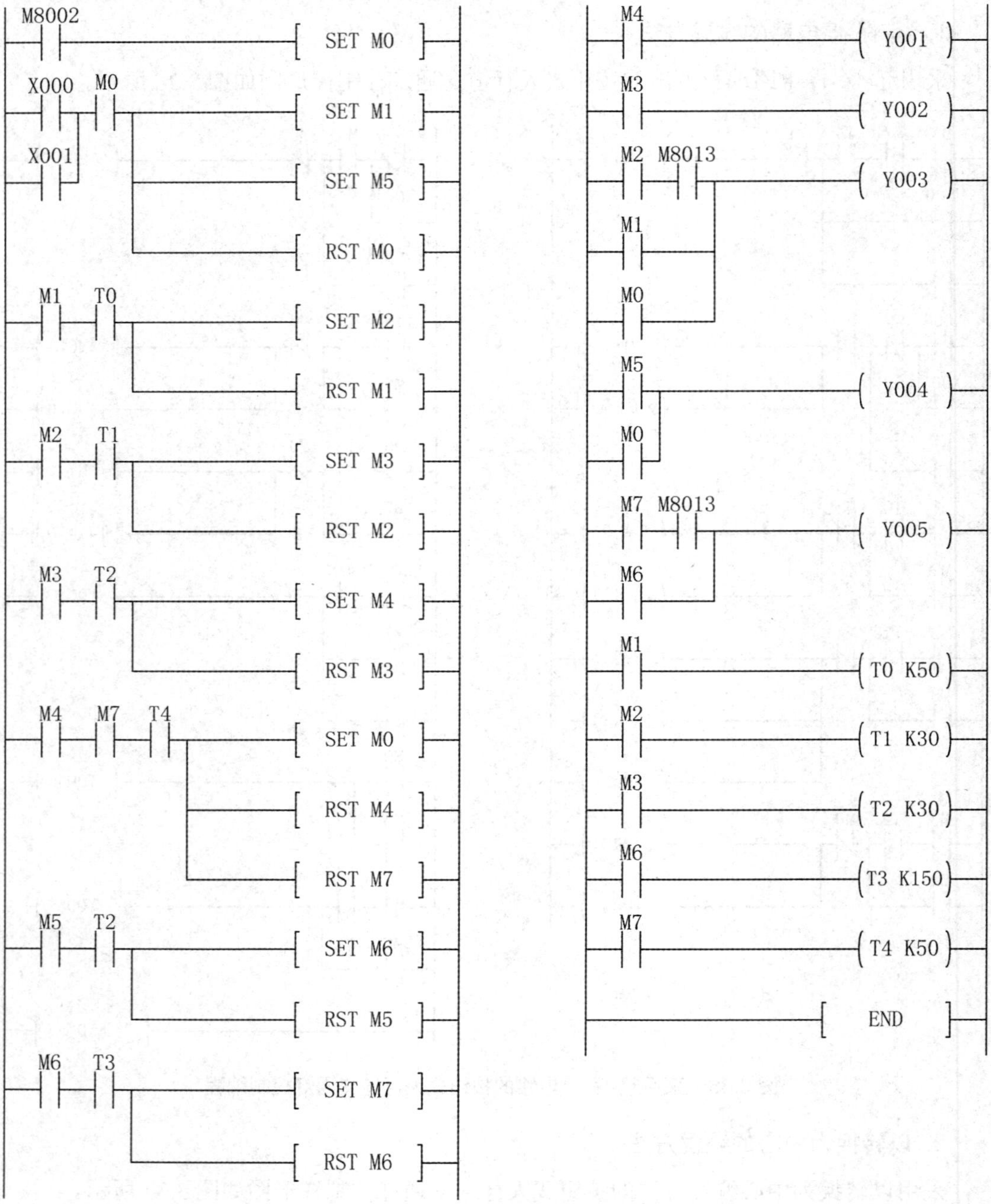

M8002 — SET M0
X000 M0 — SET M1
X001 — SET M5
RST M0
M1 T0 — SET M2
RST M1
M2 T1 — SET M3
RST M2
M3 T2 — SET M4
RST M3
M4 M7 T4 — SET M0
RST M4
RST M7
M5 T2 — SET M6
RST M5
M6 T3 — SET M7
RST M6

M4 — Y001
M3 — Y002
M2 M8013 — Y003
M1
M0
M5 — Y004
M0
M7 M8013 — Y005
M6
M1 — T0 K50
M2 — T1 K30
M3 — T2 K30
M6 — T3 K150
M7 — T4 K50
END

图 3.37　以转换为中心的按钮式人行道交通灯控制编程

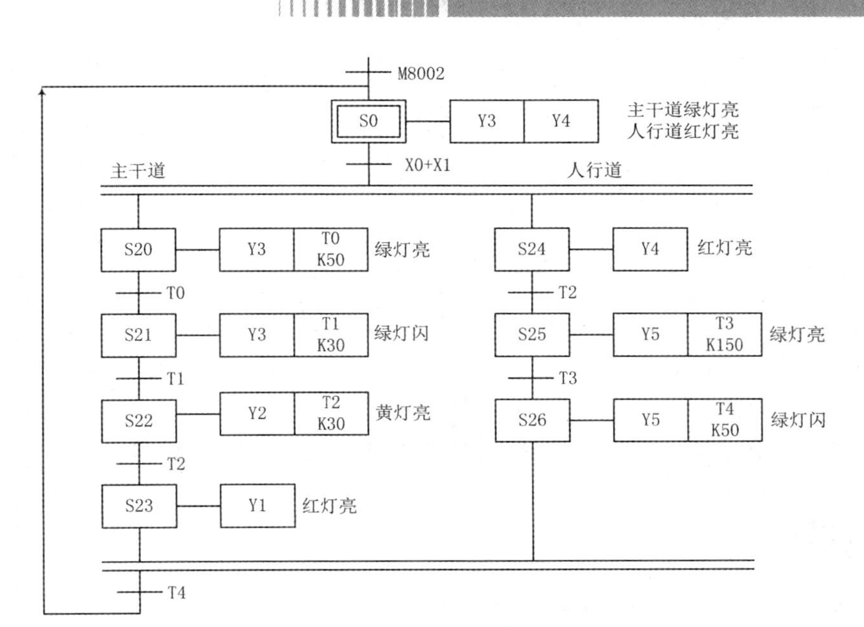

(a) 顺序功能图

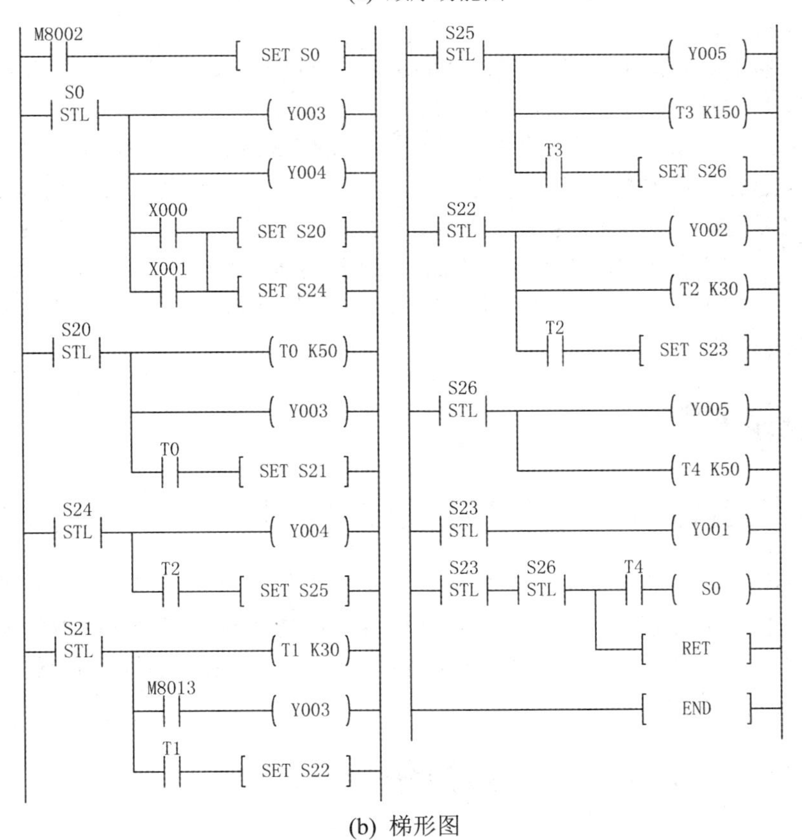

(b) 梯形图

图 3.38 采用步进梯形指令按钮式人行道交通灯控制编程

```
LD    M8002
SET   S0
STL   S0
OUT   Y003
OUT   Y004
LD    X000
OR    X001
SET   S20
SET   S24
STL   S20
OUT   T0 K50
OUT   Y003
LD    T0
SET   S21
STL   S24
OUT   Y004
LD    T2
SET   S25
STL   S21
OUT   T1 K30
LD    M8013
OUT   Y003
LD    T1
SET   S22
STL   S25
OUT   Y005
OUT   T3 K150
LD    T3
SET   S26
STL   S22
OUT   Y002
OUT   T2 K30
LD    T2
SET   S23
STL   S26
OUT   Y005
OUT   T4 K50
STL   S23
OUT   Y001
STL   S23
STL   S26
LD    T4
OUT   S0
RET
END
```

(c) 指令表

图 3.38 采用步进梯形指令按钮式人行道交通灯控制编程(续)

四、运行调试

(1) 按照图 3.34 完成 PLC 的 I/O 连接。

(2) 用专业的编程电缆将装有 GX Developer 编程软件的上位机的 RS-232 口与 PLC 的 RS-422 口连接起来。

(3) 接通电源，PLC 电源指示灯(POWER)亮，说明 PLC 已通电。将 PLC 的工作方式开关扳到 STOP 位置，使 PLC 处于编程状态。

(4) 用 GX Developer 软件分别将如图 3.36 至图 3.38 所示的程序写入 PLC 中。

(5) 调试运行。正常情况下汽车通行，即主干道的 Y3 绿灯亮，人行道的 Y4 红灯亮；当行人要过马路时，就按下按钮 SB1 或 SB2，此时主干道交通灯的变化为 Y3 绿灯亮 5s、Y3 绿灯闪亮 3s、Y3 绿灯灭、Y2 黄灯亮 3s、Y2 黄灯灭、Y1 红灯亮 20s，当主干道 Y1 红灯亮时，人行道的 Y4 红灯灭、Y5 绿灯亮 15s、Y5 绿灯闪亮 5s，最后转为主干道 Y3 绿灯亮，人行道 Y4 红灯亮。

【知识拓展】

一、并行序列合并后的并行序列分支的编程

图 3.39(a)是一个并行序列合并后的并行序列分支的顺序功能图，要采用步进梯形指令对这种顺序功能图进行编程，可参照选择序列合并后的选择序列分支的编程方法，即在并行序列合并后和并行序列分支前插入一个虚拟步，如图 3.39(b)所示，相应的步进梯形图和指令表如图 3.39(c)和图 3.39(d)所示。

二、选择序列合并后的并行序列分支的编程

图 3.40(a)是选择序列合并后的并行序列分支的顺序功能图，要采用步进梯形指令对这种顺序功能图进行编程，可在选择序列合并之后和并行序列分支之前插入一个虚拟步，如图 3.40(b)所示，相应的步进梯形图和指令表如图 3.40(c)和图 3.40(d)所示。

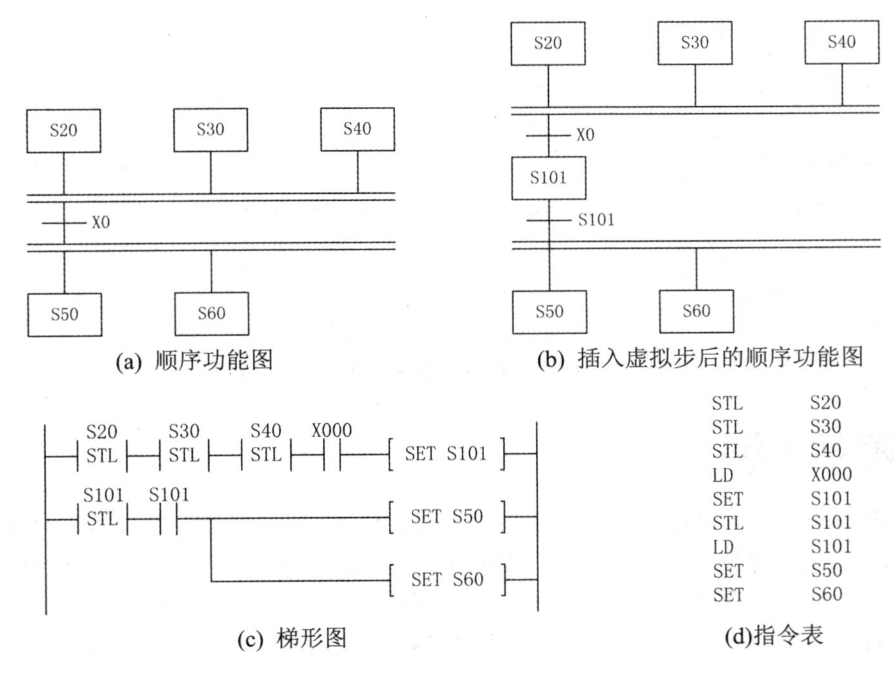

图 3.39　并行序列合并后的并行序列分支的编程

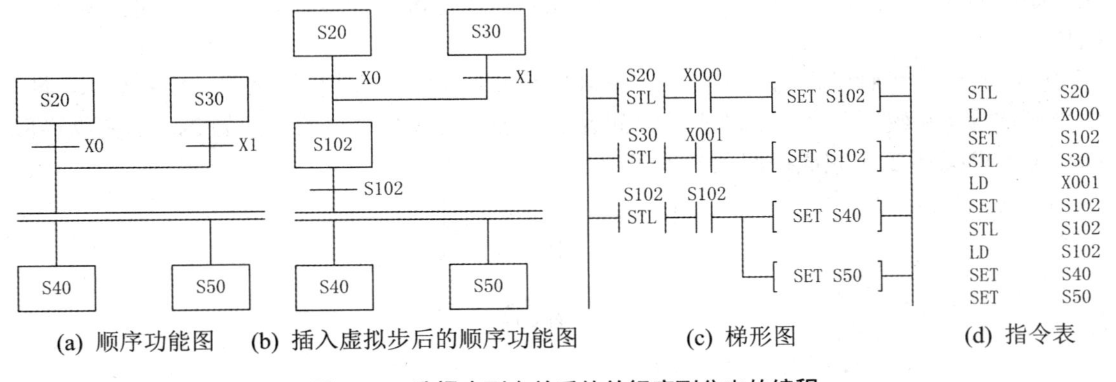

图 3.40　选择序列合并后的并行序列分支的编程

三、并行序列合并后的选择序列分支的编程

图 3.41(a)是一个并行序列合并后的选择序列分支的顺序功能图，要采用步进梯形指令对这种顺序功能图进行编程，可在并行序列合并之后和选择序列分支之前插入一个虚拟步，如图 3.41(b)所示，相应的步进梯形图和指令表如图 3.41(c)和图 3.41(d)所示。

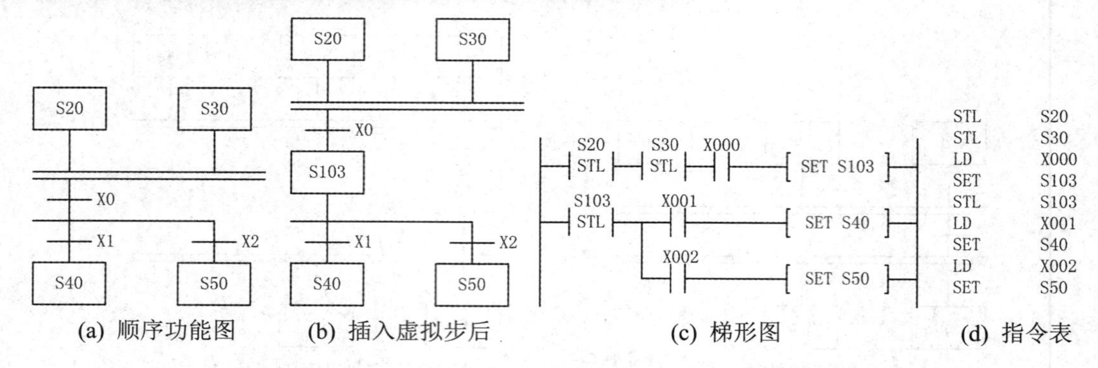

(a) 顺序功能图　(b) 插入虚拟步后　(c) 梯形图　(d) 指令表

图 3.41　并行序列合并后的选择序列分支的编程

【研讨训练】

(1) 设计一个十字路口交通灯控制系统，图 3.42 所示为十字路口交通灯示意图，共有 12 个交通灯，同一方向的红、黄、绿灯变化规律相同。具体控制要求如下：设置一个起动开关。当合上起动开关时，南北红灯亮并维持 25s，同时东西绿灯亮 20s 后，闪烁 3 次后熄灭，闪烁时，亮暗间隔 0.5s，然后东西黄灯亮 2s 后熄灭；接下来东西红灯亮 30s，南北红灯熄灭，南北绿灯亮 25s 后闪烁 3 次熄灭，闪烁时亮暗间隔 0.5s，然后南北黄灯亮 2s 后熄灭。如此循环。交通灯的控制时序如图 3.43 所示。当电源断开后再次起动时，程序从头开始执行。

(2) 设计一个咖啡机的控制程序，控制要求如下：按下起动按钮则同时加入热水、糖、牛奶和咖啡 4 种物料，其中加热水的时间为 1s，加其他 3 种物料的时间为 2s。加完物料后起动电动机搅拌 2s。完成后回到初始状态。

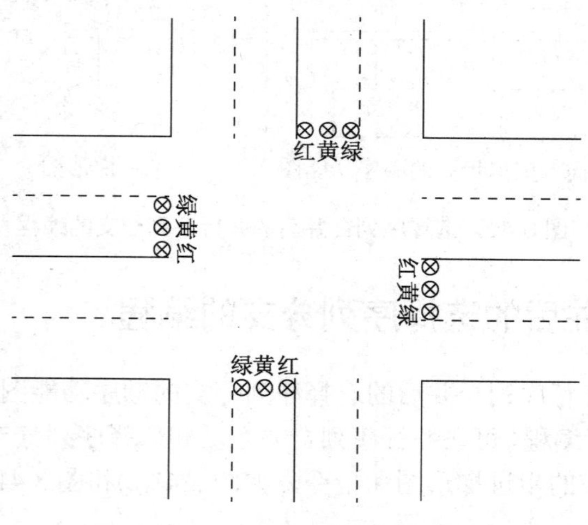

图 3.42　十字路口交通灯的示意图

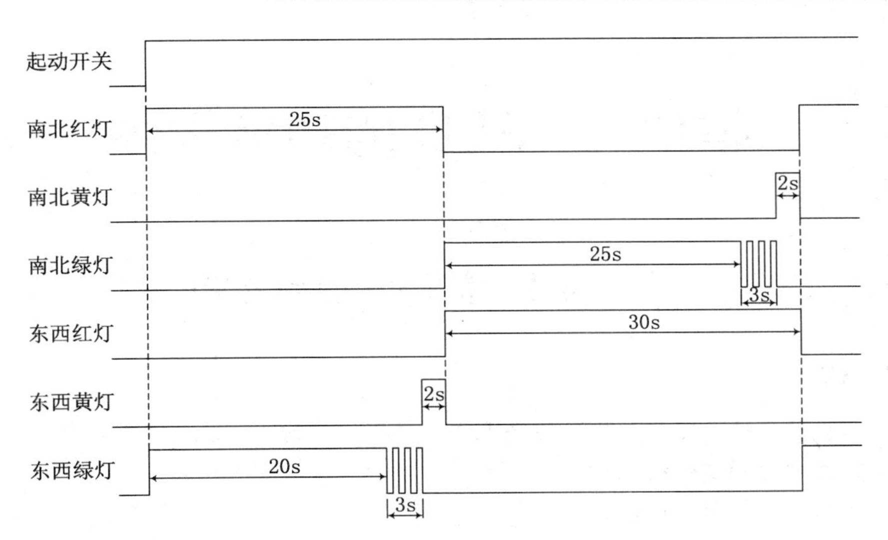

图 3.43　十字路口交通灯的时序图

模块 4　PLC 的功能指令

任务 4.1　数码管显示控制

知识目标：

- 掌握位元件、字元件、位组合元件、数据寄存器、变址寄存器和指针。
- 掌握功能指令的编程格式。
- 掌握传送指令 MOV。

能力目标：

会使用 MOV 指令进行梯形图编程，能灵活地将 MOV 指令应用于各种控制中。

【控制要求】

利用 PLC 控制 LED 数码显示。控制要求：开关闭合后数码管循环显示数字 9、8、7、6、5、4、3、2、1、0，显示时间间隔均为 1s。开关断开后系统停止运行。

数码管显示 9、8、7、6、5、4、3、2、1、0 对应的段码如表 4.1 所示。

表 4.1　数码管显示 0～9 对应的段码

数字	Y7	Y6	Y5	Y4	Y3	Y2	Y1	Y0	十六进制段码
	dp 段	g 段	f 段	e 段	d 段	c 段	b 段	a 段	
9	0	1	1	0	1	1	1	1	6F
8	0	1	1	1	1	1	1	1	7F
7	0	0	0	0	0	1	1	1	07
6	0	1	1	1	1	1	0	1	7D
5	0	1	1	0	1	1	0	1	6D
4	0	1	1	0	0	1	1	0	66
3	0	1	0	0	1	1	1	1	4F
2	0	1	0	1	1	0	1	1	5B
1	0	0	0	0	0	1	1	0	06
0	0	0	1	1	1	1	1	1	3F

【相关知识】

一、位元件、字元件和位组合元件

处理 ON/OFF 状态的元件称为位元件，如 X、Y、M、S。

处理数据的元件称为字元件，如 T 和 C 等。

由位元件也可构成字元件进行数据处理，位元件组合由 K*n* 加首元件号来表示。4 个位元件为一组组合成单元。K*n*M0 中的 *n* 是组数，16 位数操作时为 K1～K4，32 位数操作时为 K1～K8。例如，K2M0 表示由 M0～M7 组成的 8 位数据；K4M10 表示由 M10～M25 组成的 16 位数据，M10 是最低位。当一个 16 位数据传送到 K1M0、K2M0 或 K3M0 时，只传送相应的低位数据，较高位的数据不传送。32 位数据传送也一样。

在 16 位数操作时，参与操作的位元件由 K1～K4 指定。若仅由 K1～K3 指定，不足部分的高位均作 0 处理，这意味着只能处理正数(符号位为 0)。在做 32 位数操作时，参与操作的位元件由 K1～K8 指定。

被组合的位元件的首元件号可以是任意的，但习惯上采用以 0 结尾的元件，如 M0、M10、…

二、数据寄存器

在进行输入输出处理、模拟量控制、位置控制时，需要许多数据寄存器存储数据和参数。数据寄存器 D 为 16 位，最高位为符号位，可用两个数据寄存器合并起来存放 32 位数据，最高位仍为符号位。数据寄存器分成下面几类。

1. 通用数据寄存器 D0～D199(共 200 点)

一旦在数据寄存器写入数据，只要不再写入其他数据，就不会变化。当 PLC 由运行到停止或断电时，该类数据寄存器的数据被清除为 0。但是当特殊辅助继电器 M8033 置 1，PLC 由运行转向停止时，数据可以保持。

2. 断电保持/锁存寄存器 D200～D7999(共 7800 点)

断电保持/锁存寄存器有断电保持功能，PLC 从 RUN 状态进入 STOP 状态时，断电保持寄存器的值保持不变。D200～D511 可利用参数设定更改为非断电保持的数据寄存器。D512～D7999 无法利用参数设定更改为非断电保持的数据寄存器。

3. 特殊数据寄存器 D8000～D8511(共 512 点)

这些数据寄存器供监视 PLC 中器件的运行方式用。其内容在电源接通时，写入初始值(先全部清 0，然后由系统 ROM 安排写入初始值)，如 D8000 所存的警戒监视时钟的时间由系统 ROM 设定。若有改变时，用传送指令将目的时间送入 D8000。该值在 PLC 由 RUN 状态到 STOP 状态时保持不变。未定义的特殊数据寄存器用户不能用。

4. 文件数据寄存器 D1000～D7999(共 7000 点)

文件寄存器是以 500 点为一个单位，可被外部设备存取。文件寄存器实际上被设置为 PLC 的参数区。文件寄存器与锁存寄存器是重叠的，可保证数据不会丢失。FX_{2N} 系列的文件寄存器可通过 BMOV(块传送)指令改写。

三、扩展寄存器、扩展文件寄存器

1. 扩展寄存器 R0～R32767(共 32768 点)

扩展寄存器和数据寄存器相同，都可以用于处理数值数据的各种控制。

2. 扩展文件寄存器 ER0～ER32767 (共 32768 点)

扩展文件寄存器可以用来记录和设定数据的保存位置。只有当使用了存储器盒时才可以使用扩展文件寄存器。

四、变址寄存器

变址寄存器 V、Z 在传送、比较等指令中用来修改操作对象的元件号，存放在 V、Z 中的数据代表增量。V、Z 都是 16 位的寄存器，其操作方式与普通数据寄存器一样，可进行数据的读写。当进行 32 位操作时，将 V、Z 合并使用，指定 Z 为低位。

五、指针

分支指令用 P0～P62、P64～P4095 共 4095 点。指针 P0～P62、P64～P4095 为标号，用来指定条件跳转、子程序调用等分支指令的跳转目标。P63 为结束跳转用。

中断用指针共 15 点，其中：输入中断用指针共 6 点，定时器中断用指针共 3 点，计数器中断用指针共 6 点。中断指针的格式表示如下。

1. 输入中断 I⊿0□

□=0 表示下降沿中断；□=1 表示上升沿中断。

⊿表示输入号，取值范围为 0～5，每个输入只能用一次。

例如，I001 为输入 X0 从 OFF 到 ON 变化时，执行由该指令作为标号后面的中断程序，并根据 IRET 指令返回。

2. 定时器中断 I⊿□□

⊿表示定时器中断号，取值范围为 6～8，每个定时器只能用一次。

□□表示定时时间，取值范围为 10～99ms。

例如，I710，即每隔 10ms 就执行标号为 I710 后面的中断程序，并根据 IRET 指令返回。

3. 计数器中断 I0⊿0

⊿表示计数器中断号，取值范围为 1～6。计数器中断与高速计数器比较置位指令配合使用，根据高速计数器的计数当前值与计数设定值的关系来确定是否执行相应的中断程序。

六、功能指令的格式

1. 功能指令的表达形式

功能指令的表达形式如图 4.1 所示。功能指令按功能号 FNC00～FNC299 编排。每条功能指令都有一个指令助记符。例如，图 4.1 中，功能号为 45 的 FNC45 功能指令的助记符为 MEAN，它是一条数据处理平均值功能指令。该指令是 7 步指令。

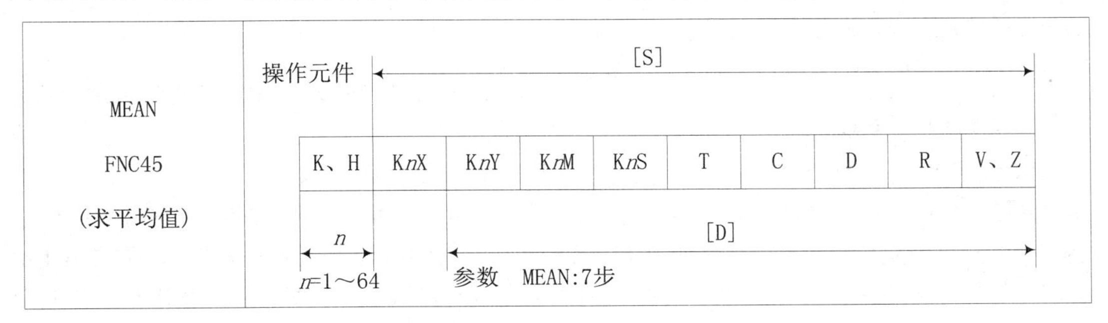

图 4.1　功能指令的表达形式

有的功能指令只需指定功能编号即可，但更多的功能指令在指定功能编号的同时还需指定操作元件。操作元件由 1～4 个操作数组成。下面将对操作数进行说明。

[S]是源操作数。若使用变址功能时，表示为[S.]形式。源操作数不止一个时，可用[S1.]、[S2.]表示。

[D]是目标操作数。若使用变址功能时，表示为[D.]形式。目标操作数不止一个时，可用[D1.]、[D2.]表示。

m 与 *n* 表示其他操作数。常用来表示常数或者作为源操作数和目标操作数的补充说明。表示常数时，用十进制数 K 和十六进制数 H。需注释的项目较多时可采用 m_1、m_2 等方式。

功能指令的功能号和指令助记符占一个程序步。每个操作数占两个或 4 个程序步(16 位操作占两个程序步，32 位操作占 4 个程序步)。

图 4.2 所示为一条求平均值的功能指令的梯形图。

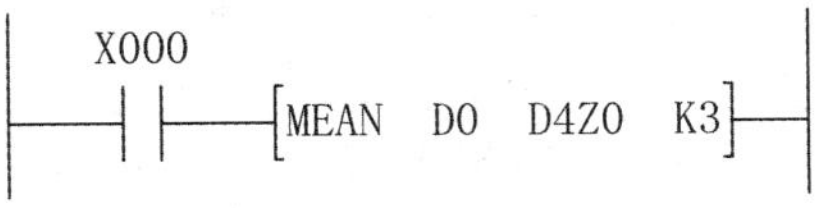

X000
[MEAN　D0　D4Z0　K3]

图 4.2　求平均值功能指令示例

D0 是源操作数的首元件，K3 是指定取值的个数为 3，D4Z0 是指定计算结果存放的数据寄存器的地址。上述平均值指令的含义为

$$\frac{(D0)+(D1)+(D2)}{3} \longrightarrow (D4Z0)$$

需要注意的是，某些功能指令在整个程序中只能出现一次。即使使用跳转指令使其分处于两段不可能同时执行的程序中也不允许，但可利用变址寄存器多次改变其操作数。

2. 数据长度

功能指令可处理 16 位数据和 32 位数据。功能指令中有符号(D)表示处理 32 位数据，如(D)MOV、FNC(D)12 指令。处理 32 位数据时，用元件号相邻的两元件组成元件对。元件对的首地址用奇数、偶数均可，建议元件对的首地址统一用偶数编号。图 4.3 中的第一条指令是将 D10 中的数据送到 D12 中，处理的是 16 位数据。第二条指令是将 D21 和 D20 中的数据送到 D23 和 D22 中，处理的是 32 位数据。要说明的是，32 位计数器 C200～C255 不能用作 16 位指令的操作数。

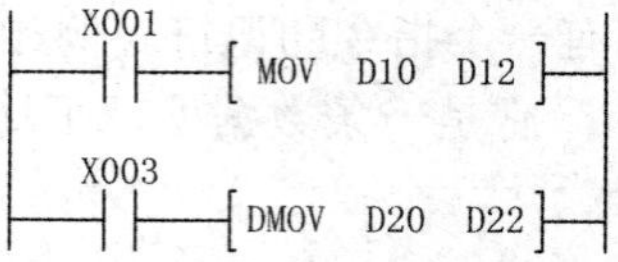

图 4.3　功能指令处理 16 位数据和 32 位数据示例

3. 功能指令类型

FX 系列 PLC 的功能指令有连续执行型和脉冲执行型两种形式。

如图 4.4(a)所示的程序是连续执行方式的例子。当 X2 为 ON 状态时，上述指令在每个扫描周期都被重复执行。某些指令如 INC、DEC 等，用连续执行方式要特别留心。如图 4.4(b)所示的程序是脉冲执行方式的例子。助记符后附的(P)符号表示脉冲执行。该脉冲执行的指令仅在 X1 由 OFF 转为 ON 时有效。在不需要每个扫描周期都执行时，用脉冲执行方式可缩短程序执行时间。(P)和(D)可同时使用，如(D)MOV(P)。

(a) 连续执行方式

(b) 脉冲执行方式

图 4.4　连续执行方式和脉冲执行方式功能指令示例

七、传送指令 MOV

MOV 指令的助记符、功能、操作数、程序步如表 4.2 所示。

表 4.2　MOV 指令的助记符、功能、操作数和程序步

助记符	功能	操作数		程序步
		[S.]	[D.]	
MOV FNC12 (传送)	把一个存储单元的内容传送到另一个存储单元	K、H、KnX、KnY、KnM、KnS、T、C、D、R、V、Z	KnY、KnM、KnS、T、C、D、R、V、Z	MOV、MOVP：5 步 DMOV、DMOVP：9 步

MOV 指令将源操作数的数据传送到目标元件中，即[S.]→[D.]。MOV 指令的使用说明如图 4.5 所示。当 X0 为 ON 时，源操作数[S.]中的数据 K100 传送到目标元件 D10 中。当 X0 为 OFF 时，指令不执行，数据保持不变。

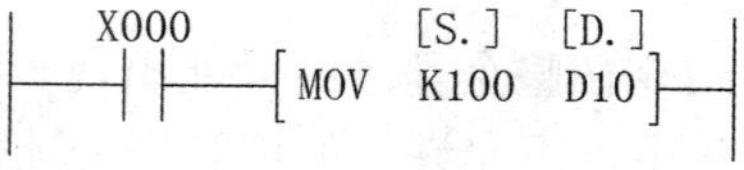

图 4.5　MOV 指令的使用说明

【任务实施】

一、I/O 分配

由控制要求可确定 PLC 需要 1 个输入点、8 个输出点，其 I/O 分配表见表 4.3。

表 4.3　数码管显示控制 I/O 分配

输　入		输　出	
输入继电器	作　用	输出继电器	作　用
X0	启动开关 S	Y0	驱动数码管 a 段
		Y1	驱动数码管 b 段
		Y2	驱动数码管 c 段
		Y3	驱动数码管 d 段
		Y4	驱动数码管 e 段
		Y5	驱动数码管 f 段
		Y6	驱动数码管 g 段
		Y7	驱动数码管 dp 段

二、硬件接线

数码显示控制系统的 I/O 接线如图 4.6 所示。

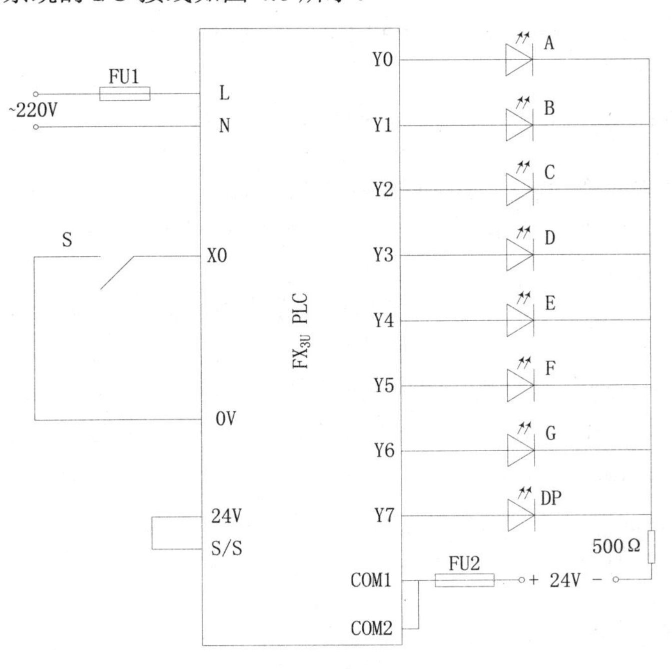

图 4.6　数码管显示控制的 I/O 接线

三、程序设计

数码管显示控制的梯形图如图 4.7 所示。

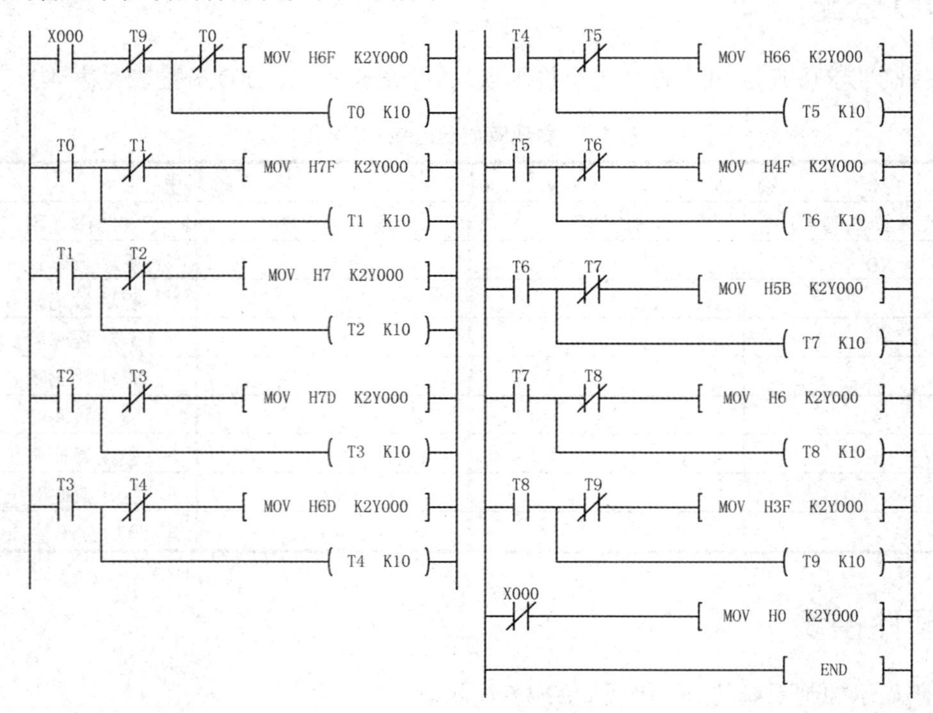

图 4.7 数码管显示控制的梯形图

四、运行调试

(1) 按图 4.6 所示将 PLC 的 I/O 接线连接起来。

(2) 用专业的编程电缆将装有 GX Developer 编程软件的上位机的 RS-232 口与 PLC 的 RS-422 口连接起来。

(3) 接通电源，PLC 电源指示灯(POWER)亮，说明 PLC 已通电。将 PLC 的工作方式开关扳到 STOP 位置，使 PLC 处于编程状态。

(4) 用 GX Developer 编程软件将如图 4.7 所示的程序写入 PLC 中。

(5) 开关 S 闭合后，数码管循环显示数字 9、8、7、6、5、4、3、2、1、0，显示时间间隔均为 1s。开关断开后系统停止运行。

【知识拓展】

一、移位传送指令 SMOV

SMOV 指令的助记符、功能、操作数、程序步如表 4.4 所示。

表 4.4　SMOV 指令的助记符、功能、操作数和程序步

助记符	功能	操作数					程序步
		m_1	m_2	n	[S.]	[D.]	
SMOV FNC13 (移位传送)	把 4 位十进制数中的位传送到另一个 4 位数指定的位置	K、H 有效范围 1～4			K、H、K*n*X、K*n*Y、K*n*M、K*n*S、T、C、D、R、V、Z	K*n*Y、K*n*M、K*n*S、T、C、D、R、V、Z	SMOV、SMOVP：11 步

SMOV 指令的使用说明如图 4.8 所示。

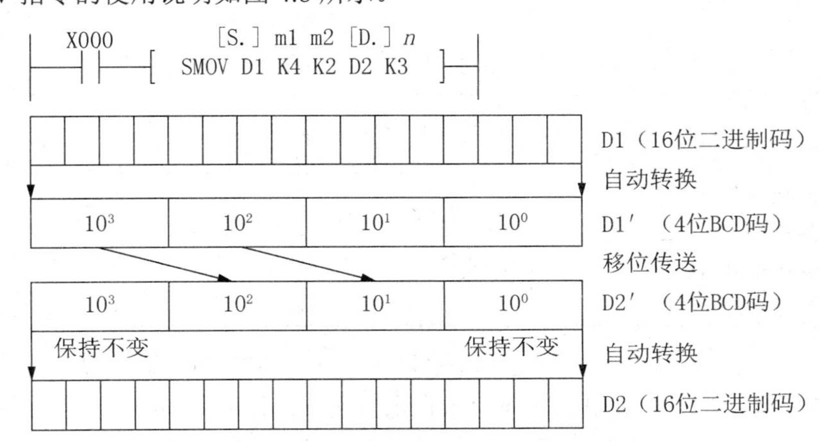

图 4.8　SMOV 指令的使用说明

首先将二进制的源数据(D1)转换成 BCD 码(D1′)，然后将 BCD 码移位传送，实现数据的分配、组合。

源数据 BCD 码右起从第 4 位(m_1=4)开始的 2 位(m_2=2)移送到目标 D2′的第 3 位(n=3)和第 2 位，而 D2′的第 4 和第 1 两位 BCD 码不变。

然后，目标 D2′中的 BCD 码自动转换成二进制数，即为 D2 的内容。

BCD 码值超过 9999 时出错。

二、取反传送指令 CML

CML 指令的助记符、功能、操作数、程序步如表 4.5 所示。

表 4.5　CML 指令的助记符、功能、操作数和程序步

助记符	功能	操作数		程序步
		[S.]	[D.]	
CML FNC14 (取反)	把源操作数取反，结果存放到目标元件	K、H、K*n*X、K*n*Y、K*n*M、K*n*S、T、C、D、R、V、Z	K*n*Y、K*n*M、K*n*S、T、C、D、R、V、Z	CML、CMLP：5 步 DCML、DCMLP：9 步

CML 指令的使用说明如图 4.9 所示。将源操作数中的数据(自动转换成二进制数)逐位

取反后传送。

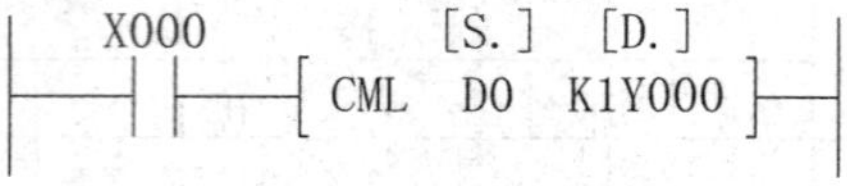

```
    X000          [S.]  [D.]
|---| |----[ CML  D0   K1Y000 ]---|
```

图 4.9　CML 指令的使用说明

三、块传送指令 BMOV

BMOV 指令的助记符、功能、操作数、程序步如表 4.6 所示。

表 4.6　BMOV 指令的助记符、功能、操作数和程序步

助记符	功能	操作数			程序步
		[S.]	[D.]	*n*	
BMOV FNC15 (块传送)	把指定数据块的内容传送到目标元件	K*n*X、K*n*Y、K*n*M、K*n*S、T、C、D、R	K*n*Y、K*n*M、K*n*S、T、C、D、R	K、H、D $n \leqslant 512$	BMOV、BMOVP：7 步

BMOV 指令是把从源操作数指定的元件开始的 *n* 个数组成的数据块传送到指定的目标。如果元件号超出允许的元件号范围，数据仅传送到允许的范围内。

BMOV 指令的使用说明如图 4.10 所示。若用到需要指定位数的位元件，则源操作数和目标操作数指定的位数必须相同。

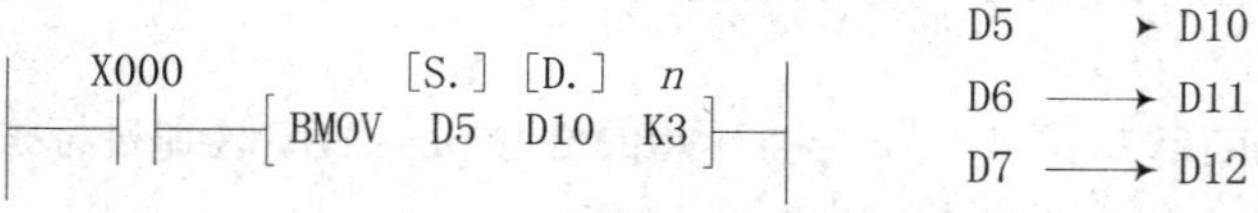

```
    X000          [S.] [D.]  n            D5 ──→ D10
|---| |----[ BMOV  D5   D10  K3 ]---|     D6 ──→ D11
                                          D7 ──→ D12
```

图 4.10　BMOV 指令的使用说明

四、多点传送指令 FMOV

FMOV 指令的助记符、功能、操作数、程序步如表 4.7 所示。

表 4.7　FMOV 指令的助记符、功能、操作数和程序步

助记符	功能	操作数			程序步
		[S.]	[D.]	*n*	
FMOV FNC16 (多点传送)	在指定范围目标元件填充数据	K、H、K*n*X、K*n*Y、K*n*M、K*n*S、T、C、D、R、V、Z	K*n*Y、K*n*M、K*n*S、T、C、D、R、V、Z	K、H $n \leqslant 512$	FMOV、FMOVP：7 步 DFMOV、DFMOVP：13 步

FMOV 指令是将源元件中的数据传送到指定目标开始的 *n* 个目标元件中，这 *n* 个元件中的数据完全相同。FMOV 指令的使用说明如图 4.11 所示。X0 为 ON 时，将 0 送至 D100～D119 中，如果元件号超出元件号范围，数据仅传送到允许范围的元件中。

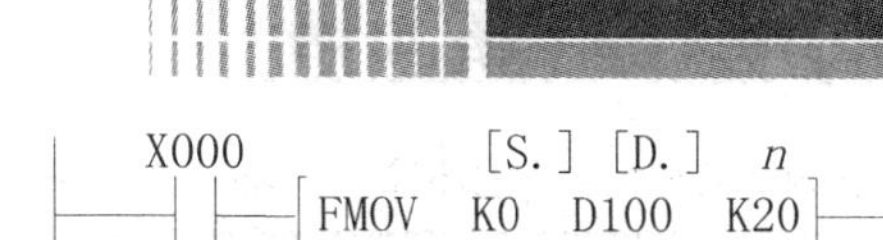

图 4.11 FMOV 指令的使用说明

【研讨训练】

(1) 设计一个用 PLC 功能指令实现的电动机 Y-△起动控制系统，控制要求如下：按下起动按钮，Y 形接触器 KM2 和主接触器 KM1 常开触点闭合，形成 Y 形起动，6s 后 KM2 常开触点断开，△形接触器 KM3 常开触点闭合，形成△形运行。按下停止按钮，电动机停转。系统具有热保护功能。

(2) 三相步进电机有 A、B、C 三相绕组，设计一个三相六拍步进电机的 PLC 控制程序，完成以下控制要求：接通电源，闭合开关后，步进电机按 A→AB→B→BC→C→CA→A→……节拍正常工作，断开开关电机停止工作。

任务 4.2 循环灯光控制

知识目标：

- 掌握循环移位指令。
- 熟悉程序流程控制指令。

能力目标：

会利用循环移位等功能指令编写梯形图，并能利用相关功能指令实现灯光控制、声光报警等实际应用。

【控制要求】

现有 8 盏灯 L1～L8 接于 PLC 的 Y0～Y7。按下起动按钮后，灯 L1～L8 以正序每隔 1s 轮流点亮，当 L8 亮后停 2s，然后反向逆序每隔 1s 轮流点亮，当 L1 亮后停 6s，重复上述过程。当按下停止按钮后，L1～L8 停止工作。

【相关知识】

一、右循环移位指令 ROR、左循环移位指令 ROL

ROR、ROL 指令的助记符、功能、操作数、程序步如表 4.8 所示。

ROR、ROL 指令的使用说明如图 4.12 和图 4.13 所示，每次 X010 由 OFF 变为 ON 时，各位数据循环移位 4(n=4)次，最后一次从目标元件中移出的状态存于进位标志位 M8022 中。

在目标元件中，指定位元件的位数时，只能用 K4(16 位指令)和 K8(32 位指令)，如 K4Y0、K8M10 等。

表 4.8　ROR 和 ROL 指令的助记符、功能、操作数和程序步

助记符	功能	操作数		程序步
		[D.]	*n*	
ROR FNC30 (循环右移)	把目标元件的位循环右移 *n* 次	K*n*Y、K*n*M、K*n*S、T、C、D、R、V、Z	D、R、K、H 16 位操作： *n*≤16 32 位操作： *n*≤32	ROR、RORP、ROL、ROLP：5 步 DROR、DRORP、DROL、DROLP：9 步
ROL FNC31 (循环左移)	把目标元件的位循环左移 *n* 次			

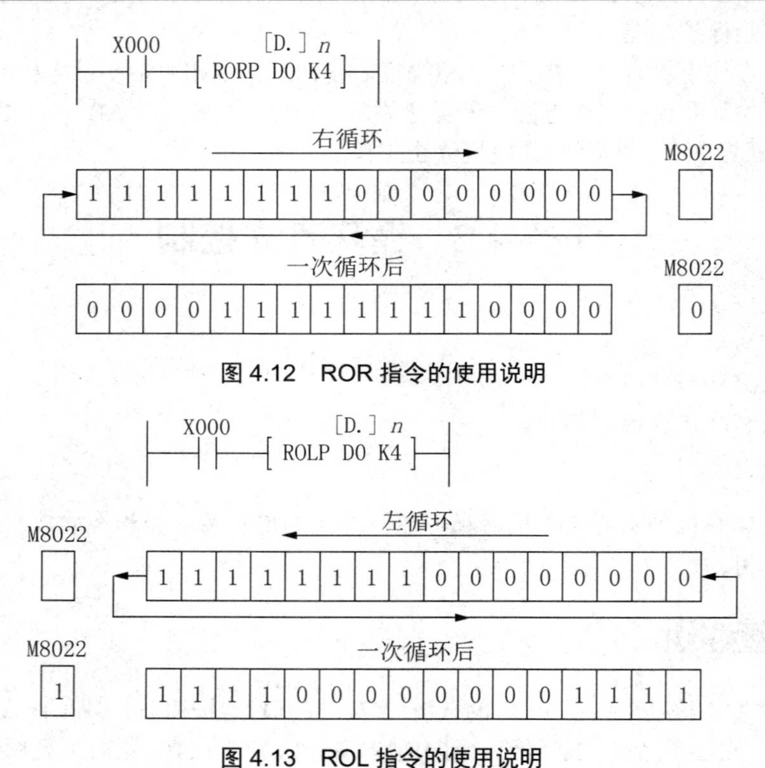

图 4.12　ROR 指令的使用说明

图 4.13　ROL 指令的使用说明

二、带进位循环右移指令 RCR、带进位循环左移指令 RCL

RCR、RCL 指令的助记符、功能、操作数、程序步如表 4.9 所示。

执行 RCR、RCL 指令时，各位的数据与进位标志位 M8022 一起(16 位指令时一共 17 位)向右(或向左)循环移动 *n* 位。在循环中移出的位送入进位标志，后者又被送回到目标操作元件的另一端。

表 4.9　RCR 和 RCL 指令的助记符、功能、操作数和程序步

<table>
<tr><th rowspan="2">助 记 符</th><th rowspan="2">功　能</th><th colspan="2">操　作　数</th><th rowspan="2">程 序 步</th></tr>
<tr><th>[D.]</th><th>n</th></tr>
<tr><td>RCR
FNC32
(带进位右移)</td><td>把目标元件的位和进位一起右移 n 位</td><td rowspan="2">KnY、KnM、KnS、T、C、D、R、V、Z</td><td rowspan="2">D、R、K、H
16 位操作：
n≤16
32 位操作：
n≤32</td><td rowspan="2">RCR、RCRP，
RCL、RCLP：5 步
DRCR、DRCRP、
DRCL、DRCLP：9 步</td></tr>
<tr><td>RCL
FNC33
(带进位左移)</td><td>把目标元件的位和进位一起左移 n 位</td></tr>
</table>

【任务实施】

一、I/O 分配

由控制要求可确定 PLC 需要 2 个输入点、8 个输出点，其 I/O 分配见表 4.10。

表 4.10　灯光控制 I/O 分配

输　入		输　出	
输入继电器	作　用	输出继电器	作　用
X0	起动按钮 SB1	Y0～Y7	驱动灯 L1～L8
X1	停止按钮 SB2		

二、硬件接线

灯光控制系统的 I/O 接线如图 4.14 所示。

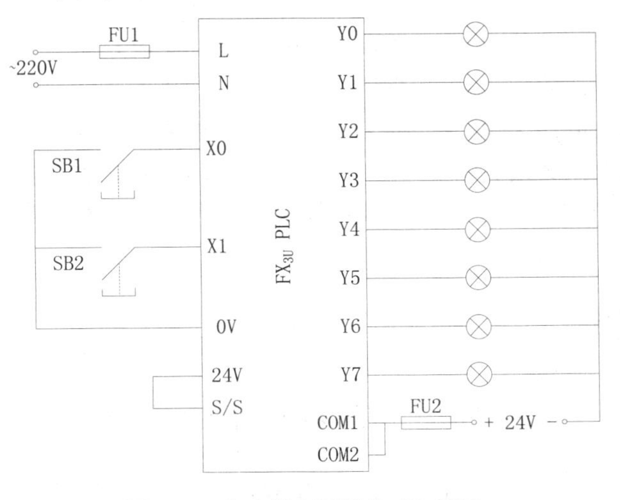

图 4.14　灯光控制系统的 I/O 接线

三、程序设计

当起动按钮被按下时，灯L1～L8正序点亮，此时Y0～Y7的状态依次应该是00000001、00000010、…、01000000、10000000，此操作可通过左循环移位指令来实现。同理，灯L1～L8逆序点亮时可通过右循环移位指令来实现。灯光控制程序如图4.15所示。

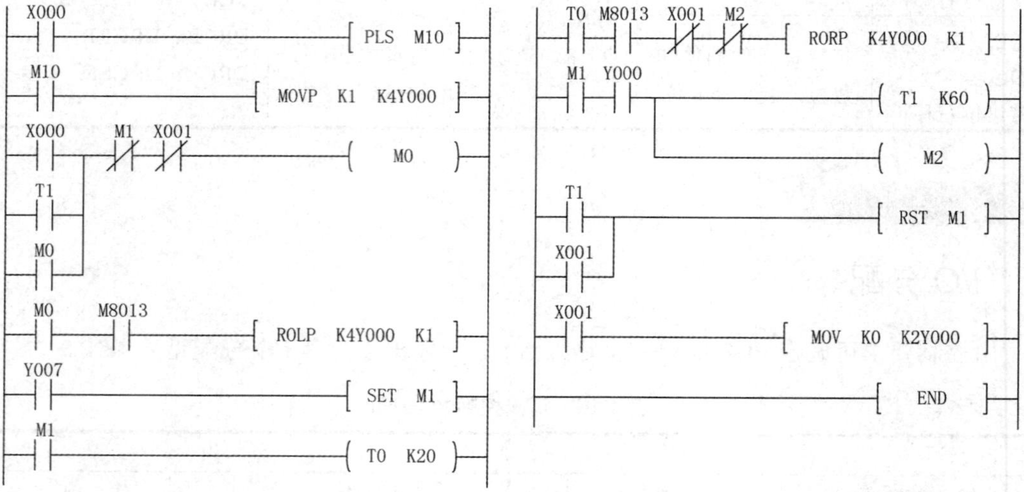

```
X000                                   [PLS M10]
M10                                    [MOVP K1 K4Y000]
X000    M1  X001                       (M0)
T1
M0
M0      M8013                          [ROLP K4Y000 K1]
Y007                                   [SET M1]
M1                                     (T0 K20)

T0  M8013  X001  M2                    [RORP K4Y000 K1]
M1  Y000                               (T1 K60)
                                       (M2)
T1                                     [RST M1]
X001
X001                                   [MOV K0 K2Y000]
                                       [END]
```

图4.15　灯光控制编程

四、运行调试

(1) 按图4.14所示将PLC的I/O接线连接起来。

(2) 用专业的编程电缆将装有GX Developer编程软件的上位机的RS-232口与PLC的RS-422口相连接。

(3) 接通电源，PLC电源指示灯(POWER)亮，说明PLC已通电。将PLC的工作方式开关扳到STOP位置，使PLC处于编程状态。

(4) 用GX Developer编程软件将如图4.15所示的程序写入PLC中。

(5) 按下起动按钮SB1后，灯L1～L8以正序每隔1s轮流点亮，当L8亮后停2s，然后反向逆序每隔1s轮流点亮，当L1亮后停6s，重复上述过程。当按下停止按钮SB2后L1～L8停止工作。

【知识拓展】

一、位右移位指令SFTR、位左移位指令SFTL

SFTR、SFTL指令的助记符、功能、操作数、程序步如表4.11所示。

表 4.11 SFTR 和 SFTL 指令的助记符、功能、操作数和程序步

助 记 符	功 能	操 作 数				程 序 步
		[S.]	[D.]	n_1	n_2	
SFTR FNC34 (带进位右移)	把源元件状态存放到堆栈中，堆栈右移	X、Y、M、S	Y、M、S	K、H	D、R、K、H	SFTR、SFTRP、SFTL、SFTLP：9 步
SFTL FNC35 (带进位左移)	把源元件状态存放到堆栈中，堆栈左移					

SFTR、SFTL 指令使目标位元件中的状态向右、向左移位，由 n_1 指定位元件的长度，n_2 指定移位的位数，$n_2 \leqslant n_1 \leqslant 1024$。

SFTR 指令的使用说明如图 4.16 所示。对于 SFTL 指令，则[S.]指定的源数据移入[D.]指定的目标位元件的最低 n_2 位。

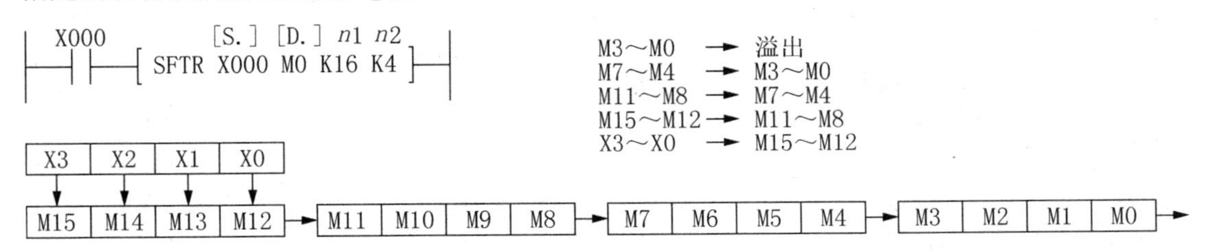

图 4.16 SFTR 指令的使用说明

二、字右移位指令 WSFR、字左移位指令 WSFL

WSFR、WSFL 指令的助记符、功能、操作数、程序步如表 4.12 所示。

表 4.12 WSFR 和 WSFL 指令的助记符、功能、操作数和程序步

助 记 符	功 能	操 作 数				程 序 步
		[S.]	[D.]	n_1	n_2	
WSFR FNC36 (字右移)	把源元件状态存放到字栈中，堆栈右移	KnX、KnY、KnM、KnS、T、C、D、R	KnY、KnM、KnS、T、C、D、R	K、H	D、R、K、H	WSFR、WSFRP、WSFL、WSFLP：9 步
WSFL FNC37 (字左移)	把源元件状态存放到字栈中，堆栈左移					

WSFR、WSFL 指令使字元件中的数据移位，由 n_1 指定字元件的长度，n_2 指定移位的字数，$n_2 \leqslant n_1 \leqslant 512$。若源操作数和目标操作数指定位元件时，其位数应相同。WSFR 的指令使用说明如图 4.17 所示。

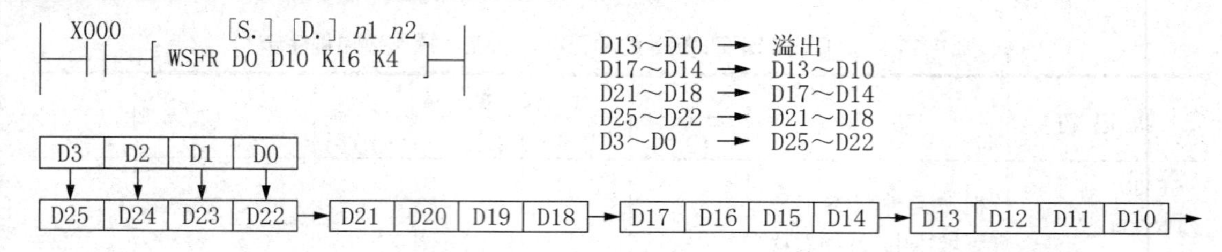

图 4.17 WSFR 指令的使用说明

三、移位写入指令 SFWR、移位读出指令 SFRD

SFWR、SFRD 指令的助记符、功能、操作数、程序步如表 4.13 所示。

表 4.13 SFWR 和 SFRD 指令的助记符、功能、操作数和程序步

助记符	功能	操作数			程序步
		[S.]	[D.]	*n*	
SFWR FNC38 (FIFO 写入)	创建长度为*n*位 FIFO 堆栈，与 SFRD 指令一起使用	K、H、K*n*X、K*n*Y、K*n*M、K*n*S、T、C、D、R、V、Z	K*n*Y、K*n*M、K*n*S、T、C、D、R	K、H 2≤*n*≤512	SFWR、SFWRP、SFRD、SFRDP：7 步
SFRD FNC39 (FIFO 读出)	读 FIFO，长度减 1，与 SFWR 指令一起使用	K*n*Y、K*n*M、K*n*S、T、C、D、R	K*n*Y、K*n*M、K*n*S、T、C、D、R、V、Z		

SFWR 指令的使用说明如图 4.18 所示。当 X010 首次由 OFF 变为 ON 时，SFWR 将源元件 D0 中的数据写入 D2，而 D1 作为指针变为 1(指针 D1 必须先清 0)。当 X010 再次由 OFF 变为 ON 时，D0 中的数据写入 D3，D1 中的数据加 1 变为 2。其余类推，将 D0 中的数据依次写入寄存器。显然，数据从最右边的寄存器开始依次写入，写入的次数放在 D1 中，故称 D1 为指针。当 D1 的内容达到 *n*-1 后，上述操作不再执行，进位标志位 M8022 置 1。

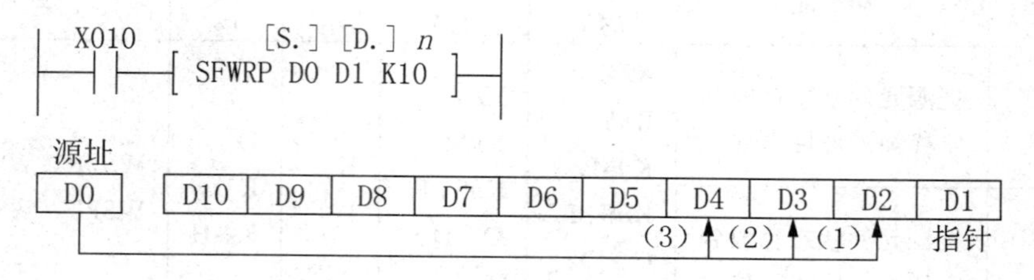

图 4.18 SFWR 指令的使用说明

SFRD 指令的使用说明如图 4.19 所示。当 X011 首次由 OFF 变为 ON 时，SFRD 将源元件 D2 中的数据读出到 D20，而 D1 作为指针减 1，D10 到 D3 的数据右移一字。若用连续指令 SFRD，则每个扫描周期数据右移一字，而数据总是从 D2 读出。当指针 D1 为 0 时，上述操作不再执行，零标志位 M8020 置 1。

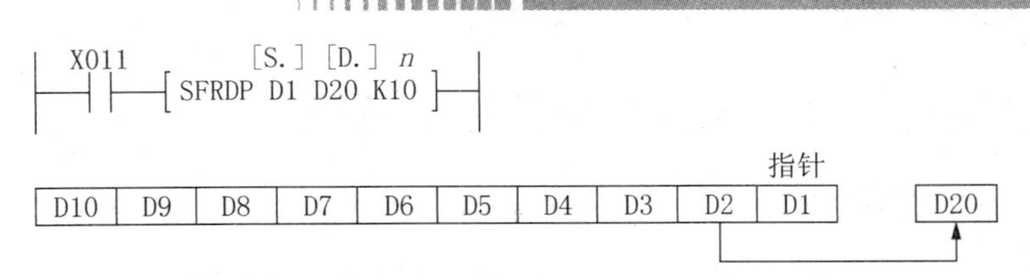

图 4.19　SFRD 指令的使用说明

四、区间复位指令 ZRST

ZRST 指令的助记符、功能、操作数、程序步如表 4.14 所示。

表 4.14　ZRST 指令的助记符、功能、操作数和程序步

助 记 符	功 能	操 作 数		程 序 步
		[D1.]	[D2.]	
ZRST FNC40 (区间复位)	把指定范围的同一类型元件复位	Y、M、S、T、C、D、R		ZRST、ZRSTP： 5 步

[D1.]和[D2.]指定的应为同类元件，ZRST 指令使[D1.]～[D2.]的元件复位，如图 4.20 所示。[D1.]指定的元件号应小于或者等于[D2.]指定的元件号。若[D1.]号大于[D2.]号，[D1.]中指定的软元件仅仅复位 1 点。[D1.]、[D2.]也可以同时指定 32 位计数器。

```
 M8002              [D1.] [D2.]
──┤├──┬──[ ZRST  M500  M599 ]──
      │             [D1.] [D2.]
      └──[ ZRST  C235  C255 ]──
```

图 4.20　ZRST 指令的使用说明

五、条件跳转指令 CJ

CJ 指令的助记符、功能、操作数、程序步如表 4.15 所示。

表 4.15　CJ 指令的助记符、功能、操作数和程序步

助 记 符	功 能	操 作 数	程 序 步
		D	
CJ FNC00 (条件跳转)	转移到指针所指的位置	有效指针范围 P0～P4095	CJ、CJP：3 步 跳转指针 P：1 步

CJ 指令用于跳过顺序程序某一部分的场合，以减少扫描时间。条件跳转指令 CJ 应用说明如图 4.21 所示。当 X010 为 ON 时，程序跳到标号 P10 处。如果 X010 为 OFF，跳转不执行，程序按原顺序执行。执行跳转指令 CJ 后，对不被执行的指令，即使输入元件状态发生改变，输出元件的状态仍维持不变。

六、子程序调用指令 CALL 与返回指令 SRET

CALL、SRET 指令的助记符、功能、操作数、程序步如表 4.16 所示。

表 4.16　CALL 和 SRET 指令的助记符、功能、操作数和程序步

助记符	功能	操作数 D	程序步
CALL FNC01 (调用子程序)	调用执行子程序	指针 P0～P62、P64～P4095 最多允许 5 层嵌套	CALL：3 步 P：1 步
SRET FNC02 (子程序返回)	从子程序返回运行	无	SRET：1 步

子程序应写在主程序之后，即子程序的标号应写在指令 FEND 之后，且子程序必须以 SRET 指令结束。如图 4.22 所示，当 X000 为 ON 时，CALL P10 指令使程序执行 P10 子程序，在子程序中执行到 SRET 指令后，程序返回到 CALL 指令的下一条指令处执行。若 X000 为 OFF，则程序顺序执行。

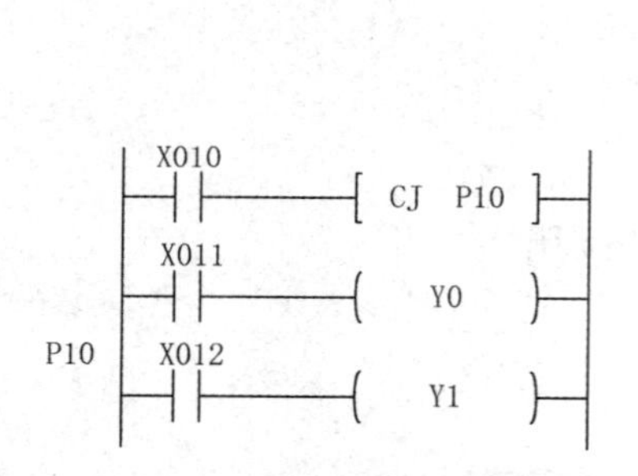

图 4.21　CJ 指令的使用说明

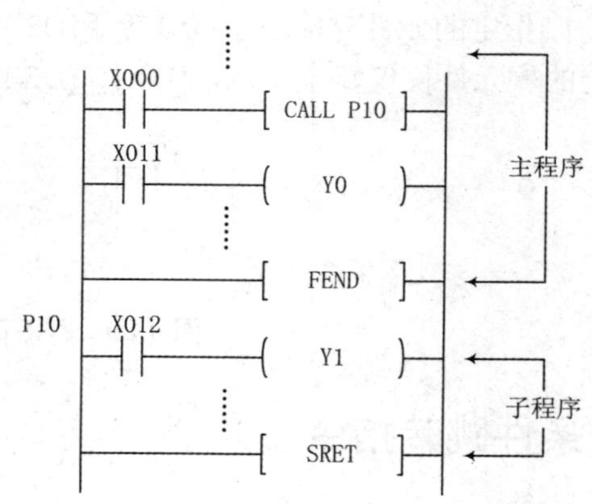

图 4.22　CALL 和 SRET 指令的使用说明

七、中断返回指令 IRET、允许中断指令 EI 与禁止中断指令 DI

IRET、EI、DI 指令的助记符、功能、操作数、程序步如表 4.17 所示。

当 M805Δ(Δ=0～8)为 ON 时，禁止相应的中断子程序 IΔ□□(□□是与中断有关的数字)执行。当 M8059 为 ON 时，禁止所有的计数器中断执行。PLC 一般处在禁止中断状态，指令 EI～DI 之间的程序段为允许中断区间。如图 4.23 所示，主程序执行到允许中断区间(即 EI～DI 之间的程序段)时，当 X010 为 OFF 时(即 M8050 为 OFF 时)对应的中断 I000 被允许执行，如果中断源出现中断信号(即 X0 出现下降沿)，则暂停执行主程序，执行中断子程序，执行到 IRET 时返回主程序的断点，主程序继续执行。中断子程序应写在主程序之后，且必须以 IRET 结束。

表 4.17　IRET、EI 和 DI 指令的助记符、功能、操作数和程序步

助记符	功能	操作数	程序步
		D	
IRET FNC03 (中断返回)	从中断子程序返回	无	IRET：1 步
EI FNC04 (允许中断)	开中断	无	EI：1 步
DI FNC05 (禁止中断)	关中断	无	DI：1 步

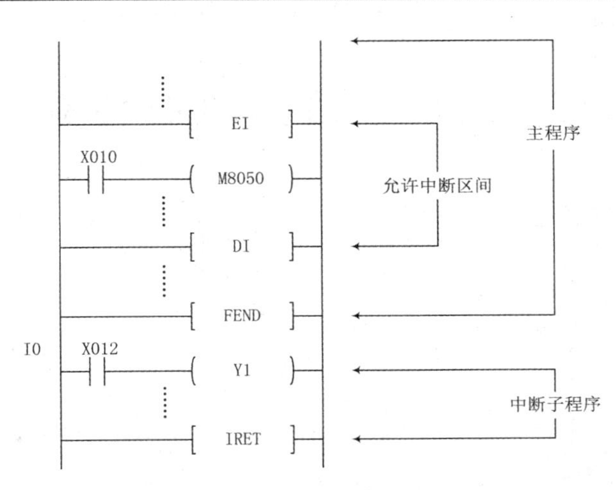

图 4.23　中断指令使用说明

八、主程序结束指令 FEND

FEND 指令的助记符、功能、操作数、程序步如表 4.18 所示。

表 4.18　FEND 指令的助记符、功能、操作数和程序步

助记符	功能	操作数	程序步
		D	
FEND FNC06 (主程序结束)	指示子程序结束	无	FEND：1 步

FEND 指令表示主程序的结束，子程序的开始。程序执行到 FEND 指令时，进行输出处理、输入处理、监视定时器刷新，完成后返回第 0 步。FEND 指令通常与 CJ-P-FEND、CALL-P-SRET 和 I-IRET 结构一起使用(P 表示程序指针，I 表示中断指针)。CALL 指令的指针及子程序、中断指针及中断子程序都应放在 FEND 指令之后。CALL 指令调用的子程

序必须以子程序返回指令 SRET 结束。中断子程序必须以中断返回指令 IRET 结束。

【研讨训练】

(1) 利用 PLC 的移位指令对 8 盏灯 L1～L8 实现以下功能：开关闭合后，L1、L2 亮→L3、L4 亮→L5、L6 亮→L7、L8 亮→延时 6s→L5、L6 亮→L3、L4 亮→L1、L2 亮→延时 6s，如此循环，直到开关断开，L1～L8 停止工作。

(2) 利用 PLC 编程指令对 16 盏摆放成圆形的彩灯实现以下控制要求：按下起动按钮后，彩灯以顺时针方向间隔 0.5s 轮流点亮，循环两次后，彩灯转换成逆时针方向，间隔 0.5s 轮流点亮，循环两次后，自动停止工作。按下停止按钮，将立即停止工作。

(3) 设计一个报警控制系统。要求 PLC 获得一个开关量的报警输入后，报警灯闪亮(亮 0.5s，灭 0.5s)，蜂鸣器响，报警灯闪烁 30 次后灯灭、蜂鸣器停，间歇 5s 后重复如前所述的声光报警，如此 3 次后自动停止。编程时对于报警灯闪亮和蜂鸣器响，可用子程序实现。

任务 4.3 八站小车呼叫控制

知识目标：

- 掌握比较指令。
- 掌握算术运算和逻辑运算指令。
- 掌握译码指令和编码指令。

能力目标：

会利用比较指令、算术运算指令、逻辑运算指令、译码指令和编码指令等功能指令编写较复杂的 PLC 控制程序。

【控制要求】

设计一个八站小车呼叫控制系统，要求如下：小车所停位置号小于呼叫号时，小车右行至呼叫号处停车；小车所停位置号大于呼叫号时，小车左行至呼叫号处停车；小车所停位置号等于呼叫号时，小车原地不动；小车运行时呼叫无效；具有左行和右行方向指示；具有小车行走位置的七段数码管显示。八站小车呼叫的示意图如图 4.24 所示。

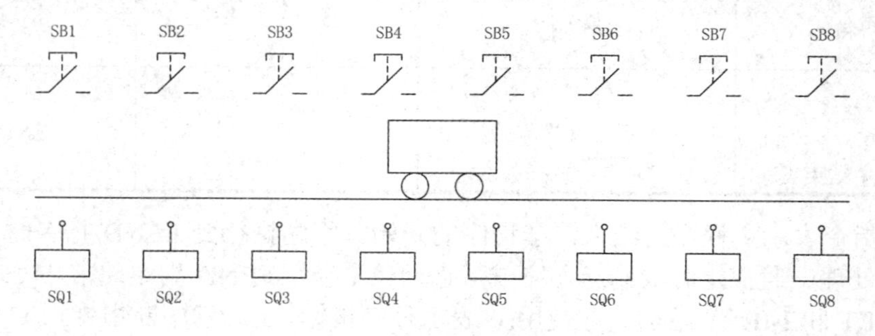

图 4.24 八站小车呼叫的示意图

【相关知识】

一、比较指令 CMP

CMP 指令的助记符、功能、操作数、程序步如表 4.19 所示。

表 4.19 CMP 指令的助记符、功能、操作数和程序步

助记符	功能	操作数			程序步
		[S1.]	[S2.]	[D.]	
CMP FNC10 (比较)	比较两个数的大小	K、H、K*n*X、K*n*Y、K*n*M、K*n*S、T、C、D、R、V、Z		Y、M、S	CMP、CMPP：7 步 DCMP、DCMPP：13 步

CMP 指令有 3 个操作数：两个源操作数[S1.]和[S2.]，一个目标操作数[D.]，该指令将[S1.]和[S2.]进行比较，结果送到[D.]中。CMP 指令的使用说明如图 4.25 所示。当 X010 为 ON 时，比较 100 和 C20 当前值大小，分 3 种情况分别使 M0、M1、M2 中的一个为 ON，另两个则为 OFF；若 X010 为 OFF，则 CMP 不执行，M0、M1、M2 的状态保持不变。

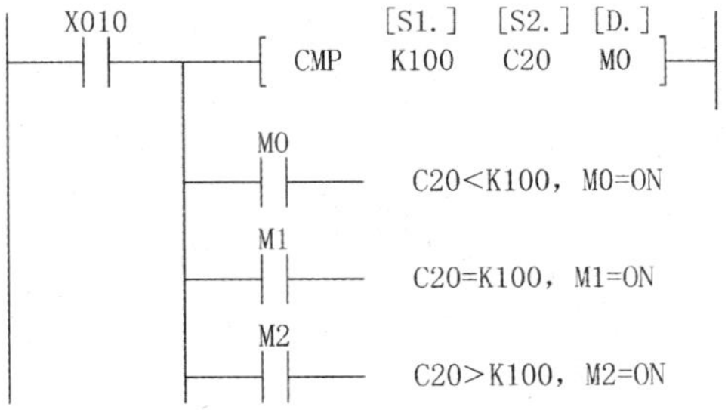

```
X010                [S1.]  [S2.]  [D.]
─┤├──────[ CMP  K100   C20    M0 ]
     │  M0
     ├─┤├──  C20<K100，M0=ON
     │  M1
     ├─┤├──  C20=K100，M1=ON
     │  M2
     └─┤├──  C20>K100，M2=ON
```

图 4.25 CMP 指令的使用说明

二、加法指令 ADD、减法指令 SUB

ADD、SUB 指令的助记符、功能、操作数、程序步如表 4.20 所示。

表 4.20 ADD 和 SUB 指令的助记符、功能、操作数和程序步

助记符	功能	操作数			程序步
		[S1.]	[S2.]	[D.]	
ADD FNC20 (加法)	把两数相加，结果存放到目标元件	K、H、K*n*X、K*n*Y、K*n*M、K*n*S、T、C、D、R、V、Z		K*n*Y、K*n*M、K*n*S、T、C、D、R、V、Z	ADD、ADDP、SUB、SUBP：7 步 DADD、DADDP、DSUB、DSUBP：13 步
SUB FNC21 (减法)	把两数相减，结果存放到目标元件				

ADD 指令是将指定的源元件中的二进制数相加，结果送到指定的目标元件中去，ADD 指令的使用说明如图 4.26 所示。当 X000 为 ON 时，[S1.]+[S2.]→[D.]，即(D10)+(D12)→D14。

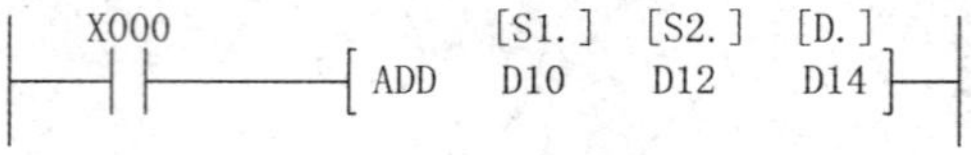

X000 [S1.] [S2.] [D.]
ADD D10 D12 D14

图 4.26　ADD 指令的使用说明

每个数据的最高位作为符号位(0 为正、1 为负)，运算是二进制代数运算。如果运算结果为 0，则零标志位 M8020 置 1，如果运算结果超过 32767(16 位运算)或 2147483647(32 位运算)，则进位标志位 M8022 置 1，如果运算结果小于-32768(16 位运算)或-2147483648(32 位运算)，则借位标志位 M8021 置 1。在 32 位运算中，被指定的字元件是低 16 位元件，下一个元件为高 16 位元件。源和目标可以用相同的元件号，如图 4.27 所示，当 X001 从 OFF→ON 变化时，D0 的数据加 1。

图 4.27　ADDP 指令的使用说明

如果在加法指令之前，置 1 浮点操作标志位 M8023，则可进行浮点值的加法，如图 4.28 所示。

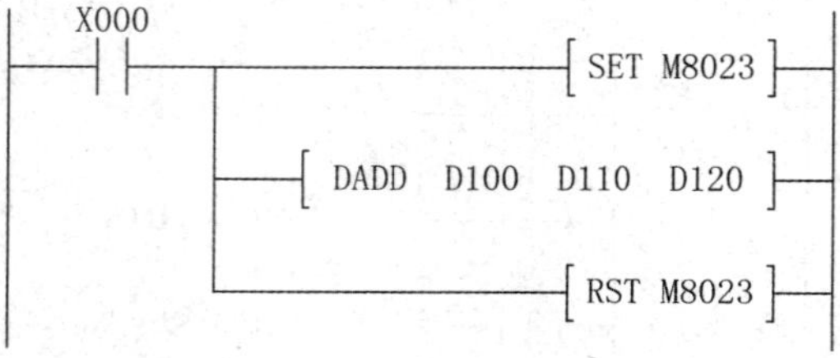

X000
SET M8023
DADD D100 D110 D120
RST M8023

图 4.28　浮点加法指令的使用说明

减法指令 SUB 与 ADD 指令类似。

三、乘法指令 MUL、除法指令 DIV

MUL、DIV 指令的助记符、功能、操作数、程序步如表 4.21 所示。

表 4.21　MUL 和 DIV 指令的助记符、功能、操作数和程序步

助记符	功能	操作数			程序步
		[S1.]	[S2.]	[D.]	
MUL FNC22 (乘法)	把两数相乘，结果存放到目标元件	K、H、KnX、KnY、KnM、KnS、T、C、D、R、V、Z		KnY、KnM、KnS、T、C、D、R	MUL、MULP、DIV、DIVP：7 步 DMUL、DMULP、DDIV、DDIVP：13 步
DIV FNC23 (除法)	把两数相除，结果存放到目标元件				

MUL 指令是将两个源元件中的数据的乘积送到指定目标元件。如果为 16 位数乘法，则乘积为 32 位，如果为 32 位数乘法，则乘积为 64 位，如图 4.29 所示。数据的最高位是符号位。如果目标元件用位元件指定，则只能得到指定范围内的乘积。

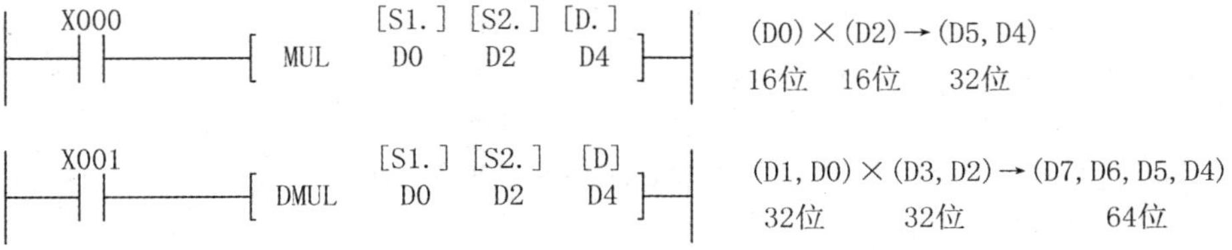

X000　[MUL　[S1.] D0　[S2.] D2　[D.] D4]　(D0)×(D2)→(D5, D4)　16位　16位　32位

X001　[DMUL　[S1.] D0　[S2.] D2　[D] D4]　(D1, D0)×(D3, D2)→(D7, D6, D5, D4)　32位　32位　64位

图 4.29　MUL 指令的使用说明

DIV 指令可以进行 16 位和 32 位除法，得到商和余数，并将结果送到指定目标元件中，如图 4.30 所示。若指定位元件为目标元件，则不能得到余数。

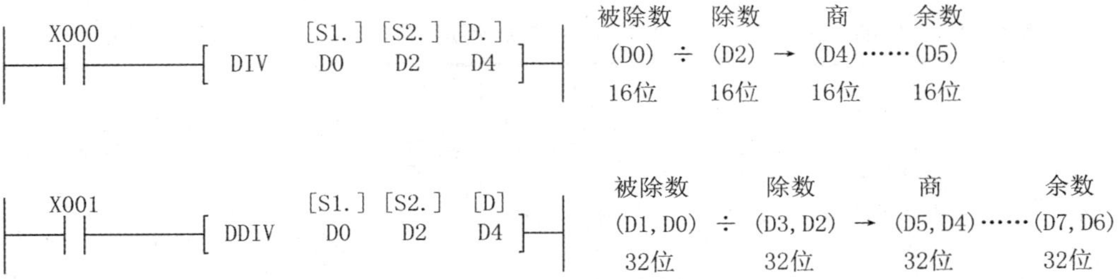

X000　[DIV　[S1.] D0　[S2.] D2　[D.] D4]　被除数 (D0) 16位 ÷ 除数 (D2) 16位 → 商 (D4) 16位 …… 余数 (D5) 16位

X001　[DDIV　[S1.] D0　[S2.] D2　[D] D4]　被除数 (D1, D0) 32位 ÷ 除数 (D3, D2) 32位 → 商 (D5, D4) 32位 …… 余数 (D7, D6) 32位

图 4.30　DIV 指令的使用说明

对于 16 位乘、除法，V 不能用于目标操作数。对于 32 位运算，V 和 Z 不能用于目标操作数。

四、加 1 指令 INC、减 1 指令 DEC

INC、DEC 指令的助记符、功能、操作数、程序步如表 4.22 所示。

表 4.22　INC 和 DEC 指令的助记符、功能、操作数和程序步

助 记 符	功　能	操 作 数 [D.]	程 序 步
INC FNC24 (加 1)	把目标元件当前值加 1	K*n*Y、K*n*M、K*n*S、T、C、D、R、V、Z	INC、INCP、DEC、DECP：3 步 DINC、DINCP、DDEC、DDECP：5 步
DEC FNC25 (减 1)	把目标元件当前值减 1		

INC、DEC 指令操作数只有一个，且不影响零标志位、借位标志位和进位标志位。

图 4.31 中的 X000 每次由 OFF 变为 ON 时，由[D.]指定的元件中的数增加 1。如果不用脉冲指令，每一个扫描周期都要加 1。在 16 位运算中，32767 再加 1 就变成了-32768。32

位运算时，2147483647 再加 1 就变成-2147483648。DEC 指令与 INC 指令处理方法类似。

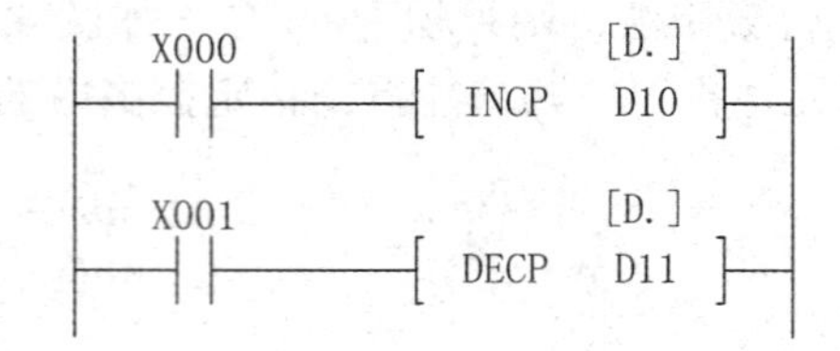

图 4.31　INC 和 DEC 指令的使用说明

五、字逻辑运算指令

字逻辑运算指令包括 WAND(字逻辑与)、WOR(字逻辑或)、WXOR(字逻辑异或)和 NEG(求补)指令，指令助记符、功能、操作数、程序步如表 4.23 所示。

表 4.23　WAND、WOR、WXOR 和 NEG 指令的助记符、功能、操作数和程序步

助记符	功能	操作数			程序步
		[S1.]	[S2.]	[D.]	
WAND FNC26 (逻辑字与)	把两个源数相与，结果存放到目标元件	K、H、K*n*X、K*n*Y、K*n*M、K*n*S、T、C、D、R、V、Z		K*n*Y、K*n*M、K*n*S、T、C、D、R、V、Z	WAND、WANDP、WOR、WORP、WXOR、WXORP：7 步 DAND、DANDP、DOR、DORP、DXOR、DXORP：13 步
WOR FNC27 (逻辑字或)	把两个源数相或，结果存放到目标元件				
WXOR FNC28 (逻辑字异或)	把两个源数相异或，结果存放到目标元件				
NEG FNC29 (求补码)	求目标元件内容的补码	无		K*n*Y、K*n*M、K*n*S、T、C、D、R、V、Z	NEG、NEGP：3 步 DNEG、DNEGP：5 步

这些指令以位(bit)为单位做相应的运算，如表 4.24 所示。NEG 指令只有目标操作元件。求补指令实际上是绝对值不变的变号操作。

表 4.24　逻辑运算关系

与			或			异或		
$M=A\times B$			$M=A+B$			$M=A\oplus B$		
A	B	M	A	B	M	A	B	M
0	0	0	0	0	0	0	0	0
0	1	0	0	1	1	0	1	1
1	0	0	1	0	1	1	0	1
1	1	1	1	1	1	1	1	0

六、解码指令 DECO、编码指令 ENCO

DECO、ENCO 指令的助记符、功能、操作数、程序步如表 4.25 所示。

表 4.25 DECO 和 ENCO 指令的助记符、功能、操作数和程序步

助记符	功能	操作数			程序步
		[S.]	[D.]	n	
DECO FNC41 (解码)	将目标元件的指定位置 ON	K、H、X、Y、M、S、T、C、D、R、V、Z	Y、M、S、T、C、D、R	K、H n=1～8 n=0 时不操作 0～8 以外会出错	DECO、DECOP、ENCO、ENCOP：7 步
ENCO FNC42 (编码)	将源元件置 ON 位的最高位置存放到目标元件	X、Y、M、S、T、C、D、R、V、Z	T、C、D、R、V、Z		

对于 DECO，目标元件的每一位都受控。当[D.]指定的目标元件是 T、C、D 时，应使 $n≤4$；当[D.]指定的目标元件是 Y、M、S 时，应使 $n≤8$。目标元件数为 2^n。

在图 4.32 中，源操作数 X2XlX0(n=3)=011B=3，则 M10 以下第 3 个元件 M13 被置 1。若 X2X1X0=000 时，则 M10(第 0 个元件)被置 1。

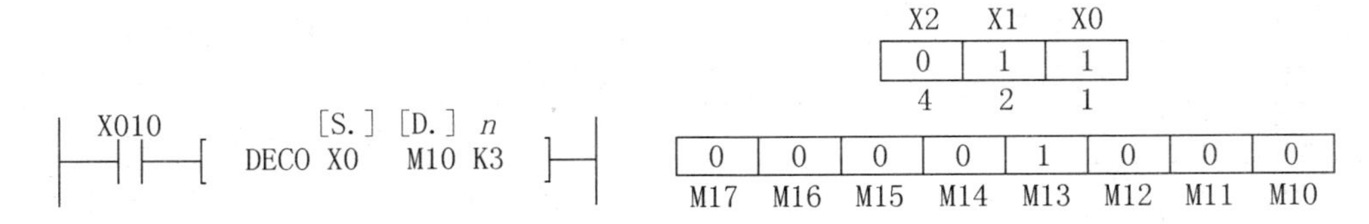

图 4.32 DECO 指令的使用说明

对于 ENCO，当[S.]指定的源元件是 T、C、D、V、Z 时，应使 $n≤4$。若指定源元件中为 1 的位不止一个，则只有最高位的 1 有效。若指定源元件中所有位均为 0，则出错。指令的使用说明如图 4.33 所示。

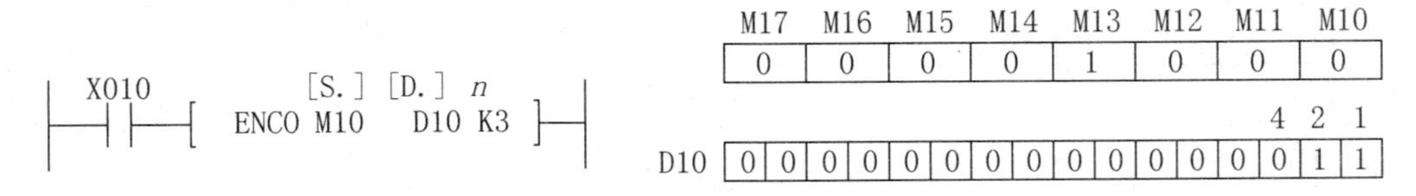

图 4.33 ENCO 指令的使用说明

七、七段译码指令 SEGD

SEGD 指令的助记符、功能、操作数、程序步如表 4.26 所示。

七段译码指令 SEGD 将源操作数指定的元件的低 4 位中的十六进制数译码后送给 7 段显示器显示，译码信号存于目标操作数指定的元件中，输出时要占用 7 个输出点。

表 4.26　SEGD 指令的助记符、功能、操作数和程序步

助记符	功能	操作数		程序步
		[S.]	[D.]	
SEGD FNC73 (七段译码)	十六进制数译为七段显示代码	K、H、K*n*X、K*n*Y、K*n*M、K*n*S、T、C、D、R、V、Z	K*n*Y、K*n*M、K*n*S、T、C、D、R、V、Z	SEGD、SEGDP：5 步

八、触点比较指令

各种触点型比较指令的助记符和含义如表 4.27 所示。

表 4.27　触点型比较指令

FNC NO.	指令助记符	指令功能
224	LD=	触点比较指令：运算开始[S1]=[S2]时导通
225	LD>	触点比较指令：运算开始[S1]>[S2]时导通
226	LD<	触点比较指令：运算开始[S1]<[S2]时导通
228	LD<>	触点比较指令：运算开始[S1]≠[S2]时导通
229	LD≤	触点比较指令：运算开始[S1]≤[S2]时导通
230	LD≥	触点比较指令：运算开始[S1]≥[S2]时导通
232	AND=	触点比较指令：串联连接[S1]=[S2]时导通
233	AND>	触点比较指令：串联连接[S1]>[S2]时导通
234	AND<	触点比较指令：串联连接[S1]<[S2]时导通
236	AND<>	触点比较指令：串联连接[S1]≠[S2]时导通
237	AND≤	触点比较指令：串联连接[S1]≤[S2]时导通
238	AND≥	触点比较指令：串联连接[S1]≥[S2]时导通
240	OR=	触点比较指令：并联连接[S1]=[S2]时导通
241	OR>	触点比较指令：并联连接[S1]>[S2]时导通
242	OR<	触点比较指令：并联连接[S1]<[S2]时导通
244	OR<>	触点比较指令：并联连接[S1]≠[S2]时导通
245	OR≤	触点比较指令：并联连接[S1]≤[S2]时导通
246	OR≥	触点比较指令：并联连接[S1]≥[S2]时导通

触点比较指令相当于一个触点，执行时比较源操作数[S1]和[S2]，满足比较条件则触点闭合，源操作数可取所有的数据类型。以 LD 开始的触点型比较指令接在左侧的母线上，以 AND 开始的触点型比较指令与别的触点或电路串联，以 OR 开始的触点型比较指令与别的触点或电路并联。

【任务实施】

一、I/O 分配

由控制要求可确定 PLC 需要 16 个输入点、11 个输出点，其 I/O 分配见表 4.28。

表 4.28　八站小车呼叫控制系统的 I/O 分配

输　入		输　出	
输入继电器	作　用	输出继电器	作　用
X0～X7	呼叫按钮 SB1～SB8	Y0	驱动小车左行 KM1
X10～X17	位置开关 SQ1～SQ8	Y1	驱动小车右行 KM2
		Y4	左行指示灯
		Y5	右行指示灯
		Y10～Y16	驱动数码管 a～g 段

二、硬件接线

八站小车呼叫控制系统的 I/O 接线如图 4.34 所示。

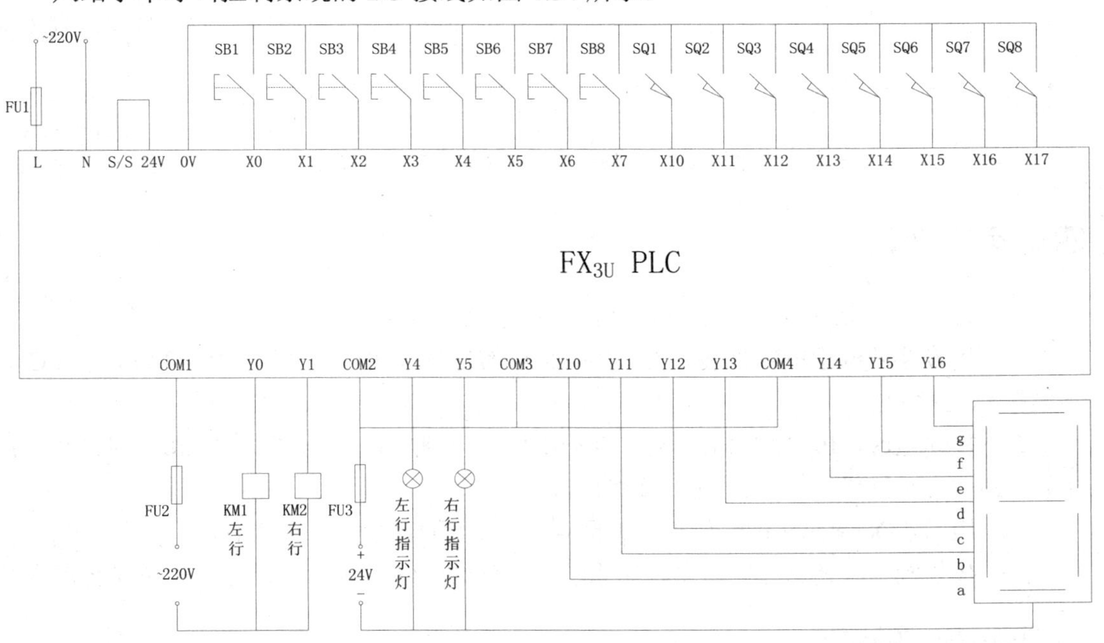

图 4.34　八站小车呼叫控制系统的 I/O 接线

三、程序设计

八站小车呼叫系统的控制程序如图 4.35 所示。

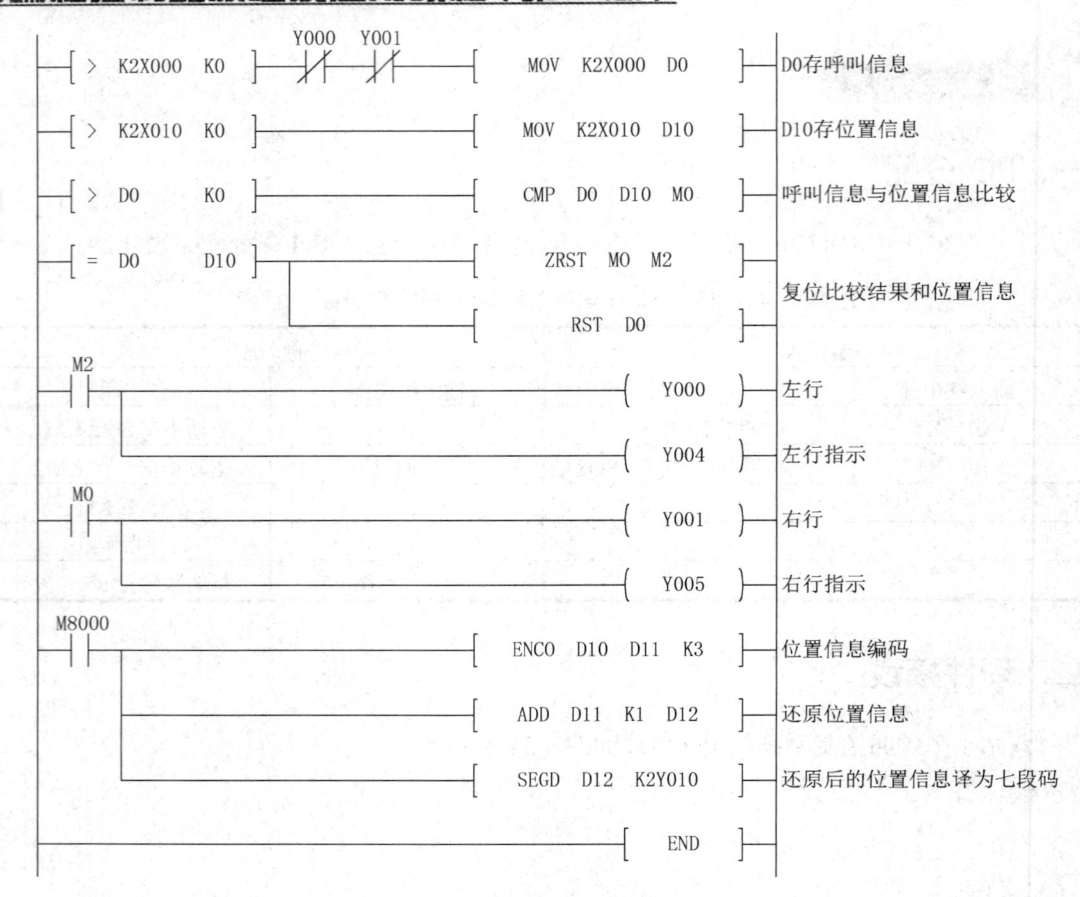

图 4.35　八站小车呼叫系统的控制程序

四、运行调试

(1)　按图 4.34 所示将 PLC 的 I/O 接线连接起来。

(2)　用专业的编程电缆将装有 GX Developer 编程软件的上位机的 RS-232 口与 PLC 的 RS-422 口连接起来。

(3)　接通电源，PLC 电源指示灯(POWER)亮，说明 PLC 已通电。将 PLC 的工作方式开关扳到 STOP 位置，使 PLC 处于编程状态。

(4)　用 GX Developer 编程软件将如图 4.35 所示的程序写入 PLC 中。

(5)　按控制要求调试八站小车呼叫系统，观察数码管的显示是否与小车的位置相符。

【知识拓展】

一、区间比较指令 ZCP

ZCP 指令的助记符、功能、操作数、程序步如表 4.29 所示。

表 4.29　ZCP 指令的助记符、功能、操作数和程序步

助 记 符	功　能	操　作　数				程 序 步
		[S1.]	[S2.]	[S.]	[D.]	
ZCP FNC11 (区间比较)	把一个数与两个数比较	K、H、KnX、KnY、KnM、KnS、T、C、D、R、V、Z			Y、M、S 3 个连续元件	ZCP、ZCPP：9 步 DZCP、DZCPP：17 步

ZCP 指令是将一个操作数[S.]与两个操作数[S1.]和[S2.]形成的区间比较，且[S1.]不得大于[S2.]，结果送到[D.]中。ZCP 指令使用说明如图 4.36 所示。当 X000 为 ON 时，把源数[S.]与区间[S1.]～[S2.]相比较，分 3 种情况，分别使 M3、M4、M5 中的一个为 ON，另两个则为 OFF；若 X000 为 OFF，则 ZCP 不执行，M3、M4、M5 的状态保持不变。

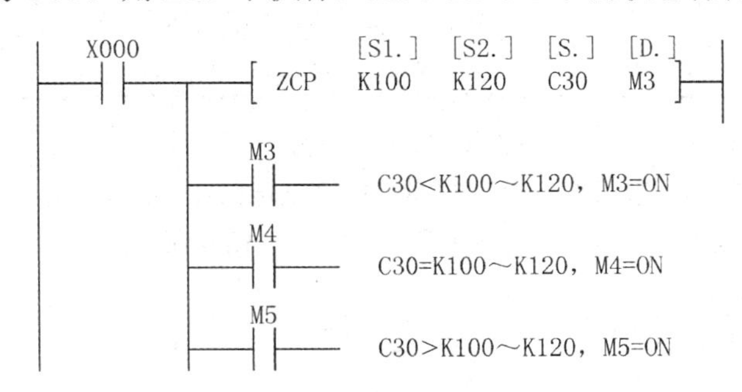

图 4.36　ZCP 指令使用说明

二、置 1 位数总和指令 SUM

SUM 指令的助记符、功能、操作数、程序步如表 4.30 所示。

表 4.30　SUM 指令的助记符、功能、操作数和程序步

助 记 符	功　能	操　作　数		程 序 步
		[S.]	[D.]	
SUM FNC43 (求置 ON 位总和)	统计源操作数置 ON 位的个数，并存放到目标元件	K、H、KnX、KnY、KnM、KnS、T、C、D、R、V、Z	KnY、KnM、KnS、T、C、D、R、V、Z	SUM、SUMP：5 步 DSUM、DSUMP：9 步

SUM 指令应用如图 4.37 所示。若 D0 中没有 1，则零标志位 M8020 置 1。若使用 32 位操作数，则将 D1 和 D0 中 1 的总数存入 D2，D3 中为 0。

X000　[S.]　[D.]
SUM　D0　D2

图 4.37　SUM 指令的使用说明

三、置1判别指令 BON

BON 指令的助记符、功能、操作数、程序步如表 4.31 所示。

表 4.31　BON 指令的助记符、功能、操作数和程序步

助记符	功能	操作数			程序步
		[S.]	[D.]	n	
BON FNC44 (查询指定位状态)	用位标志指示指定位的状态	K、H、KnX、KnY、KnM、KnS、T、C、D、R、V、Z	Y、M、S	K、H、D、R 16 位指令： n=0～15 32 位指令： n=0～31	BON、BONP：7 步 DBON、DBONP：13 步

BON 指令用于检测指定元件中的指定位是否为 1。

如图 4.38 所示，测试源元件 D10 中的第 15 位(*n*=15)，根据其为 1 或 0，相应地将目标位元件 M0 变为 ON 或 OFF。即使 X010 变为 OFF，M0 亦保持不变。

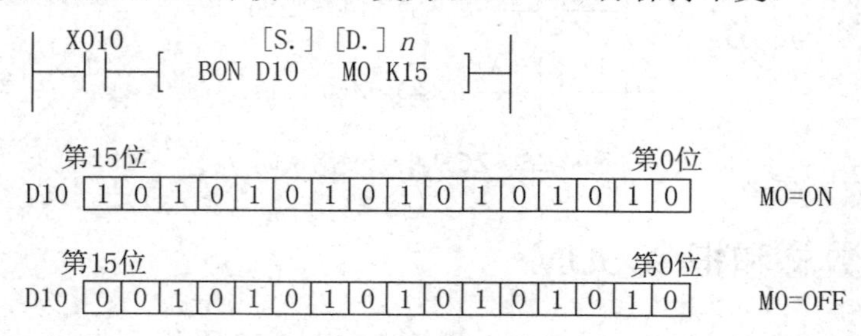

图 4.38　BON 指令的使用说明

四、平均值指令 MEAN

MEAN 指令的助记符、功能、操作数、程序步如表 4.32 所示。

表 4.32　MEAN 指令的助记符、功能、操作数和程序步

助记符	功能	操作数			程序步
		[S.]	[D.]	n	
MEAN FNC45 (求均值)	计算指定范围源操作数的平均值	KnX、KnY、KnM、KnS、T、C、D、R	KnY、KnM、KnS、T、C、D、R、V、Z	K、H、D、R n=1～64	MEAN、MEANP：7 步 DMEAN、DMEANP：13 步

将 *n* 个源操作数的平均值送到指定目标元件。平均值指 *n* 个源操作数的代数和被 *n* 除所得的商，余数略去。若元件超出指定的范围，*n* 值会自动缩小，计算出允许范围内数据的平均值。若 *n* 值超出 1～64，则出错。平均值指令 MEAN 的使用说明如图 4.39 所示。

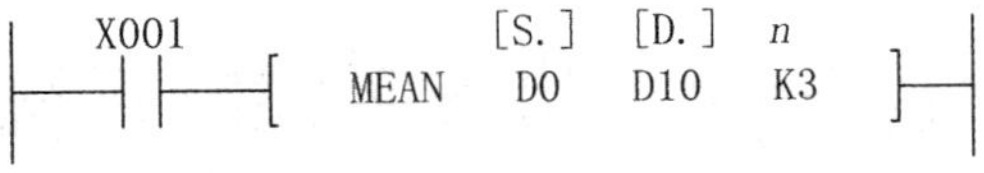

X001　[S.]　[D.]　n
MEAN　D0　D10　K3

图 4.39　MEAN 指令的使用说明

五、平方根指令 SQR

SQR 指令的助记符、功能、操作数、程序步如表 4.33 所示。

表 4.33　SQR 指令的助记符、功能、操作数和程序步

助 记 符	功　能	操 作 数		程 序 步
		[S.]	[D.]	
SQR FNC48 (平方根)	求源操作数的算术平方根	K、H、D、R	D、R	SQR、SQRP：5 步 DSQR、DSQRP：9 步

平方根指令 SQR 的使用说明如图 4.40 所示。当 X000 为 ON 时，SQR 指令执行，存放在 D10 中的数开二次方，结果存放在 D12 中。当源数据为负数时，计算结果出错，M8067 置 ON；当计算结果为零时，M8020 置 ON；当计算结果经过四舍五入取整时，M8021 置 ON。

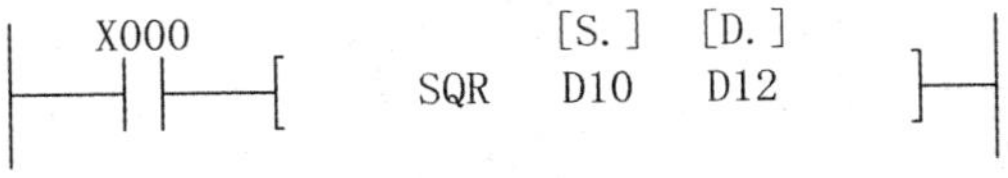

X000　[S.]　[D.]
SQR　D10　D12

图 4.40　SQR 指令的使用说明

【研讨训练】

(1) 利用 PLC 实现密码锁控制。密码锁有 3 个置数开关(12 个按钮)，分别代表 3 个十进制数，如所拨数据与密码锁设定值相等，则 2s 后开锁，20s 后重新上锁。

(2) 设计一个 9 秒钟倒计时时钟。接通控制开关后数码管显示 9，随后每隔 1s 显示数字减 1，减到 0 时，起动蜂鸣器报警。断开控制开关则停止显示。

(3) 设计一个 24h 可设定定时时间的住宅控制器的控制程序(以 15min 为一个设定单位)，控制要求如下。

① 6:30，闹钟每秒钟响一次，10s 后停止。

② 9:00—17:00，起动住宅报警系统。

③ 18:00，打开住宅照明。

④ 22:00，关闭住宅照明。

任务 4.4　机械手控制系统

知识目标：

掌握初始状态指令。

能力目标：

会利用初始状态指令对具有多种控制方式的 PLC 控制系统采用顺序控制法编写程序。

【控制要求】

机械手的工作示意图如图 4.41 所示，运动示意图如图 4.42 所示。

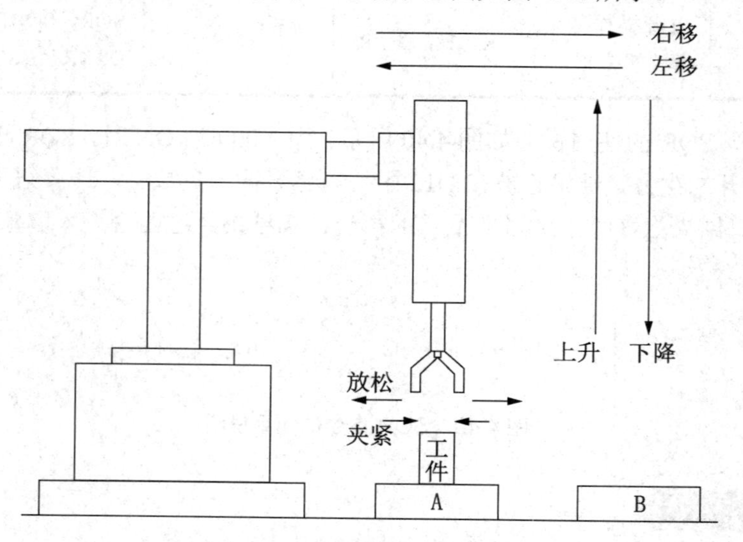

图 4.41　机械手的工作示意图

机械手将工件从 A 点向 B 点传送。机械手的上升、下降与左移、右移都是由双线圈两位电磁阀驱动气缸来实现的。抓手对工件的松夹是由一个单线圈两位电磁阀驱动气缸完成，只有在电磁阀通电时抓手才能夹紧。该机械手工作原点在左上方，按下降、夹紧、上升、右移、下降、松开、上升、左移的顺序依次运动。它有手动、回原点、单步、单周期和自动 5 种操作方式。

机械手的操作面板如图 4.43 所示。下面就操作面板上标明的几种工作方式进行说明。

- 手动：是指用各自的按钮使各个负载单独接通或断开。
- 回原点：按下回原点起动按钮，机械手自动回到原点。
- 单步运行：按下一次起动按钮，前进一个工步。
- 单周期：在原点位置按动起动按钮，自动运行一遍后回到原点停止。若在中途按动停止按钮，则停止运行；再按起动按钮，从断点处继续运行，回到原点处自动停止。

- 自动：在原点位置按动起动按钮，连续反复运行。若在中途按动停止按钮，运行到原点后停止。

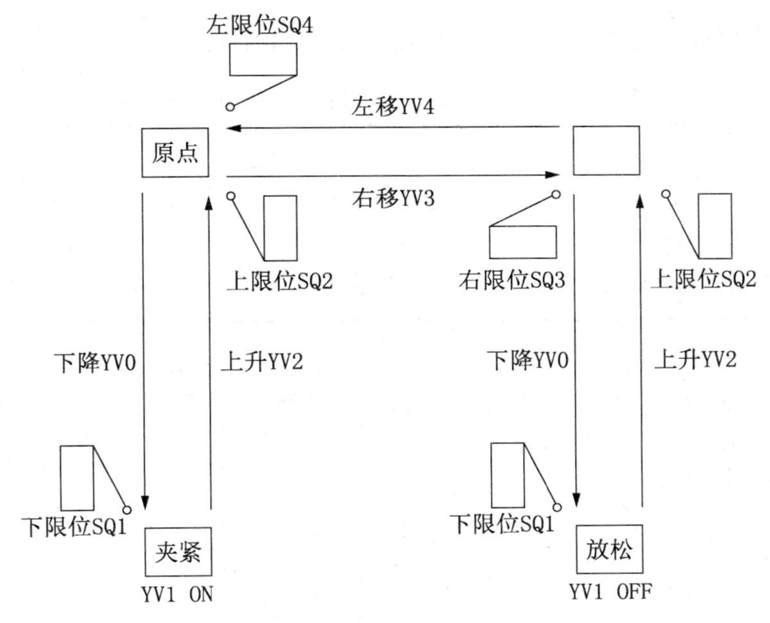

图 4.42 机械手的运动示意图

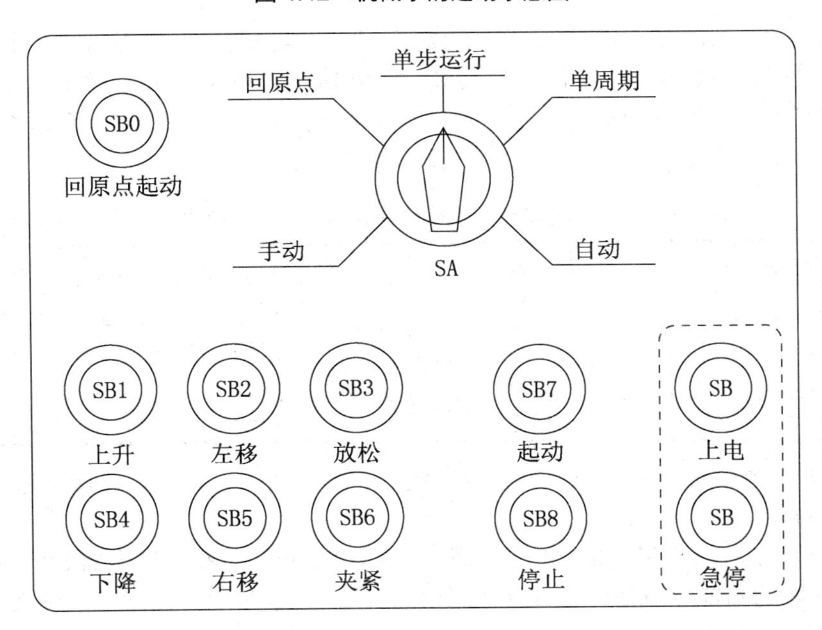

图 4.43 机械手的操作面板

面板上的“上电”和“急停”按钮与 PLC 运行程序无关。这两个按钮用来接通和断开 PLC 外部负载的电源。

【相关知识】

IST 指令助记符、功能、操作数、程序步如表 4.34 所示。

表 4.34　IST 指令助记符、功能、操作数、程序步

助 记 符	功 能	操 作 数			程 序 步
		[S.]	[D1.]	[D2.]	
IST FNC60 (状态初始化)	设置 STL 指令的运行模式	X、Y、M 8 个连续元件	S20～S899、S1000～S4095		IST：7 步

状态初始化指令 IST 与 STL 指令一起使用，用于设置具有多种工作方式的控制系统的初始状态及相关特殊辅助继电器的状态，可以大大简化顺序控制程序设计。IST 指令只能使用一次，它应放在程序开始的地方，被它控制的 STL 电路应放在它的后面。IST 指令的使用说明如图 4.44 所示。

```
     M8000              [S.]  [D1.] [D2.]
|----| |-----[   IST    X20   S20   S27   ]----|
```

图 4.44　IST 指令的使用说明

在图 4.44 中，IST 指令中的 S20 和 S27 用来指定在自动操作中用到的最小和最大状态继电器的元件号，IST 中的源操作数可取 X、Y 和 M，图 4.44 中 IST 指令的源操作数 X20 用来指定与工作方式有关的输入继电器的首元件，它实际上指定从 X20 开始的 8 个输入继电器，这 8 个输入继电器的意义如表 4.35 所示。

表 4.35　IST 指令的使用说明中用到的输入继电器功能对照表

输入继电器 X	功　能	输入继电器 X	功　能
X20	手动	X24	自动运行
X21	回原点	X25	回原点起动
X22	单步运行	X26	起动
X23	单周期运行	X27	停止

X20～X24 中同时只能有一个处于接通状态，必须使用选择开关以保证这 5 个输入不可能同时为 ON。

IST 指令的执行条件满足时，相关特殊辅助继电器和初始状态继电器 S0～S2 被自动指定为表 4.36 所示功能，以后即使 IST 指令的执行条件变为 OFF，这些元件的功能仍保持不变。

表 4.36　相关特殊辅助继电器和状态继电器的功能

特殊辅助继电器 M	功　能	状态继电器 S	功　能
M8040	禁止状态转移	S0	手动操作初始状态继电器
M8041	状态转移起动	S1	回原点初始状态继电器

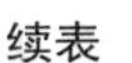
续表

特殊辅助继电器 M	功　能	状态继电器 S	功　能
M8042	起动脉冲	S2	自动操作初始状态继电器
M8043	回原点完成		
M8044	原点位置条件		

如果改变了当前选择的工作方式，在“回原点方式”标志 M8043 变为 ON 之前，所有的输出继电器将变为 OFF。

下面对表 4.36 中给出的相关特殊辅助继电器做详细说明。

1. M8040 禁止状态转移标志

接通 M8040 线圈使其为 ON 时，禁止所有状态转移。在多种控制方式下，M8040 的状态有以下不同的变化，起到不同的作用。

(1) 当选择开关置于手动控制方式时，M8040 始终为 ON，即在手动操作时禁止发生状态转移。

(2) 当选择开关置于回原点或单周期工作方式时，若在运行过程中按下停止按钮，M8040 变为 ON 并保持，禁止状态转移，系统完成当前状态的工作后停在当前状态。当按下起动按钮后，M8040 才变为 OFF，允许状态转移，系统继续完成剩下的工作。

(3) 当选择开关置于单步工作方式时，M8040 始终为 ON，禁止状态转移，只有在按下起动按钮时才变为 OFF，即按下一次起动按钮状态转移一次，实现单步控制。

(4) 当选择开关置于自动工作方式时，M8040 先为 ON 并保持，禁止状态转移，只要按下起动按钮，M8040 就变为 OFF，工作状态实现连续转移。

2. M8041 状态转移起动标志

M8041 是自动控制程序中的初始状态 S2 向下一状态转移的条件之一，PLC 从 RUN 转换到 STOP 时自动清除 M8041。

M8041 在手动和回原点工作方式时不起作用。

在单步和单周期工作方式中，M8041 只在按下起动按钮时起作用，但并不保持为 ON 状态。

在自动工作方式下，按下起动按钮后，M8041 为 ON 并保持，使系统能连续循环工作。在按下停止按钮后 M8041 变为 OFF，系统运行至原点后结束。

3. M8042 起动脉冲标志

在非手动控制方式下，按下起动按钮或回原点起动按钮，M8042 产生一个脉冲，时间为一个扫描周期，作为状态转移的起动信号。

4. M8043 回原点完成标志

在选择单步、单周期、自动运行方式之前，先要进入回原点工作方式，使 M8043 变为 ON 后，状态继电器 S2 才会被驱动为 ON，当按下起动按钮后 S2 才能向下一状态转移。需要注意的是，M8043 必须通过用户程序控制，在回原点完成后，用 SET 指令将其置位。

5. M8044 原点位置条件标志

系统满足初始条件时，使 M8044 为 ON，需要注意的是，M8044 也必须通过用户程序设定。

【任务实施】

一、I/O 分配

由控制要求可确定 PLC 需要 18 个输入点、5 个输出点，其 I/O 分配见表 4.37。

表 4.37　机械手控制系统的 I/O 分配表

输　入		输　出	
输入继电器	作　用	输出继电器	作　用
X1	下限位 SQ1	Y0	下降电磁阀 YV0
X2	上限位 SQ2	Y1	夹紧放松电磁阀 YV1
X3	右限位 SQ3	Y2	上升电磁阀 YV2
X4	左限位 SQ4	Y3	右移电磁阀 YV3
X5	上升按钮 SB1	Y4	左移电磁阀 YV4
X6	左移按钮 SB2		
X7	放松按钮 SB3		
X10	下降按钮 SB4		
X11	右移按钮 SB5		
X12	夹紧按钮 SB6		
IST 设定的输入继电器功能对照表			
输入继电器	作　用	输入继电器	作　用
X20	手动转换开关 SA	X24	自动转换开关 SA
X21	回原点转换开关 SA	X25	回原点起动按钮 SB0
X22	单步转换开关 SA	X26	起动按钮 SB7
X23	单周期转换开关 SA	X27	停止按钮 SB8

二、硬件接线

机械手控制系统 I/O 接线如图 4.45 所示。

三、程序设计

机械手控制系统的程序如图 4.46 所示。

(1)　初始化程序。

机械手控制系统初始化程序的作用是设定初始状态和原点位置条件。初始化程序的梯形图如图 4.46 中的初始化程序部分所示。

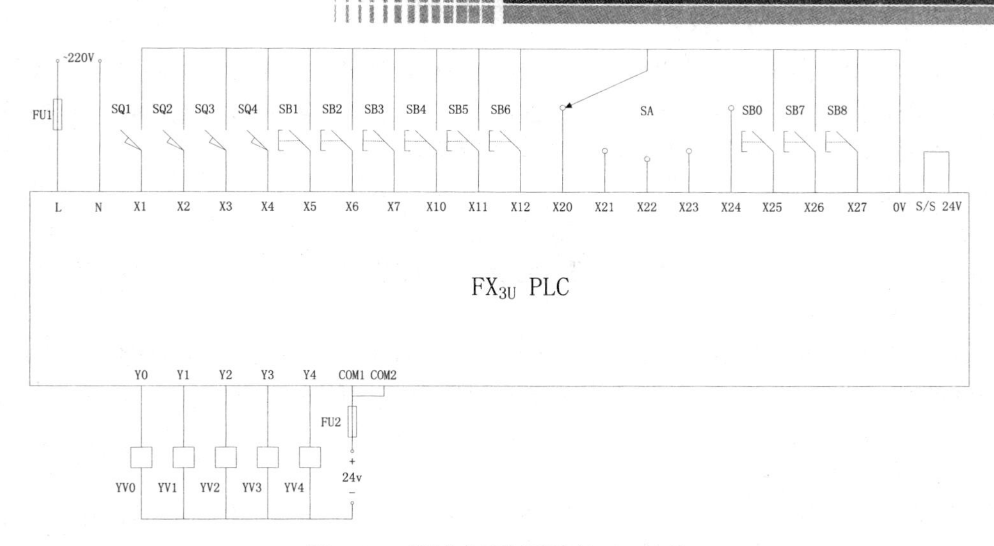

图 4.45　机械手控制系统的 I/O 接线

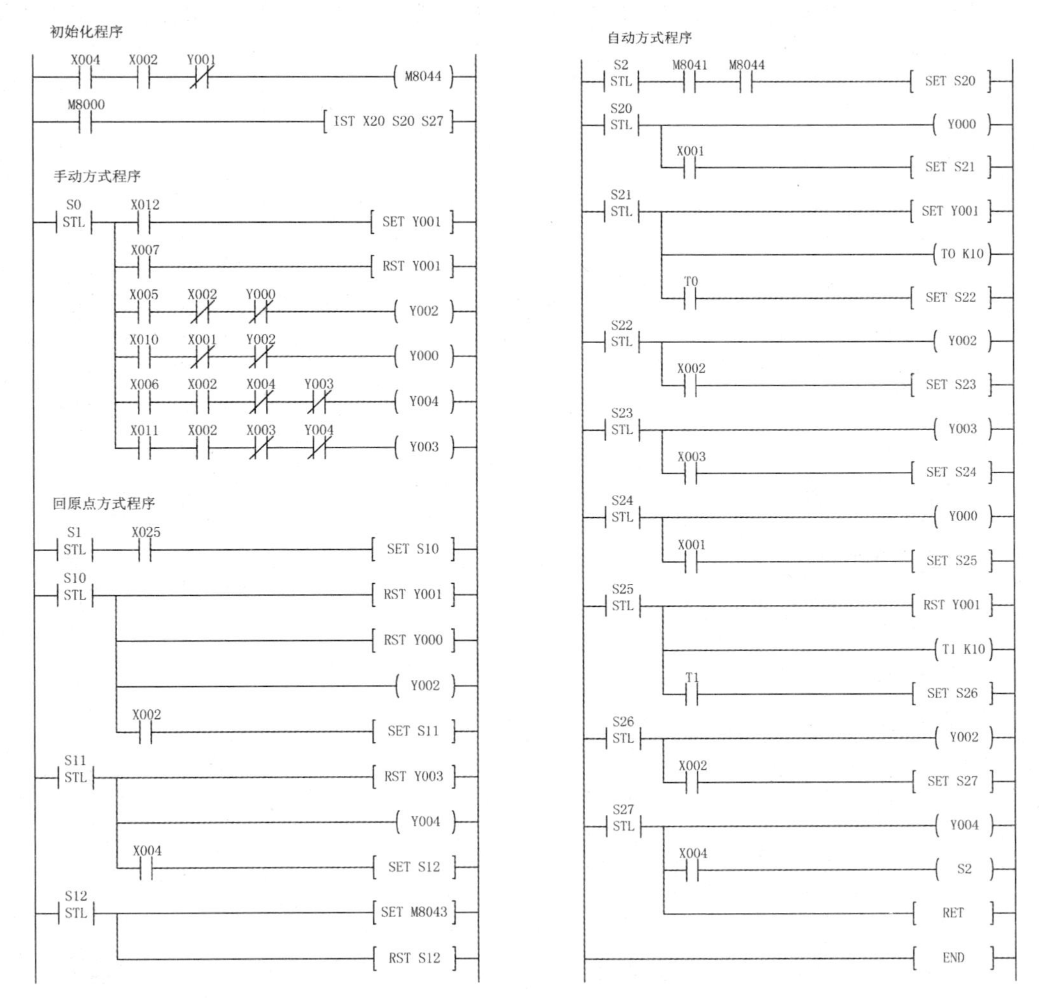

图 4.46　机械手控制系统的程序

在图 4.46 中，特殊辅助继电器 M8044 作为原点位置条件，由用户程序设定其状态。当机械手处于左限位和上限位位置且机械手呈松开状态时，驱动 M8044 为 ON，作为执行自动控制程序的条件。其他初始状态由 IST 指令自动设定。

(2) 手动方式程序。

S0 为手动方式的初始状态。手动方式的夹紧、放松、上升、下降、左移、右移控制是通过相应的按钮来完成的。手动方式程序的梯形图如图 4.46 中的手动方式程序部分所示。

(3) 回原点方式程序。

回原点方式的顺序功能图如图 4.47 所示，S1 是回原点的初始状态。自动返回原点结束后，M8043(回原点完成)置 ON。返回原点的顺序功能图中的步应使用 S10～S19。回原点方式程序如图 4.46 中的回原点方式程序部分所示。

(4) 自动方式程序。

自动方式程序的顺序功能图如图 4.48 所示。特殊辅助继电器 M8041(转换起动)和 M8044(原点位置条件)是从自动程序的初始步 S2 转换到下一步 S20 的转换条件。M8041 和 M8044 都是在初始化程序设定的，在程序运行中不再改变。自动方式程序的梯形图如图 4.46 中的自动方式程序部分所示。

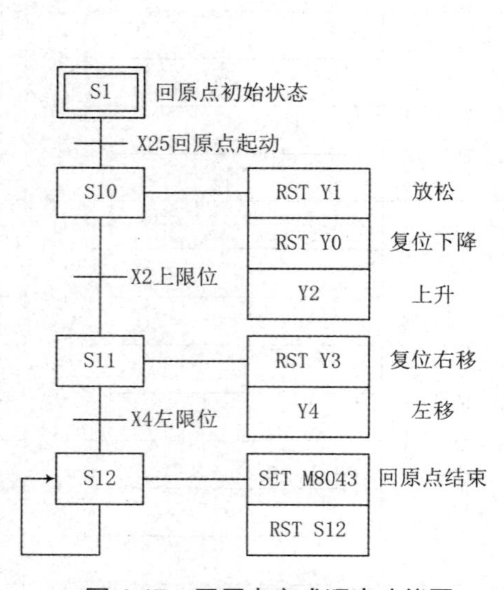

图 4.47 回原点方式顺序功能图

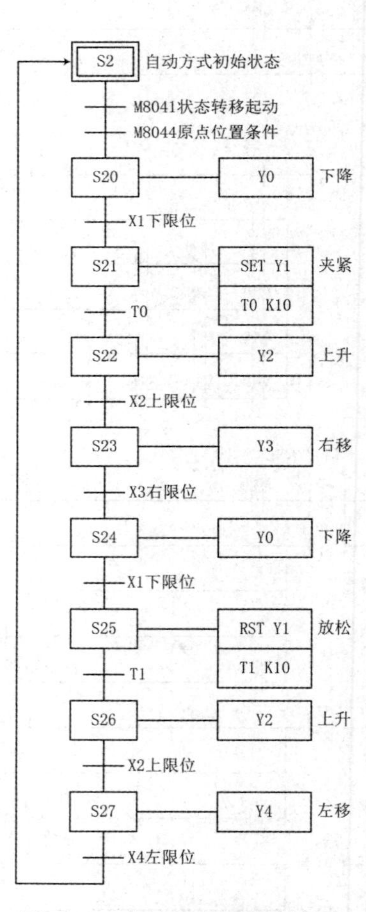

图 4.48 自动方式顺序功能图

使用 IST 指令后，系统的手动、自动、单周期、单步、自动和回原点这几种工作方式的切换是系统程序自动完成的，但必须按照前述规定，安排 IST 指令中指定的控制工作方式用的输入继电器 X20～X27 的元件号顺序。

四、运行调试

(1) 按图 4.45 所示将 PLC 的 I/O 接线连接起来。

(2) 用专业的编程电缆将装有 GX Developer 编程软件的上位机的 RS-232 口与 PLC 的 RS-422 口连接起来。

(3) 接通电源，PLC 电源指示灯(POWER)亮，说明 PLC 已通电。将 PLC 的工作方式开关扳到 STOP 位置，使 PLC 处于编程状态。

(4) 用 GX Developer 编程软件将如图 4.46 所示的程序写入 PLC 中。

(5) 分别调试控制系统的手动方式、回原点、单步运行、单周期运行、自动运行 5 种工作方式的程序执行过程。注意：当 M8043 为 ON 时，S2 才自动为 ON，也就是说，在进行单步、单周期和自动运行之前，必须先进行回原点操作。

【知识拓展】

除了前面提到的功能指令，FX_{3U} 系列 PLC 还提供了其他方便的指令，如高速处理、浮点运算、时钟运算、外围设备等功能指令，各指令的应用可参考 FX_{3U} 系列 PLC 技术手册。

【研讨训练】

某机械加工设备有一个钻孔动力头，该动力头的工作过程如图 4.49 所示，整个控制过程分为原位、快进、工进和快退，分别由电磁阀 YV1、YV2 和 YV3 控制动作过程，动力头行进过程中，不同位置装有 SQ1、SQ2 和 SQ3 限位开关。

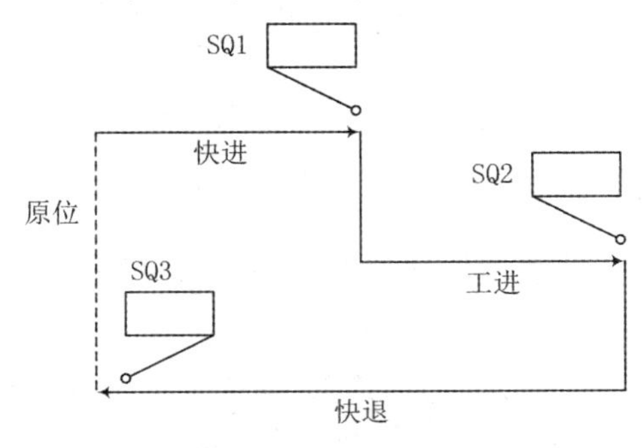

图 4.49 钻孔动力头的工作过程

PLC 控制该钻孔动力头的要求如下。

(1) 初始状态下，动力滑台停在原位，SQ3 限位开关闭合。

(2) 按下起动按钮 SB，动力滑台快进至 SQ1 处，限位开关 SQ1 动作。

(3) 之后，动力滑台转为工进状态，行进至终点，限位开关 SQ2 动作，动力滑台在终点暂停 2s。

(4) 2s 后，动力滑台快退返回原位，限位开关 SQ3 动作，结束一个工作周期。

(5) PLC 控制钻孔动力头有多种工作方式，控制操作面板如图 4.50 所示。

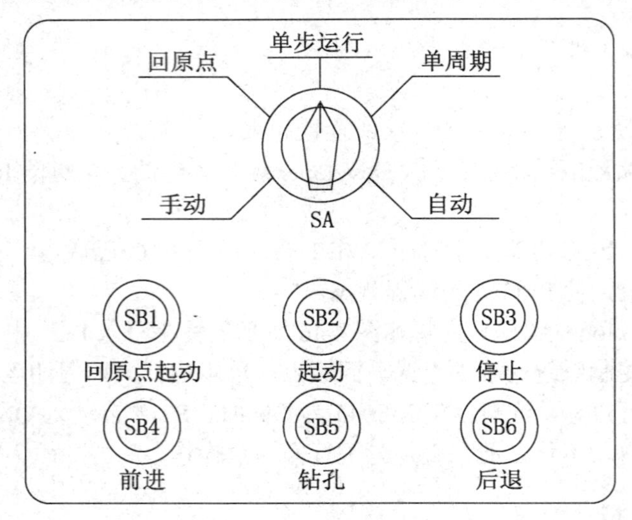

图 4.50 钻孔动力头的操作面板

模块 5　PLC 的综合应用

任务 5.1　液体混合装置的控制

知识目标：

- 掌握 PLC 控制系统设计的步骤和内容。
- 掌握液体混合控制系统的设计。

能力目标：

- 具备 PLC 选型的能力。
- 具备设计 PLC 控制系统的能力。

【控制要求】

在工业现场控制中，有一些液体混合的装置，像饮料的生产、酒的配液、农药的配比等，由两三种或多种液体混合，混合后再进行搅拌，有的设备还需要加热控制。试设计一个图 5.1 所示的两种液体混合装置的控制系统。

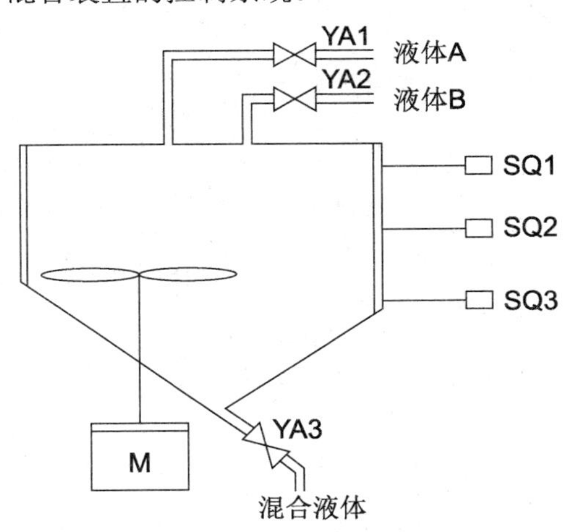

图 5.1　液体混合示意图

SQ1、SQ2、SQ3 为液面传感器，液面淹没时接通，两种液体的输入和混合液体的流出阀门分别由 YA1、YA2、YA3 控制，M 为搅拌电动机。

(1) 初始状态。当投入运行时，控制液体 A 和 B 的阀门 YA1 和 YA2 关闭，放混合液体阀门 YA3 打开 20s，将装置内的残余液体放空后关闭。

(2) 起动操作。按下起动按钮 SB1，控制液体 A 的阀门打开，液体 A 流入装置，当液面升高到 SQ2 位置时，关闭阀门 YA1，打开控制液体 B 的阀门 YA2。当液面升高到 SQ1 位置时，关闭阀门 YA2，搅拌电动机开始转动，电机工作 60s 后，电机停止运转，阀门 YA3 打开，开始放出混合液体。当液面下降到 SQ3 时，SQ3 由接通变为断开，再经过 20s 后，混合液体放空，阀门 YA3 关闭，开始下一周期操作。

(3) 停止操作。按下停止按钮 SB2 后，在当前的混合操作周期处理完毕后，才停止操作，回到初始状态。

【相关知识】

一、PLC 控制系统设计的基本原则

任何一种控制系统都是为了实现被控对象的工艺要求，以提高生产效率和产品质量。因此在设计 PLC 控制系统时，应遵循以下原则。

(1) 设计的 PLC 控制系统应能最大限度地满足控制对象的要求。

(2) 在考虑系统的安全性(软件的保护)基础上，充分发挥 PLC 的性能特点，尽量使控制系统简单、经济。

(3) 为了便于维修或改进，在设计时，对 PLC 的输入/输出点及存储器容量要留有一定的余量。

二、PLC 控制系统设计的步骤和内容

PLC 控制系统设计的步骤如图 5.2 所示。

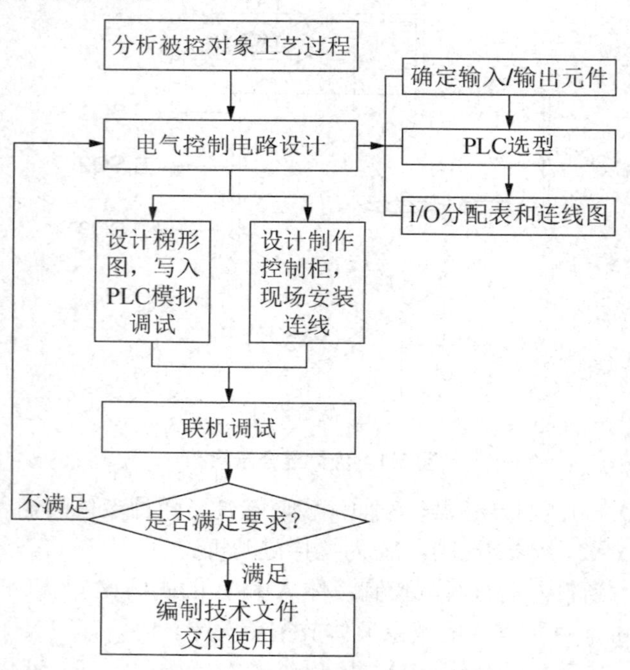

图 5.2 PLC 控制系统的设计步骤

1. 分析被控对象工艺过程

根据该系统需要完成的控制任务，对被控对象的工艺过程、工作特点、控制系统的控制过程、控制规律、功能和特性进行分析。详细了解被控对象的全部功能，各部件的动作过程、动作条件、与各仪表的接口，是否与其他 PLC、计算机或智能设备通信。通过熟悉控制对象的设计图纸和工艺文件，也可通过现场了解输入信号、输出信号的性质：开关量还是模拟量，初步确定可编程基本单元和功能模块的类型。

确定了控制对象，还要明确划分控制的各个阶段及各阶段的特点、阶段之间的转换条件，最后归纳出系统的顺序功能图。PLC 的根本任务就是通过编程，正确实现系统的控制功能。

2. 电气控制电路设计

熟悉了控制系统的工艺要求，就可以设计电气控制电路了。控制电路设计是 PLC 系统设计的重要内容，它是以 PLC 为核心来进行设计的。

(1) 根据工艺要求，确定为 PLC 提供输入信号的各输入元器件的型号和数量，以及需要控制的执行元器件的型号和数量。

(2) 根据输入元器件和输出元器件的型号和数量，可以确定 PLC 的硬件配置：输入模块的电压和接线方式、输出模块的输出形式、特殊功能模块的种类。对整体式 PLC，可以确定基本单元和扩展单元的型号，对模块式可确定型号。选型时，既要满足控制系统的功能要求，还要考虑控制系统工艺改进后的系统升级的需要，更要兼顾控制系统的制造成本。

(3) 将系统中的所有输入信号和输出信号集中列表，这个表格称为 PLC 输入输出分配表，表中列出各个信号的代号，每个代号分配一个编程元件号，这与 PLC 的接线端子是一一对应的，分配时，尽量将同类型的输入信号放在一组，比如输入信号的接近开关放在一起、按钮类放在一起；输出信号的同一电压等级的放在一组，如接触器类放在一起、信号灯类放在一起。然后根据输入/输出的分配表，就可以绘制 PLC 的外部电路图，以及其他的电气控制电路图了。

设计控制电路时，除遵循以上步骤外，还要注意对 PLC 的保护，对输入电源一般要经断路器再送入，为防止电源干扰，可以设计 1∶1 的隔离变压器或增加电源滤波器；当输入信号源为感性元件、输出驱动的负载为感性元件时，对于直流电路，应在它们两端并联续流二极管，对于交流电路，应在两端并联阻容吸收电路，如图 5.3 所示。

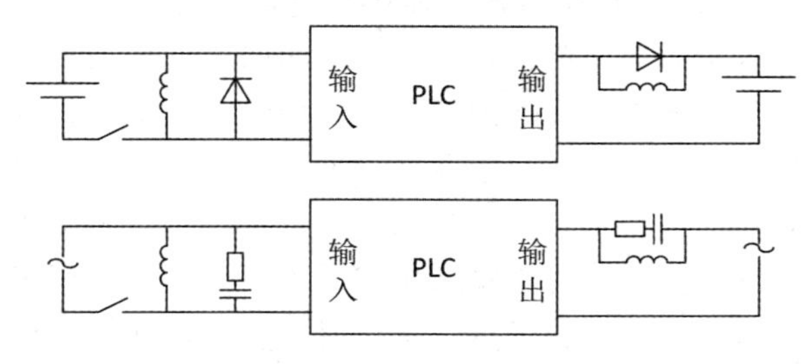

图 5.3　输入/输出电路的处理

3. 程序设计及模拟调试

设计程序时，应根据工艺要求和控制系统的具体情况，画出程序流程图，这是整个程序设计工作的核心部分。在编写程序的过程中，可以借鉴现成的标准程序、参考继电器控制图。梯形图语言是最普遍使用的编程语言，应根据个人爱好，选用经验设计法或根据顺序功能图选用某一种设计方法，在编写程序的过程中，需要及时对编出的程序进行注释，以免忘记其相互关系。要随编随注。注释包括程序的功能、逻辑关系说明、设计思想、信号的来源和去向，以便阅读和调试。

4. 控制系统模拟调试

将设计好的程序写入PLC中，进行编辑和检查，改正程序设计语法错误。之后在实验室里进行用户程序的模拟运行和程序调试，发现问题，立即修改和调整程序，直到满足工艺流程和状态流程图的要求。

模拟调试时，首先根据顺序功能图，用小开关和按钮来模拟PLC实际的输入信号。例如，用它们发出操作指令，或在适当的时候用它们来模拟实际的反馈信号，如限位开关触点的接通和断开。其次通过输出模块上各输出继电器对应的发光二极管，观察各输出信号的变化是否满足设计的要求。

调试顺序控制程序的主要任务是检查程序的运行是否符合顺序功能图的规定，即在某一转换条件实现时，是否发生步的活动状态的正确变化，该转换所有的前级步是否变为不活动步，所有的后续步是否变为活动步，以及各步被驱动的负载是否发生相应的变化。在调试时，应充分考虑各种可能的情况，对系统各种不同的工作方式、顺序功能图中的每一条支路、各种可能的进展路线，都应逐一检查，不能遗漏。发现问题后及时修改程序，直到在各种可能的情况下输入信号与输出信号之间的关系完全符合要求。

在编程软件中，可以用梯形图来监视程序的运行，触点和线圈的导通状态及状态转移图里的每一活动步都用颜色表示出来，使调试效果非常明显，很容易找到故障原因，及时修改程序。用简易编程器只能看指令表里面触点的通断，不如用计算机监视梯形图直观。

如果程序中某些定时器或计数器的设定值过大，为了缩短调试时间，可以在调试时将它们减小，模拟调试结束后再写入它们的实际设定值。在设计和模拟调试程序的同时，可以设计、制作控制台或控制柜。PLC之外的其他硬件的安装、接线工作也可以同时进行。

5. 联机调试

模拟调试好的程序传送到现场使用的PLC存储器中，这时可先不带负载，只带上接触器线圈、信号灯等进行调试。利用编程器的监控功能，或用计算机监视梯形图，采用分段、分级调试方法进行。待各部分功能都调试正常后，再带上实际负载运行。若不符合要求，则可对硬件和程序做调整，通常只需修改部分程序即可达到调整目的。现场调试后，如果PLC使用的是RAM存储用户程序，一般将程序固化在有长久记忆功能的可电擦除只读存储器(EPROM)卡盒中长期保持，目前使用的很多机型都是用EEPROM作为基本配置，可以减少固化这一步。特别要注意，对于批量生产的设备，应该在现场调试后，将调试好的程序直接固化一批，不需固化的也要将程序保存好，因为现场调试好的程序再次使用时就可以减少最初的程序模拟调试。

6. 编写技术文件

同其他控制系统一样，可编程控制系统交付使用后，应根据调试的最终结果整理出完

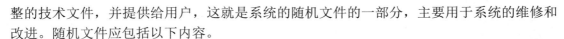

整的技术文件，并提供给用户，这就是系统的随机文件的一部分，主要用于系统的维修和改进。随机文件应包括以下内容。

- PLC 的外部接线图和其他电气图纸。
- PLC 的编程元器件表，包括程序中使用的输入输出继电器、辅助继电器、定时器、计数器、状态等的元件号、名称、功能以及定时器、计数器的设定值等。
- 如果用户要求或合同规定要顺序功能图、梯形图或指令表，就需要提供带注释的梯形图和必要的总体文字说明，没特殊要求一般不用提供。
- 控制系统的使用说明、操作注意事项及常见故障处理。

三、PLC 的选型

目前市场上 PLC 的种类繁多，同一品牌的 PLC 也有多种类型，仅三菱电机的 FX 系列就有 FX_{1S}、FX_{1N}、FX_{2N}、FX_{2NC}、FX_{3U} 等多个系列，对于初学者来说，如何选择合适的 PLC，是一个难题，选型时既要满足控制系统的功能要求，还要考虑控制系统工艺改进后的系统升级的需要，更要兼顾控制系统的制造成本。

1. 结构选择

PLC 的基本结构分整体式和模块式，多数小型 PLC 为整体式，具有体积小、价格便宜等优点，适于工艺过程比较稳定、控制要求比较简单的系统。模块式结构的 PLC 采用主机模块与输入模块、功能模块组合使用的方法，比整体式方便灵活，维修更换模块、判断与处理故障快速方便，适用于工艺变化较多、控制要求复杂的系统，价格比整体机高。

三菱的 FX 系列 PLC 吸取了整体式和模块式 PLC 的优点，不用基板，仅用扁平电缆连接，紧密拼装后组成一个整齐的长方体，输入输出点数的配置也相当灵活。

三菱 FX_{1S} 系列 PLC 是一种卡片大小的 PLC，适合在小型环境中进行控制。它具有卓越的性能、串行通信功能以及紧凑的尺寸，这使得它们能用在以前常规 PLC 无法安装的地方。

三菱 FX_{1N} 系列 PLC 是一种普遍的选择方案，最多可达 128 点控制。由于 FX_{1N} 系列具有对于输入输出、逻辑控制以及通信/链接功能的可扩展性，因此它对普遍的顺控解决方案有广泛的适用范围，并且能增加特殊功能模块或扩展板。

三菱 FX_{2N} 系列 PLC 是第二代微型 PLC。它拥有无以匹及的速度、高级的功能、逻辑选件以及定位控制等功能，FX_{2N} 是从 16～256 路输入输出的多种应用的选择方案。

三菱 FX_{2NC} 系列 PLC 在保留其原有的强大功能特色的前提下实现了极为可观的规模缩小，I/O 型连接口降低了接线成本，并节省了时间。

三菱 FX_{3U} 系列 PLC 是第三代微型 PLC，直接接线的输入输出(最大 256 点)和网络(CC-Link)上的远程 I/O(最大 256 点)的合计点数可以扩展到 384 点，输入根据外部接线，漏型输入和源型输入都可使用。

对于开关量控制的系统，当控制速度要求不高时，一般的小型整体机 FX_{1S} 就可以满足要求，如对小型泵的顺序控制、单台机械的自动控制等。对于以开关量控制为主，带有部分模拟量控制的应用系统，如工业生产中经常遇到的温度、压力、流量、液位等连续量的控制，应选择具有所需功能的 PLC 主机，如用 FX_{1N}、FX_{2N}、FX_{3U} 型整体机。另外，还要根据需要选择相应的模块，如开关量的输入输出模块、模拟量输入输出模块，配接相应的传感器及变送器和驱动装置等。

2. I/O 点数选择

一般来说，PLC 控制系统的规模大小是用输入输出的点数来衡量的。在设计系统时，应准确统计被控对象的输入信号和输出信号的总点数，并考虑今后调整和工艺改进的需要，在实际统计 I/O 点数的基础上，一般应加上 10% ～ 20%的备用量。

对于整体式的基本单元，输入输出点数是固定的，不过三菱的 FX 系列不同型号输入输出点数的比例也不同，根据输入输出点数的比例情况，可以选用输入输出点都有的扩展单元或模块，也可以选用只有输入(输出)点的扩展单元或模块。

3. 用户存储器容量的选择

用户应用程序占用多少内存与许多因素有关，如 I/O 点数、控制要求、运算处理量、程序结构等。因此，在程序设计之前，只能粗略地估算。根据经验，对于开关量控制系统，用户程序所需存储器容量(字数)等于开关量 I/O 点数乘以 10～15 倍；对于模拟量控制系统，用户程序所需存储器容量(字数)等于模拟量 I/O 通道数乘以 100 倍。即存储器容量=开关量 I/O 点数×(10～15)倍+模拟量 I/O 通道数×100 倍，以此数为存储器容量的总字数，另外，再按此数的 20%～30%考虑余量。

PLC 的程序存储器容量通常以字或步为单位，如 1K 字、2K 步等叫法。程序是由字构成的，每个程序步占一个存储器单元，每个存储单元为两个字节。不同类型的 PLC 表示方法可能不同，在选用时一定要注意存储器容量的单位。

大多数 PLC 的存储器采用模块式的存储器卡盒，同一型号可以选配不同容量的存储器卡盒，实现可选择的多种用户存储器的容量，FX 系列 PLC 可以有 2K 步、8K 步等。此外，还应根据用户程序的使用特点来选择存储器的类型。当程序要频繁修改时，应选用 CMOS-RAM。当程序长期不变和长期保存时，应选用 EEPROM 或 EPROM。

PLC 的处理速度。因为 PLC 是采用顺序扫描的方式工作，从输入信号到输出控制存在着滞后现象，即输入量的变化一般要在 1～2 个扫描周期之后才能反映到输出端，这对于大多数应用场合是允许的。响应时间包括输入滤波时间、输出滤波时间和扫描周期。其顺序扫描工作方式使它不能可靠地接收持续时间小于 1 个扫描周期的输入信号。为此，对于快速反应的信号，需要选取扫描速度高的机型，例如三菱 FX_{3U} 的基本指令的运行处理时间为 0.065μs/步指令。另外，在编程时通过优化应用软件，可以缩短扫描周期。

关于 PLC 的选型问题，当然还应考虑到它的联网通信功能、价格等因素。系统可靠性也是应考虑的重要因素。

4. 开关量输入输出模块及扩展的选择

三菱 FX 系列的 PLC 分基本单元、扩展单元和模块，在选型时，如果能用一个基本单元完成配置，就尽量不要用基本单元加扩展的模式。例如，经计算系统需要配置 128 点 I/O，就直接选用一台 128 点的基本单元即可，不要选 64 点基本单元加一台 64 点扩展单元，因为后者的配置造价一般要比前者高。开关量 I/O 模块按外部接线方式分为隔离式、分组式和汇点式，隔离式的每点平均价格较高，如果信号之间不需要隔离，应选用后两种，现在

FX 的输入模块一般都是分组式、汇点式，输出模块则是隔离式和分组式组合。

开关量输入模块的输入电压一般为 DC 24V 和 AC 220V 两种。直流输入可以直接与接近开关、光电开关等电子输入装置连接，三菱 FX 系列直流输入模块的公用端已经接在内部电源的 0V，因此直流输入不需要外接直流电源，有些类型的 PLC 输入的公用端要另接电源，初学者应该注意。交流输入方式的触点接触可靠，适合于在有油雾、粉尘的恶劣环境下使用。最常用的还是直流输入模块。

开关量输出模块有继电器输出、晶体管输出及可控硅输出几种。

继电器型输出模块的触点工作电压范围广、导通压降小、承受瞬时过电压和过电流的能力较强，但动作速度较慢，寿命(动作次数)有一定的限制。一般控制系统的输出信号变化不是很频繁，优先选用继电器型，并且继电器输出型价格最低，也容易购买。

晶体管型与双向可控硅型输出模块分别用于直流负载和交流负载，它们的可靠性高、反应速度快、寿命长，但是过载能力稍差。选择时，应考虑负载电压的种类和大小、系统对延迟时间的要求、负载状态变化是否频繁等，还应注意同一输出模块对电阻性负载、电感性负载和白炽灯的驱动能力的差异。

5. 编程器与外围设备的选择

早期的小型可编程控制系统，通常都选用价格便宜的简易编程器。如果系统较大，PLC 多，可以选用一台功能强、编程方便的图形编程器。随着科技的发展，个人计算机的使用越来越普及，由于编程软件包的出现，在个人计算机上安装编程软件包并配上通信电缆，即可取代原编程器。

与 PLC 连接的外部电路包括各种运行方式的强电电路、电源系统及接地系统。这些系统选用的元器件，也关系到整个可编程控制系统的可靠性、功能及成本的问题。PLC 选型再好，程序设计再好，如果外部电路不配套，也不能构成良好的控制系统。

【任务实施】

一、PLC 选型及 I/O 点数的确定

根据控制系统要求，任务中用的输入信号、输出信号如表 5.1 所示，其输入输出信号为开关量信号，无模拟控制信号，无通信要求，选用三菱 FX_{3U}-16MR 型 PLC 就可以满足控制要求。阀门 YA1～YA3 一般采用直流电磁阀，考虑到 PLC 的输出点的带负载能力，用继电器 KM1～KM3 分别控制，搅拌电机用 KM4 控制。

表 5.1　液体混合控制系统的 I/O 分配表

类　别	元　件	PLC 地址	功　能	类　别	元　件	PLC 地址	功　能
输入	SB1	X0	起动按钮	输出	KM1	Y0	阀门 YA1
	SB2	X1	停止按钮		KM2	Y1	阀门 YA2
	SQ1	X2	液面传感器 1		KM3	Y2	阀门 YA3
	SQ2	X3	液面传感器 2		KM4	Y3	搅拌电机 M
	SQ3	X4	液面传感器 3				

二、电气控制线路的设计

根据 I/O 分配表，其控制电路接线如图 5.4 所示。

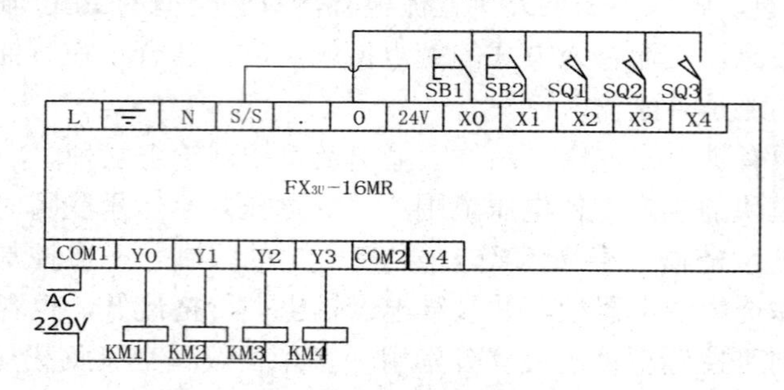

图 5.4　液体混合控制系统的外部接线

三、程序设计

液体混合控制系统的梯形图如图 5.5 所示。

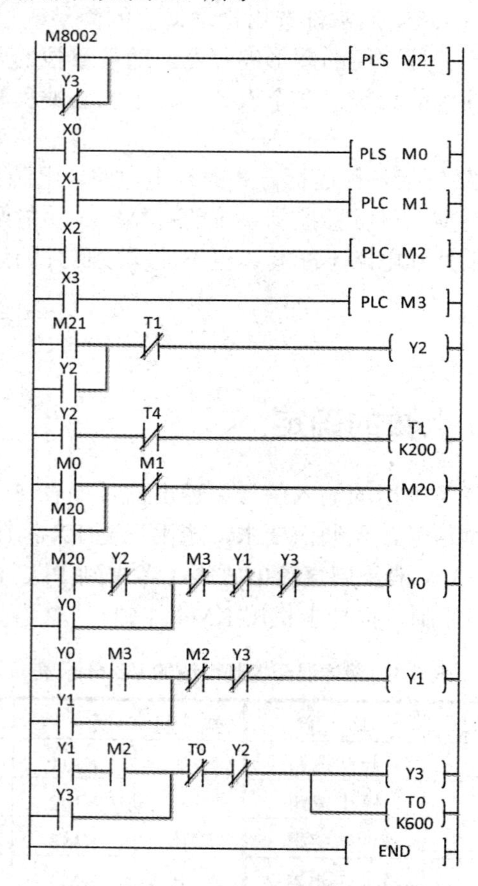

图 5.5　液体混合控制系统的梯形图

四、运行调试

(1) 按图 5.4 所示来连接 I/O 接线。
(2) 将梯形图输入到 PLC 中。
(3) 按照控制系统要求调试运行，观察结果是否正确。

【知识拓展】

PLC 是专门为工业生产环境设计的控制装置，一般不需要采取什么特殊措施，便可直接用于工业环境。如果环境过于恶劣，电磁干扰特别强烈，或安装使用不当，都不能保证系统的正常安全运行。为了保证其正常安全运行和提高系统的可靠性和稳定性，在应用 PLC 时，还要注意以下问题。

一、工作环境

1. 温度

一般情况下，PLC 的四周环境温度不应低于 0℃或高于 60℃，最好不高于 45℃；否则应采取通风或其他保温措施。

2. 湿度

为了保证 PLC 的绝缘性能，其周围的湿度应保持在 35%～80% RH 范围内。

3. 振动

PLC 不应在具有频繁振动、连续振动(频率为 10～55Hz，振幅大于 0.5mm)或超过 10*g* 的冲击加速度的环境下工作；否则应采取防振或减振措施。

4. 介质

PLC 不应安装在充满导电尘埃、油污或有机溶剂、腐蚀性气体的环境下工作；否则应将控制柜做成封闭结构或对柜内气体采取净化措施。

二、安装布线

在实际安装过程中，由于现场环境的恶劣和 PLC 对周边物理环境和电气环境的要求，PLC 很少裸露安装(实验室除外)，绝大部分都安装在有保护外壳的控制柜中。

PLC 在安装时应注意以下事项。

(1) 为了提供足够的通风空间，保证 PLC 正常的工作温度，基本单元与扩展单元之间要留 30mm 以上的间隙，各 PLC 单元与其他电器元件之间要留 100mm 以上的间隙，以避免电磁干扰。

(2) 安装时远离高压电源线和高压设备，它们之间要留 200mm 以上的间隙，高压线、动力线等应避免与输入输出线平行布置。

(3) 安装时远离加热器、变压器、大功率电阻等发热源，必要时安装风扇。

(4) 远离产生电弧的开关、继电器等设备。

控制柜内部的布线，主要是指PLC的电源、接地、输入、输出、通信等接线端子到各输出端子板或柜内其他电器元件之间的连接。布线时应该注意，各种类型的电源线、控制线、信号线、输入线、输出线都应各自分开，最好采用线槽走线；信号线与电源线应尽量不要平行敷设；所有导线要分类编号，排列整齐；PLC的所有接线端子最好采用标准接插件统一连接到端子板上，以便于检修；不同的接线端子，其接线还应遵循各自的接线特点。

【研讨训练】

试设计交流双速电梯的控制系统，控制要求如下。

3层3站简易电梯有3个外呼梯按钮，如果电梯在一层，则显示1，这时按动2或3楼按钮，按钮指示灯亮，电梯上行，遇到2或3层到站开关，电梯停止运行，显示2楼或3楼，按钮指示灯灭。如果1楼有呼梯，再运行到1层。在电梯从1到3的过程中，如果2层按钮按下，则先在2层停10s，再运行到3层。在电梯从3到1的过程中，如果2层按钮按下，则先在2层停10s，再运行到1层。

(1) 电梯在1层时，1层开关SQ1接通，楼层灯HL1亮，显示1。

(2) 电梯在2层时，2层开关SQ2接通，楼层灯HL2亮，显示2。

(3) 电梯在3层时，3层开关SQ3接通，楼层灯HL3亮，显示3。

(4) 在1层按2层按钮SB2或3层按钮SB3，按钮指示灯HL5或HL6亮，上行接触器KM1吸合，电梯上行。

(5) 到2或3层站开关，电梯停止运行，显示2或3楼。

(6) 在3层按2层按钮SB2或1层按钮SB1，按钮指示灯HL5或HL4亮，指示灯亮，下行接触器KM2吸合，电梯下行。

(7) 到2或1层站开关，电梯停止运行，显示2或1楼。

(8) 在电梯从1层到3层的运行过程中，如果2层按钮按下，则先在2层停10s，再运行到3层。

(9) 在电梯从3层到1层的运行过程中，如果2层按钮按下，则也在2层停10s，再运行到1层。

任务5.2 自动售货机的控制

知识目标：

- 掌握PLC功能指令ADD、SUB、CMP的使用方法。
- 掌握两种液体混合控制系统的设计方法。

能力目标：

具备实现中等复杂程度的PLC控制系统设计的能力。

【控制要求】

20 世纪 70 年代以后，随着“以消费者为中心”的现代市场营销观念的确立和科学技术的进步，自动售货机实现了商品需求化、性能多样化的发展，又从原来只能出售有限商品品种，转变为继百货公司、超级市场、便民店之后，以消费者与售货机“一对一”自动售货的无店铺销售业态。

试设计一个自动售货机的控制系统，其要求如下。

(1) 自动售货机出售可乐、红茶、矿泉水 3 种饮料，价格分别为 5 元、3 元和 2 元。

(2) 自动售货机有一个投币孔，通过 3 个传感器可识别出 1 元、5 元和 10 元。投入金额可由两个 LED 数码管显示。

(3) 当投入货币金额大于等于可乐、红茶、矿泉水售价时，对应的饮料指示灯点亮，表示可以购买。当按下相应的商品按钮后，则商品指示灯闪烁，同时售货机会起动相应电机，延时 3s 将商品送到出货口，然后继续等待外部命令。如继续交易，则操作过程同上；如不再交易，按下退币按钮，售货机进行退币操作，退还相应的金额，完成交易。

【任务实施】

自动售货机的基本功能就是对投入的钱币数进行计算，然后根据运算结果做出相应的判断，看看哪种商品可以进行购买，哪种商品不能购买。本任务的要求是可识别 3 种钱币，分别是 1 元、5 元、10 元，采用传感器进行识别，自动售货机共出售 3 种货物，其价格分别定为 2 元、3 元、5 元，当投入金额大于等于货物价格时，商品指示灯亮，表示可以进行购买。此外，任务还涉及了显示、找零、送货等功能的实现，其中显示部分可采用两个数码管进行显示，显示投币总数和购买后的余额；当按下退币按钮后，对数码管显示进行清零，并执行退币操作。送货部分可采用电机控制，当按下不同的商品按钮后，电机动作，控制商品的传送。

一、PLC 选型及 I/O 点数的确定

根据控制系统要求，任务中用到的输入信号、输出信号如表 5.2 所示，其输入输出信号为开关量信号，无模拟控制信号，无通信要求，选用三菱 FX_{3U}-48MR 型 PLC 就可以满足控制要求。考虑到 PLC 的输出点的带负载能力，电机用继电器 KM1～KM4 分别控制。

表 5.2　自动售货机系统的 I/O 分配

类别	元　件	PLC 地址	功　能	类别	元　件	PLC 地址	功　能
输入	SQ0	X0	识别 1 元	输出	KM1	Y0	可乐控制电动机
	SQ1	X1	识别 5 元		KM2	Y1	红茶控制电动机
	SQ2	X2	识别 10 元		KM3	Y2	矿泉水控制电动机
					KM4	Y3	退币电动机

续表

类别	元　件	PLC 地址	功　能	类别	元　件	PLC 地址	功　能
输入	SB0	X3	可乐按钮	输出	HL1	Y4	可乐指示灯
	SB1	X4	红茶按钮		HL2	Y5	红茶指示灯
	SB2	X5	矿泉水按钮		HL3	Y6	矿泉水指示灯
	SB3	X6	退币按钮		LED 数码管	Y16～Y10	显示余额个位
					LED 数码管	Y26～Y20	显示余额十位

二、硬件接线

根据 I/O 分配表，其控制电路接线如图 5.6 所示。

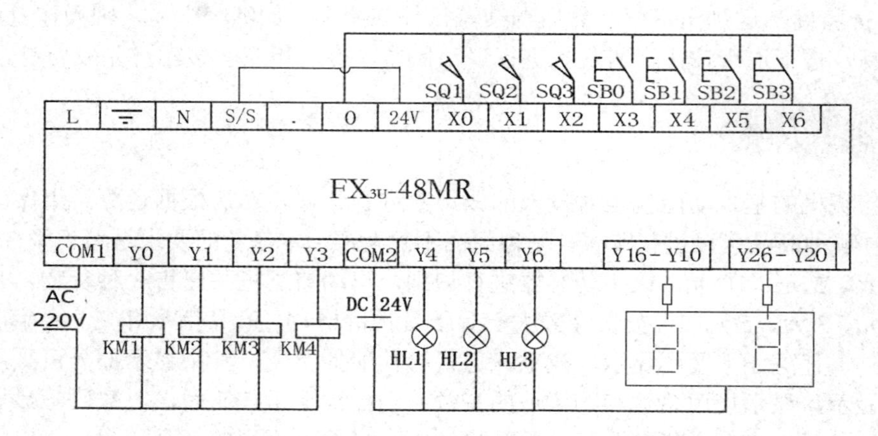

图 5.6　自动售货机的控制电路接线

三、程序设计

自动售货机的梯形图如图 5.7 所示。

四、运行调试

(1) 按图 5.6 所示连接 I/O 接线。

(2) 编写梯形图，并输入到 PLC 中。

(3) 按照控制系统要求调试运行，观察结果是否正确。

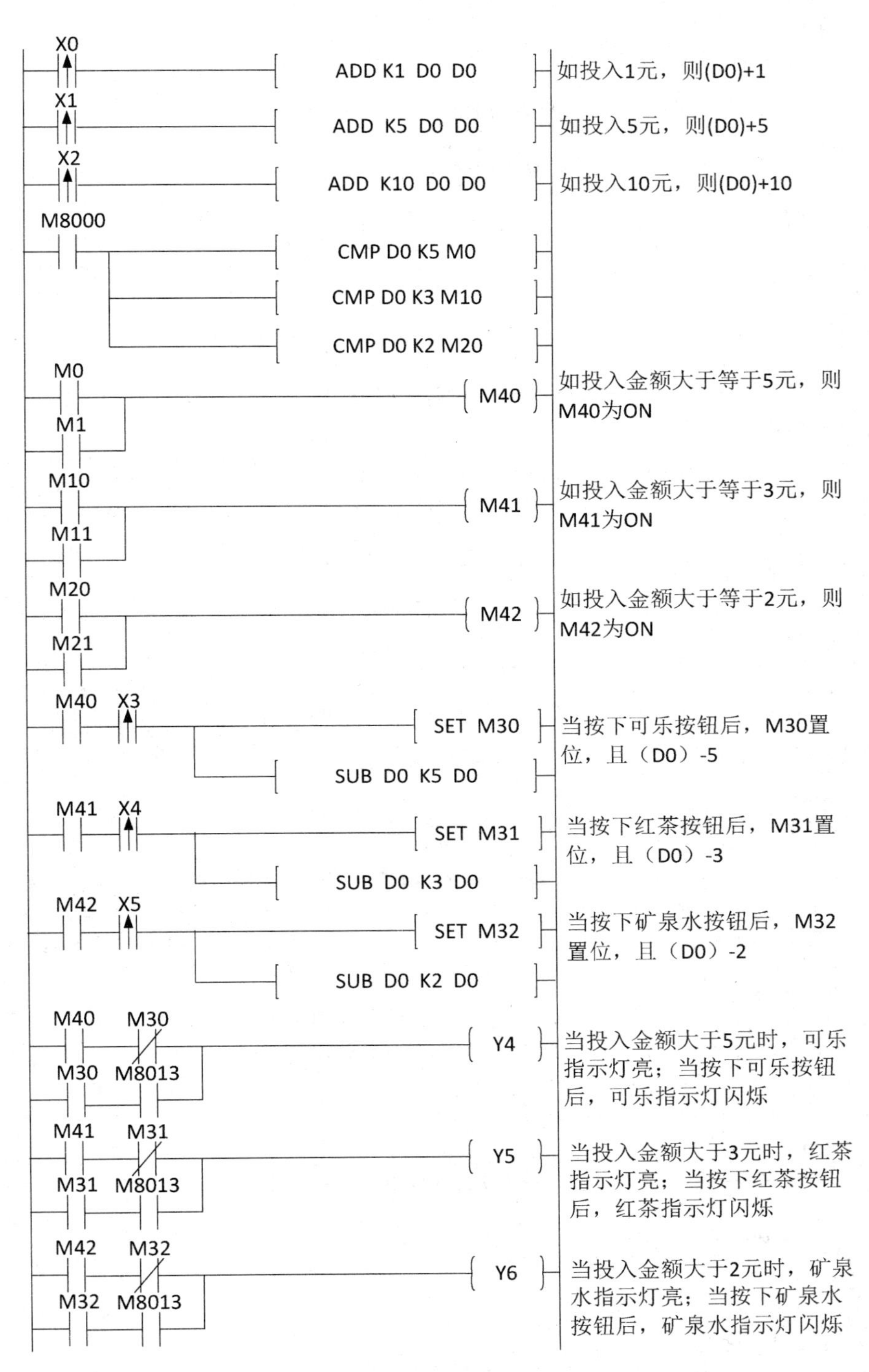

图 5.7　自动售货机的梯形图

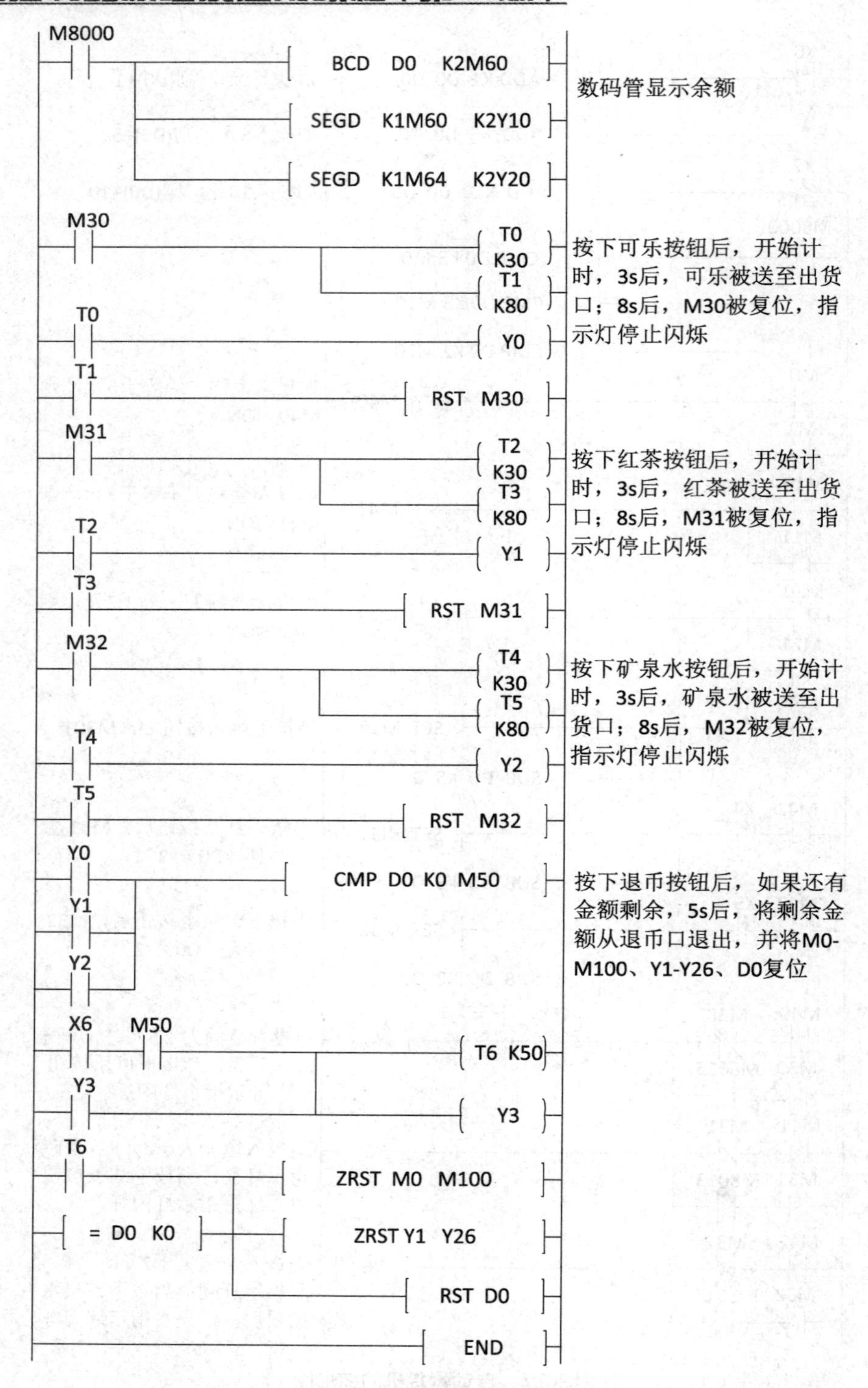

图 5.7 自动售货机的梯形图(续)

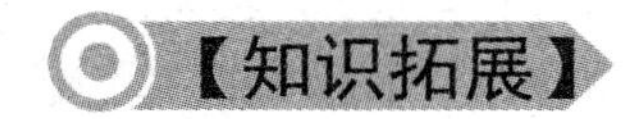

一、PLC 的维护

PLC 控制系统由于在设计时采取了很多保护措施，使它的稳定性、可靠性、适应性都比较强。一般情况下，只要对 PLC 进行简单的维护和检查，就可保证控制系统长期不间断地工作。日常维护工作主要包含以下内容。

1. 日常清洁与巡查

经常用干抹布和皮老虎为PLC的表面及导线除尘除污，以保持工作环境的整洁和卫生；经常巡视，检查工作环境、工作状况、自诊断指示信号、编程器的监控信息及控制系统的运行情况，并做好记录，发现问题及时处理。

2. 定期检查与维修

在日常检查、记录的基础上，每隔半年(可根据实际情况适当提前或推迟)应对控制系统做一次全面停机检查，项目应包括工作环境、安装条件、电源电压、使用寿命和控制性能等方面。重点检查温度、湿度、振动、粉尘、干扰是否符合标准工作环境；接线是否安全、可靠；螺钉、连线以及接插头是否有松动；电气、机械部件是否有锈蚀和损坏等；检查电压大小、电压波动是否在允许范围内；检查导线及元件是否老化、锂电池寿命是否到期、继电器输出型触点开合次数是否已经超过规定次数(如 35VA 以下为 300 万次)、金属部件是否锈蚀等。在检查过程中，如果发现不符合要求的情况，应及时调整、更换、修复。

二、PLC 常见故障诊断

可编程控制系统的常见故障，一方面可能来自于外部设备，如各种开关、传感器、执行机构和负载等；另一方面也可能来自于系统内部，如 CPU、存储器、系统总线、电源等。大量的统计分析与实践经验已经证明，PLC 本身一般是很少发生故障的，控制系统的故障主要发生于各种开关、传感器、执行机构等外部设备。因此，当系统发生故障时，应首先检查外部设备。在检查时，应该参考 PLC 使用手册上给出的诊断方法、诊断流程图和错误代码表，根据它们，可以很容易地检查出 PLC 的故障。

另外，利用 FX 系列 PLC 基本单元上的 LED 指示灯，可以诊断故障。

- PLC 电源接通时，电源指示灯(POWER)LED 亮，说明电源正常；若电源指示灯不亮，说明电源不通，应按电源检查流程图检查。
- 当系统处于运行或监控状态时，若基本单元上的 RUN 灯不亮，说明基本单元出了故障。
- 锂电池(Battery)灯亮，应更换锂电池。
- 若一路输入触点接通，相应的 LED 灯不亮；或者某一路未输入信号，但是这一路对应的 LED 灯亮，可以判断是输入模块出了问题。
- 输出 LED 灯亮，对应的硬输出继电器触点不动作，说明输出模块出了故障。

- 基本单元上 CPU ERROR LED 灯闪亮，说明 PLC 用户程序的内容因外界原因发生改变。可能的原因有：锂电池电压下降；外部干扰的影响和 PLC 内部故障；写入程序时的语法错误也会使它闪亮。
- 基本单元上 CPU ERROR LED 灯常亮，表示 PLC 的 CPU 误动作后，监控定时器使 CPU 恢复正常工作。这种故障可能由于外部干扰和 PLC 内部故障引起，应查明原因，对症采取措施。

【研讨训练】

试设计自动洗衣机的控制系统，控制要求如下：自动洗衣机内设置有高水位和低水位的检测传感器，控制面板上设置有起动开关、停止开关、定时器及自动洗衣方式的按键等。自动洗衣的过程有洗涤、清洗和脱水。自动洗衣的过程包括起动、进水、洗涤、排水、脱水等，其中洗涤 3 次，清洗 2 次，每次排水后均进行脱水。

任务 5.3　工业自动清洗机的控制

知识目标：

熟练掌握利用步进梯形指令编写 PLC 程序的方法。

能力目标：

具备设计中等复杂程度 PLC 控制系统的能力。

【控制要求】

在工业现场有一种自动清洗机，工作时将需要清洗的部件放在小车上。安装完需要清洗的工件后，按下起动按钮 SB1，KM1 吸合小车前进，到达限位 A 位置停止，KM3 吸合，加入酸性洗料 5min，KM1 吸合，小车继续前进，到达限位 B 位置停止，KM2 吸合，小车后退至 A 位置，KM5 吸合，放出酸性洗料 5min，KM4 吸合，加入碱性洗料 5min，KM1 吸合，小车继续前进，到达限位 B 位置停止，KM2 吸合，小车后退至 A 位置，KM6 吸合，放出碱性洗料 5min，KM2 吸合，小车后退至起始位置，完成一个清洗周期。

该清洗设备的小车前进、后退通过电机的正反转控制，酸性洗料和碱性洗料通过两个泵分别注入，通过打开电磁阀排放洗料，在这里，洗料的注入和放出都是通过时间控制，实际的清洗机也可以用液位开关控制。

【任务实施】

一、PLC 选型及 I/O 点数的确定

根据控制任务要求，可以算出 I/O 点数，选择 FX_{3U}-16MR 型 PLC 可以满足系统控制要

求。工业自动清洗机控制系统的 I/O 分配如表 5.3 所示。

表 5.3　工业自动清洗机控制系统的 I/O 分配

输　入			输　出		
输入元器件	输入继电器	功　用	输出元器件	输出继电器	功　用
SB1	X0	起动按钮	KM1	Y0	车前进
SQ1	X1	A 位置限位	KM3	Y1	加酸
SQ2	X2	B 位置限位	KM2	Y2	车后退
SQ3	X3	起始位置限位	KM5	Y3	排酸
			KM4	Y4	加碱
			KM6	Y5	排碱

二、电气控制线路的设计

工业自动清洗机控制系统的 I/O 接线如图 5.8 所示。

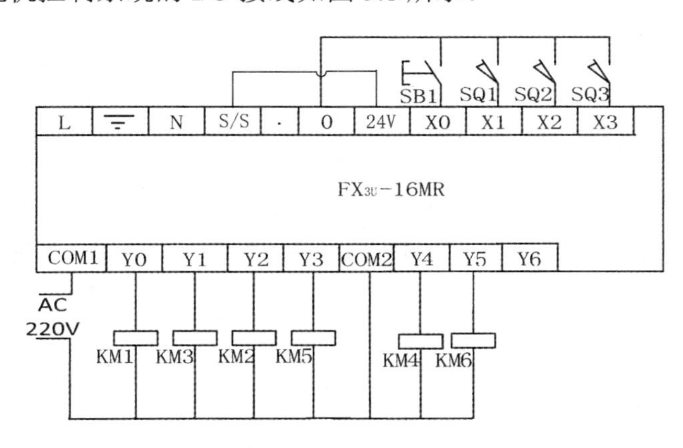

图 5.8　工业自动清洗机控制系统的 I/O 接线

三、程序设计

按照工业自动清洗机控制系统的控制要求，可以画出工业自动清洗机控制系统的顺序功能图，如图 5.9 所示。

在编制梯形图时，要考虑小车多次往返，避免双线圈输出问题，还要考虑小车前进后退、进酸进碱的互锁问题。根据顺序功能图，用 STL 指令编程比较方便，梯形图如图 5.10 所示。工业自动清洗机 PLC 控制系统也可采用起-保-停电路和以转换为中心的编程方法来编写梯形图程序。

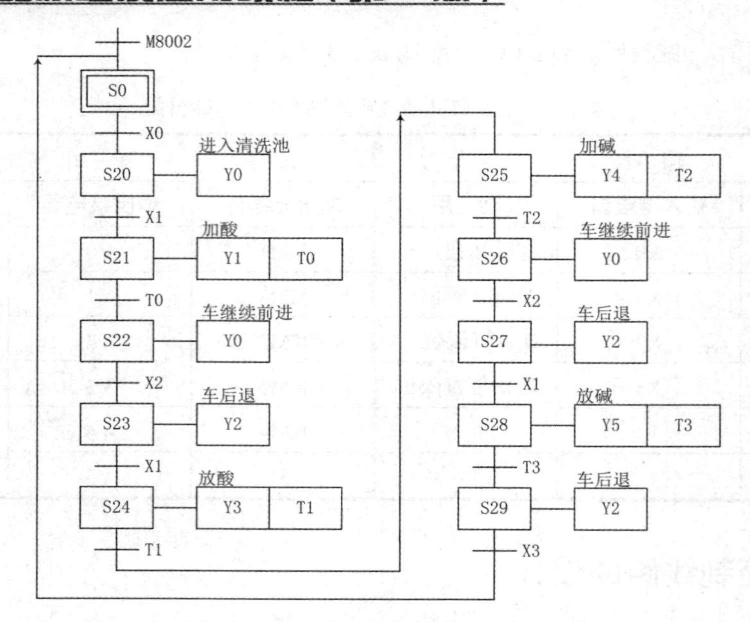

图 5.9　工业自动清洗机控制系统的顺序功能图

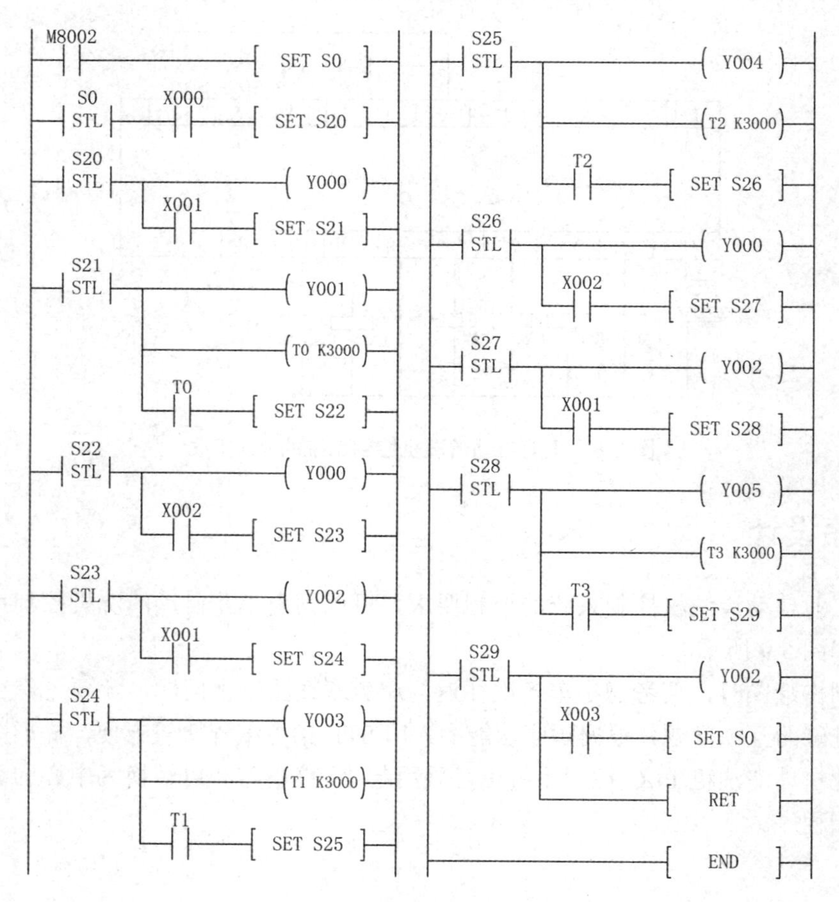

图 5.10　工业自动清洗机控制系统的梯形图

四、运行调试

(1) 按照图 5.8 完成 PLC 的 I/O 连接。

(2) 用专业的编程电缆将装有 GX Developer 编程软件的上位机的 RS-232 口与 PLC 的 RS-422 口连接起来。

(3) 接通电源，PLC 电源指示灯(POWER)亮，说明 PLC 已通电。将 PLC 的工作方式开关扳到 STOP 位置，使 PLC 处于编程状态。

(4) 用 GX Developer 软件将图 5.10 所示的程序写入 PLC 中。

(5) 按照工业自动清洗机控制要求，调试运行 PLC 程序。

【知识拓展】

一、继电器控制电路移植法设计 PLC 程序

用 PLC 改造继电器控制系统时，因为原有的继电器控制系统经过长期使用和考验，已被证明能完成系统要求的控制功能，而且继电器电路图与梯形图在表示方法和分析方法上有很多相似之处，因此可以根据继电器电路图设计梯形图，即把继电器电路图转换为具有相同功能的 PLC 外部硬件接线图和梯形图。使用这种设计方法时，应注意梯形图是 PLC 程序，是一种软件，而继电器电路是由硬件电路组成的，梯形图和继电器电路有本质的区别。因此，根据继电器电路图设计梯形图时，有很多需要注意的地方。此设计方法一般不需要改动控制面板，保持了系统的原有特性，操作人员不用改变长期形成的操作习惯。

(一)继电器电路图转换为功能相同的 PLC 的外部接线图和梯形图的步骤

(1) 了解和熟悉被控设备的工艺过程和机械的动作情况，根据继电器电路图分析和掌握控制系统的工作原理，这样才能做到在设计和调试控制系统时心中有数。

(2) 确定 PLC 的输入信号和输出负载，画出 PLC 外部接线图。

继电器电路图中的交流接触器和电磁阀等执行元件用 PLC 的输出继电器来控制，它们的线圈接在 PLC 的输出端。按钮、控制开关和限位开关等用来给 PLC 提供控制命令和反馈信号，它们的触点接在 PLC 的输入端。继电器电路图中的中间继电器和时间继电器的功能用 PLC 内部的辅助继电器和定时器来完成，它们与 PLC 的输入输出继电器无关。画出 PLC 的外部接线图后，同时也确定了 PLC 的各输入信号和输出负载对应的输入继电器和输出继电器的元件号。

(3) 确定与继电器电路图的中间继电器、时间继电器对应梯形图中的辅助继电器(M)和定时器(T)的元件号。

(4) 根据上述对应关系画出梯形图。

(二)根据继电器电路图设计梯形图应注意的问题

1. 应遵守梯形图语言中的语法规定

例如，在继电器电路中，触点可以放在线圈的左边，也可以放在线圈的右边，但在梯

形图中，线圈和输出类指令必须放在电路的最右边。

2. 设置中间单元

在梯形图中，若多个线圈都受某一触点串并联电路的控制，为了简化电路，在梯形图中可设置用该电路控制的辅助继电器，它们类似于继电器电路中的中间继电器。

3. 分离交织在一起的电路

在继电器电路中，为了减少使用的器件和少用点数，从而节省硬件成本，各个线圈的控制电路往往互相关联，交织在一起。如果不加改动地直接转换为梯形图，要使用大量的进栈(MPS)、读栈(MRD)和出栈(MPP)指令，转换和分析这样的电路都比较麻烦。可以将各线圈的控制电路分离开来设计，这样处理可能会多用一些触点，因为没有用堆栈指令，与直接转换的方法相比，所用的指令条数相差不会太大。即使多用一些指令，也不会增加成本，对系统的运行也不会有什么影响。

设计梯形图时以线圈为单位，分别考虑继电器电路图中每个线圈受到哪些触点和电路的控制，然后画出相应的等效梯形图。

4. PLC 的输入信号

尽可能采用常开触点作为 PLC 的输入信号。

5. 时间继电器瞬动触点的处理

除了延时动作的触点外，时间继电器还有在线圈通电和断电时马上动作的瞬动触点。对于有瞬动触点的时间继电器，可以在梯形图中对应的定时器的线圈两端并联辅助继电器，后者的触点相当于时间继电器的瞬动触点。

6. 外部联锁电路的设立

为了防止控制正、反转的两个接触器同时动作，造成三相电源短路，应在 PLC 外部设置硬件联锁电路。

7. 热继电器过载信号的处理

如果热继电器属于自动复位型，其触点提供的过载信号必须通过输入电路提供给 PLC，用梯形图提供过载保护。如果属于手动复位型热继电器，其常闭触点可以在 PLC 的输出电路中与控制电动机的交流接触器的线圈串联。

8. PLC 的信号

应尽量减少 PLC 的输入信号和输出信号。

9. 外部负载的额定电压

PLC 的继电器输出模块和双向晶闸管输出模块一般只能驱动额定电压 AC 220V 的负载，如果系统原来的交流接触器的线圈电压为 380V，应将线圈换成 220V，或在 PLC 外部设置中间继电器。

二、PLC 程序的经验设计法

进行 PLC 程序设计时，可采用经验设计的方法。经验设计法也叫试凑法，该方法需要设计者掌握大量的典型电路，在掌握这些典型电路的基础上，充分理解实际的控制问题，将实际控制问题分解成典型控制电路，然后用典型电路或修改的典型电路拼凑梯形图。

经验设计法对于一些比较简单的控制系统的设计是比较奏效的，可以收到快速、简单的效果。但是，由于这种设计方法主要是依靠设计人员的经验进行设计，所以对设计人员的要求比较高，特别是要求设计者有一定的实践经验，对工业控制系统和工业上常用的各种典型环节比较熟悉。对于复杂的系统，经验设计方法一般设计周期长，不易掌握，系统交付使用后维护困难。所以，经验设计方法一般只适合于比较简单的或与某些典型系统相类似的控制系统的设计。

梯形图经验设计方法的步骤如下。

1. 分解梯形图程序

将要编制的梯形图程序分解成相对独立的子梯形图程序。

2. 输入信号逻辑组合

利用输入信号逻辑组合直接控制输出信号。在画梯形图时，应考虑输出线圈的得电条件、失电条件、自锁条件等。注意程序的起动、停止、连续运行、选择性分支和并行分支。

3. 使用辅助元件和辅助触点

如果无法利用输入信号逻辑组合直接控制输出信号，则需要增加一些辅助元件和辅助触点，以建立输出线圈的得电和失电条件。

4. 使用定时器和计数器

如果输出线圈的得电和失电条件中需要定时和计数条件，可使用定时器和计数器逻辑组合建立输出线圈的得电和失电条件。

5. 使用功能指令

如果输出线圈的得电和失电条件中需要功能指令的执行结果作为条件，使用功能指令逻辑组合建立输出线圈的得电和失电条件。

6. 画互锁条件

画出各个输出线圈之间的互锁条件。互锁条件可以避免同时发生互相冲突的动作。

7. 画保护条件

保护条件可以在系统出现异常时使输出线圈动作以保护控制系统和生产过程。

在设计梯形图程序时，要注意先画基本梯形图程序，当基本梯形图程序的功能能够满足要求后，再增加其他功能。在使用输入条件时，注意输入条件是电平、脉冲还是边沿。一定要将梯形图分解成小功能块，调试完毕后，再调试全部功能。由于 PLC 组成的控制系统复杂程度不同，所以梯形图程序的难易程度也不同，因此以上步骤并不是唯一和必需的，可以灵活运用。

三、顺序控制设计法与经验设计法的比较

采用经验设计法设计梯形图时，是直接用输入信号 X 去控制输出信号 Y，如果无法直接控制，或为了实现记忆、连锁、互锁等功能，只好被动地增加一些辅助元件和辅助触点。由于不同系统的输出信号 Y 和输入信号 X 之间的关系各不相同，以及它们对联锁、互锁的要求千变万化，因此不可能找出一种简单通用的设计方法。

顺序控制设计法是用输入信号 X 控制代表各步的编程元件(辅助继电器 M 和状态继电器 S)，再用它们去控制输出信号 Y，将整个程序分成了控制程序和输出程序两个部分。由于步是根据输出 Y 的状态划分的，所以 M 或 S 和 Y 之间具有很简单的逻辑关系，输出程序的设计极为简单。而代表步的辅助继电器 M 或状态继电器 S 的控制程序，不管多么复杂，其设计方法都是相同的，并且很容易掌握。另外，由于代表步的辅助继电器是依次顺序变为 ON/OFF 状态的，所以实际上已经基本上解决了经验设计法中的记忆、联锁等问题。

【研讨训练】

压滤机是食品、酿造、制糖等自动化生产线中进行固液分离的关键设备，是一种间歇性的过滤装置。传统的压滤机通常采用继电器接触器控制系统，采用 PLC 控制压滤机可大大提高系统的自动化程度和生产效率。压滤机的工作过程分为保压、回程和拉板 3 个阶段。工作时，机泵电动机先起动，主接触器和压紧电磁阀得电，将板框压紧，同时进料泵将固液混合物输入各个板框内进行过滤，滤渣留在滤室内，滤液经滤布排出，此时系统压力开始上升。当液压系统的压力达到上限压力 25MPa 时，油泵电动机自动停机，此时压滤机进入自动保压状态。保压期间，当下限压力低于 21MPa 时，油泵电动机自动起动，压紧电磁阀动作，压力回升，达到 25MPa 时，油泵电动机又停止，如此循环。

进料过滤后，按下回程按钮，油泵电动机重新起动，回程电磁阀动作，活塞回程，滤板松开，当活塞碰到回程限位开关后，回程电磁阀断电。固液混合物过滤后，需将固体滤渣卸下，此时系统进入拉板阶段。先将工作方式开关拨到“拉板”位置，起动油泵电动机，同时前进电磁阀得电，液压系统驱动拉板架前进，定时时间到后(一般为 5s，期间卸下滤渣)，后退电磁阀自动得电，驱动拉板架后退，同时起动第二个定时器，第二个定时器定时时间到后，拉板机构再自动返回拉第二块滤板，如此循环往返，直到拉完全部滤板，碰到前端限位开关后，后退电磁阀动作，拉板架后退，碰到末端限位开关时自动停机。

根据以上控制要求设计压滤机 PLC 控制系统。

任务 5.4　电镀生产线控制

知识目标：

- 掌握 SFTL 指令的使用方法。
- 掌握电镀生产线控制系统的设计方法。

能力目标：

具备设计中等复杂程度 PLC 控制系统的能力。

【控制要求】

电镀生产线有 3 个槽，工件由装有可升降吊钩的行车带动，经过电镀、镀液回收、清洗等工序，实现对工件的电镀。工艺要求：工件放入镀槽中，电镀 280s 后提起，停放 28s，让镀液从工件上流回镀槽，然后放入回收液槽中浸 30s，提起后停 15s，接着放入清水槽中清洗 30s，最后提起停 15s 后，行车返回原位，电镀一个工件的全过程结束。电镀生产线的工艺流程如图 5.11 所示。

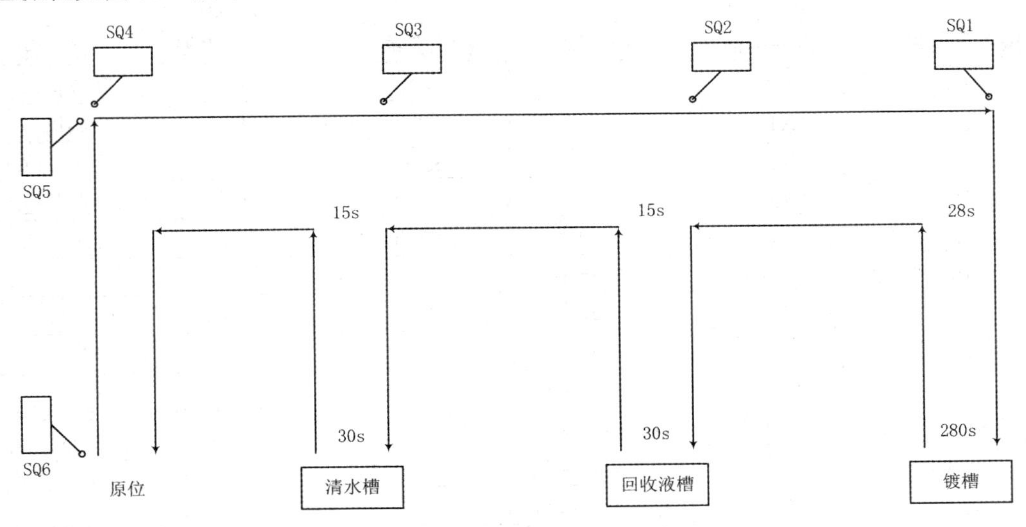

图 5.11　电镀生产线的工艺流程

电镀生产线除装卸工件外，要求整个生产过程能自动进行。同时行车和吊钩的正反向运行均能实现点动控制，以便对设备进行调整和检修。行车自动工作控制过程如下。

行车在原位，吊钩下降到最下方，限位开关 SQ4、SQ6 被压下，操作人员将要电镀的工件放在挂具上，即可开始电镀工作。

(1) 吊钩上升：按下起动按钮 SB1，吊钩上升，碰到上限位开关 SQ5 后吊钩停止上升。

(2) 行车前进：在吊钩停止的同时，行车前进。

(3) 吊钩下降：行车前进至压下限位开关 SQ1，行车停止前进，同时吊钩开始下降。

(4) 定时电镀：吊钩下降至限位开关 SQ6 时，吊钩停止下降，同时 T0 开始计时，定时电镀 280s。

(5) 吊钩上升：T0 定时时间到，吊钩开始上升。

(6) 定时滴液：吊钩上升至压下限位开关 SQ5 时，吊钩停止上升，同时 T1 开始计时，工件停留 28s 滴液。

(7) 行车后退：T1 定时时间到，行车后退，转入下道工序。

后面各工序的工作过程依此类推。

最后行车退到原位上方，吊钩下放回到原位。如果再次按下起动按钮 SB1，则开始下一个工作循环。

【任务实施】

一、PLC 选型及 I/O 点数的确定

根据控制任务要求，可以算出 I/O 点数，选择 FX_{3U}-32MR 型 PLC，可以满足系统控制要求。电镀生产线控制系统的 I/O 分配如表 5.4 所示。

表 5.4　电镀生产线控制系统 I/O 分配

输　入			输　出		
输入元器件	输入继电器	功　用	输出元器件	输出继电器	功　用
SB1	X0	起动按钮	HL	Y0	原位指示灯
SB2	X1	停止按钮	KM1	Y1	吊钩提升
SB3	X2	吊钩提升	KM2	Y2	吊钩下降
SB4	X3	吊钩下降	KM3	Y3	行车前进
SB5	X4	行车前进	KM4	Y4	行车后退
SB6	X5	行车后退			
SA	X6	点动			
SA	X7	自动			
SQ1	X11	行车前进限位			
SQ2	X12	行车后退限位			
SQ3	X13	行车后退限位			
SQ4	X14	行车后退限位			
SQ5	X15	吊钩提升限位			
SQ6	X16	吊钩下降限位			

二、电气控制线路的设计

电镀生产线控制系统的 I/O 接线如图 5.12 所示。

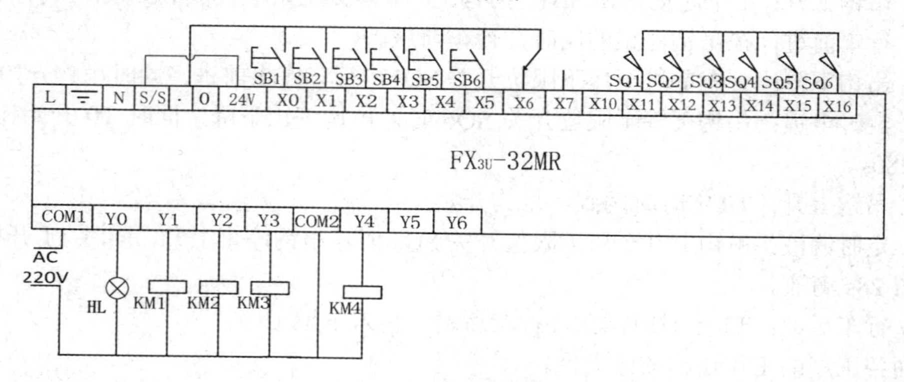

图 5.12　电镀生产线控制系统的 I/O 接线

三、程序设计

按照电镀生产线控制系统的控制要求，可以画出电镀生产线控制系统的顺序功能图，如图 5.13 所示。

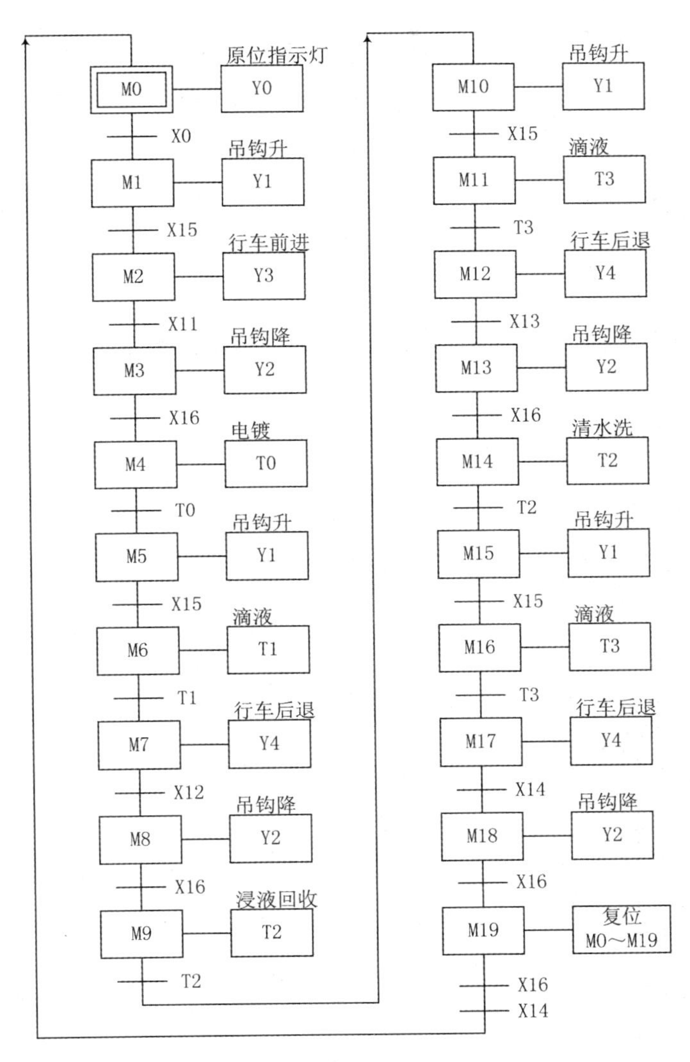

图 5.13　电镀生产线控制系统的顺序功能图

通过顺序功能图可以看出，电镀生产线控制系统的控制流程主要由单序列结构构成，因此采用移位指令实现控制要求会更方便。由于急停或停电后，可通过点动操作完成剩下的工序或者返回原位，因此辅助继电器采用了无断电保持的通用辅助继电器，定时器也采用了常规定时器。电镀生产线控制系统的梯形图如图 5.14 所示。

通过图 5.14 可以看出，当系统处在自动工作状态时，如果按下停止按钮，则必须通过点动操作返回原位。

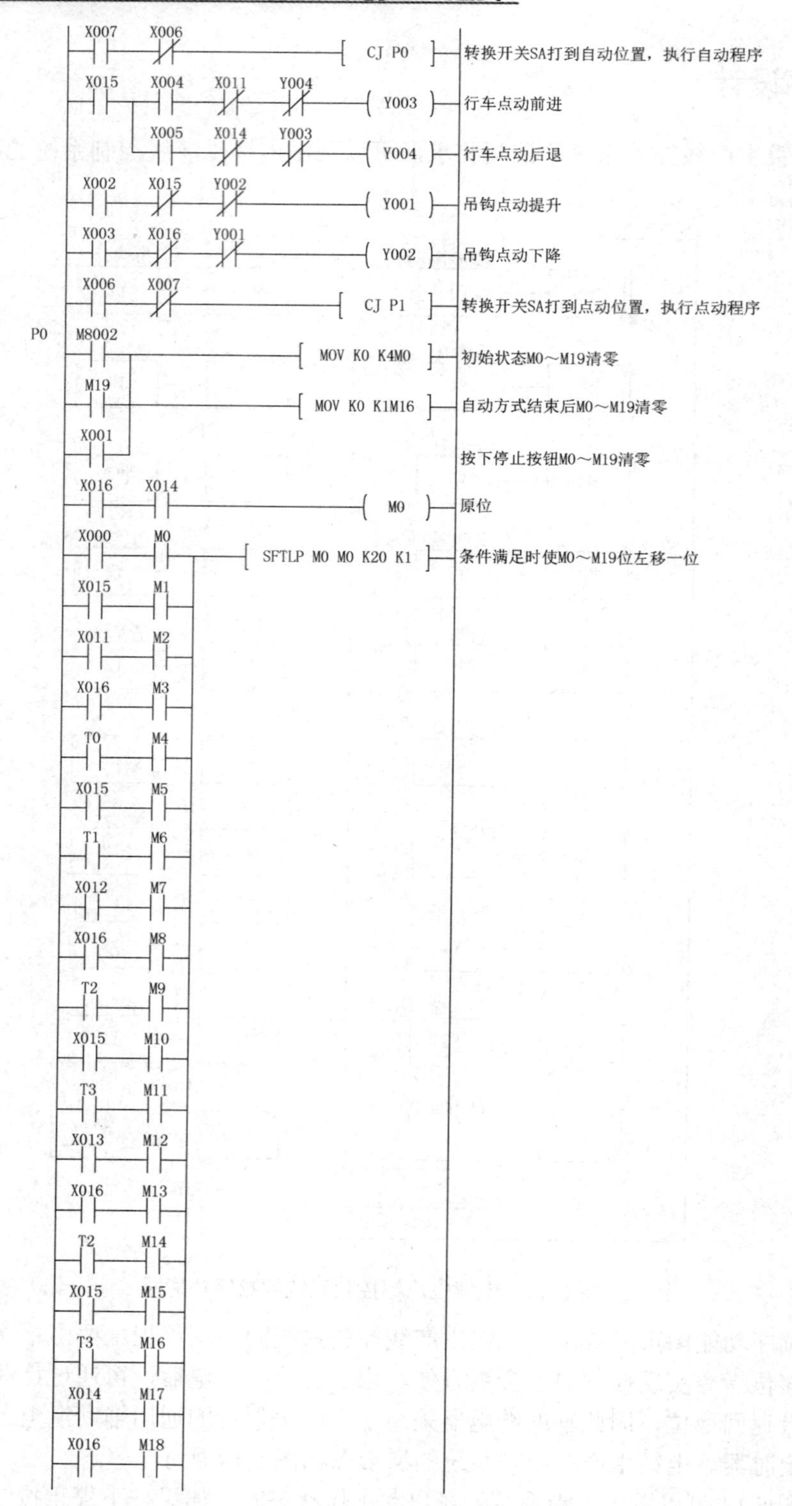

图 5.14　电镀生产线控制系统的梯形图

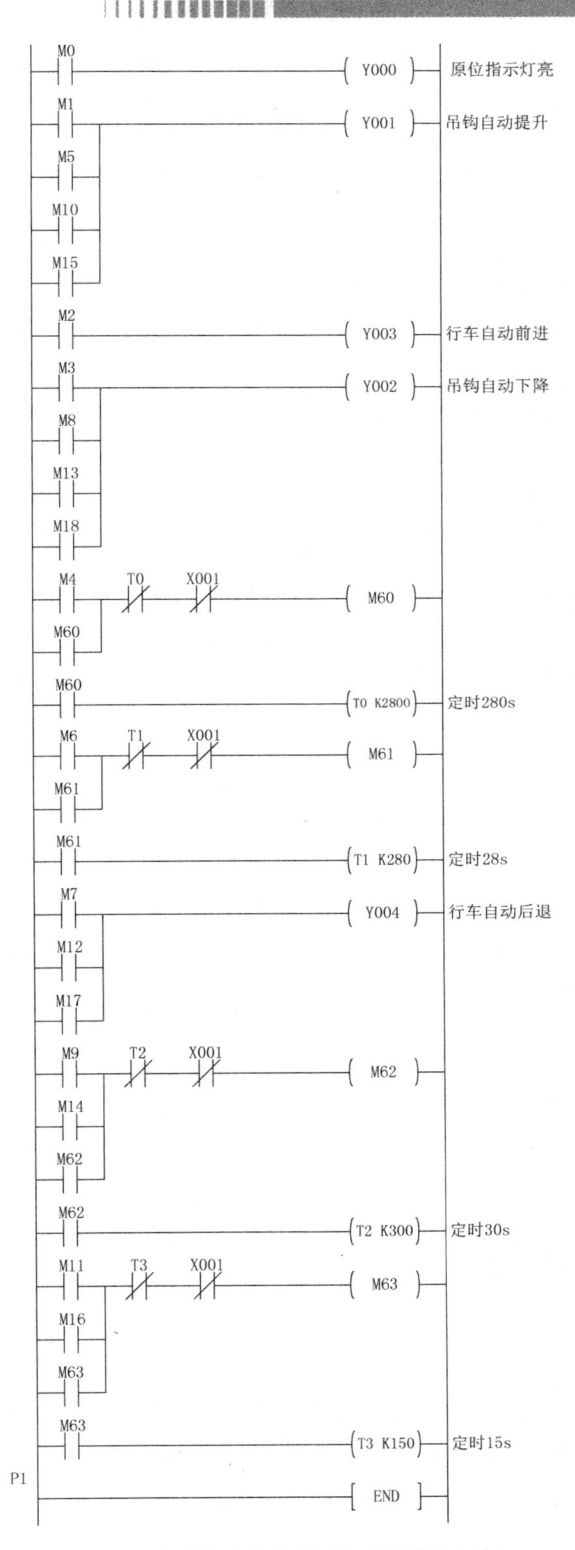

图 5.14　电镀生产线控制系统的梯形图(续)

当行车从原位前进至SQ1处的过程中，虽然使得SQ3和SQ2动作，但行车并不停止，这是由于移位条件采用输入信号和相关辅助继电器触点串联的原因。只有当行车后退时使SQ2或SQ3动作，并且相应的辅助继电器为导通状态时行车才会停止。

四、运行调试

(1) 按图5.12所示完成PLC的I/O连接。

(2) 用专业的编程电缆将装有GX Developer编程软件的上位机的RS-232口与PLC的RS-422口相连接。

(3) 接通电源，PLC电源指示灯(POWER)亮，说明PLC已通电。将PLC的工作方式开关扳到STOP位置，使PLC处于编程状态。

(4) 用GX Developer软件将图5.14所示的程序写入PLC中。

(5) 按照电镀生产线控制要求调试运行PLC程序。

【知识拓展】

在可编程控制系统的实际应用中，经常遇到输入点或输出点数量不够用的问题，最简单的解决方法就是增加硬件配置，这样就提高了成本，安装体积也增大。因此在设计时应注意节省输入/输出点数。

一、减少所需输入点数的方法

1. 分组输入

很多设备都有自动控制和手动控制两种状态，自动程序和手动程序不会同时执行，把自动和手动信号叠加起来，按不同控制状态要求分组输入PLC，可以节省输入点数，如图5.15所示。

2. 触点合并式输入

修改外部电路，将某些具有相同功能的输入触点串联或并联后再输入PLC，这些信号就只占用一个输入点了。串联时，几个开关同时闭合有效。并联时，其中任何一个触点闭合都有效。例如，一般设备控制时都有很多保护开关，任何一个开关动作都要设备停止运行，这样在设计时就可以将这些开关串联在一起，用一个输入点。对同一台设备的多点控制一般将多点的控制按钮并联在一起，用一点输入，如图5.16所示。

3. 矩阵式输入

当PLC有两个以上富余的输出端点时，可将二极管开关矩阵的行、列引线分别接到I/O端点上。这样，当矩阵为n行m列时，可以得到$n \times m$个输入信号供PLC组成的控制系统使用。对于FX_{2N}系列，使用矩阵输入指令MTR，只用8个输入点和8个输出点，就可以输入64个输入点的状态。

4. 充分利用 PLC 的内部功能

使用 KEY 指令，只需 4 个输入点和 4 个输出点，就可以输入 10 个数字键和 6 个功能键信息；使用 DSW 指令，只需 4 个或 8 个输入点、4 个输出点，就可以读入一个或两个 4 位 BCD 码数字开关信息。

利用转移指令，在一个输入端上接一开关，作为自动、手动工作方式转换开关，用转移指令，可对自动和手动操作加以区分。

利用计数器计数，或利用移位寄存器移位，也可以利用交替输出指令实现单按钮的起动和停止。

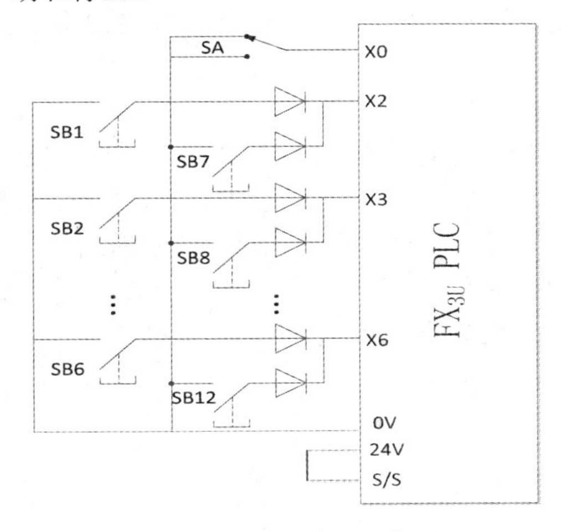

图 5.15　分组输入示意图

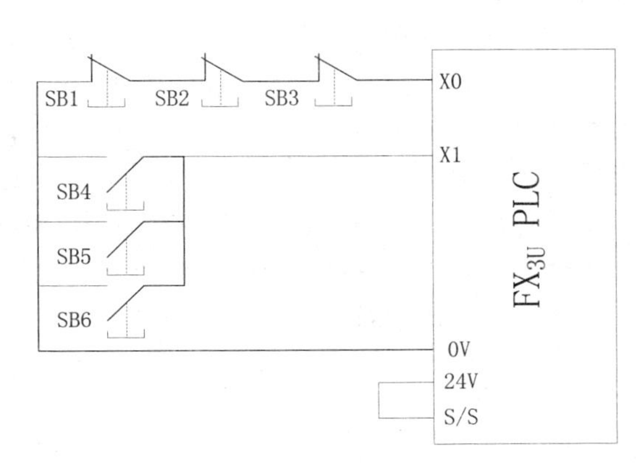

图 5.16　触点合并式输入示意图

二、减少所需输出点数的方法

(1) 通断状态完全相同的负载并联后，可以共用 PLC 的一个输出点，即一个输出点带多个负载，如果多个负载的总电流超出输出点的容量，可以用一个中间继电器再控制其他负载。

(2) 在采用信号灯作为负载时，采用数码管作为指示灯可以减少输出点数。例如，电梯的楼层指示，如果使用信号灯，则一层就要一个输出点，楼层越高，占用输出点越多，现在很多电梯使用数字显示器显示楼层，就可以节省输出点。常用的是用 BCD 码输出，9 层站以下仅用 4 个输出点，10～19 层仅用 5 个输出点。

FX_{2N} 系列 7 段译码指令 SEGD 可把十六进制数译为 7 段显示器所需的代码，直接控制一台 7 段显示器，用 7 个输出点；还有一些数字显示的指令，可以减少输出点的数量。

在 PLC 的应用中，减少 I/O 是可行的，要根据系统的实际情况来确定具体方法。

【研讨训练】

电梯自动控制系统的控制要求如下。

(1) 电梯运行到位后，具有手动或自动开门和关门的功能。

手动开门时，当电梯运行到位，手动开门按钮 SB1 被按下，电梯门被打开，开门到位，开门行程开关SQ1动作，开门过程结束。自动开门时，当电梯运行到位后，相应的楼层接近开关SQ5、SQ6、SQ7动作，定时3s，打开电梯门。

手动关门时，按下关门按钮SB2，关闭电梯门。自动关门时，当电梯运行到位，定时5s，实现自动关门。自动关门时，为防止夹住乘客，在门两侧安装红外线检测装置(SL1和SL2)，有人进出时，SL1和SL2动作，定时2s后才关门。

(2) 利用指示灯显示轿厢外召唤信号、轿厢内指令信号和电梯到达信号。

电梯上、下由一台电动机驱动：电动机正转，驱动电梯上升；电动机反转，驱动电梯下降。电梯轿厢门由另一台小电动机驱动，该电动机正转，轿厢门开，电动机反转，轿厢门关。每层楼设有呼叫按钮SB6～SB9，轿厢内开门按钮SB1，关门按钮SB2，轿厢内层指令按钮SB3～SB5。

(3) 能自动辨别电梯运行方向，并发出响应的指示信号。

电梯运行方向有上行指示和下行指示，当电梯运行方向确定后，在关门信号和门锁信号符合要求的情况下，电梯开始起动运行。电梯起动后快速运行，2s后加速，在接近目标楼层时，相应的接近开关动作，电梯开始转为慢速运行，直至电梯到达目标楼层为止。

当有乘客在轿厢外某层按下呼叫按钮SB6～SB9中的任何一个时，相应的指示灯亮，说明有人呼叫。呼叫信号一直保持到电梯到达该层，相应的接近开关动作才被撤销。

根据以上控制要求设计三层电梯PLC控制系统。

模块 6　PLC 的拓展应用

任务 6.1　压力报警控制

知识目标：

- 熟悉常用的 FX 系列 PLC 的模拟量输入输出模块。
- 掌握 PLC 模拟量控制系统的设计步骤。
- 掌握 PLC 模拟量控制系统的编程方法。

能力目标：

- 能够根据系统要求选择合适的模拟量输入输出模块。
- 能够完成 FX0N-3A 模块的偏置与增益的调整。
- 能够完成 FX0N-3A 模块的程序编制与接线。

【控制要求】

设计一个压力报警系统，采用压力传感器(感应压力范围是 0～5MPa，输出电压是 0～5V)测量某管道中的油压，当测量的压力小于 3.5MPa 时，PLC 的 Y10 灯亮，表示压力低；当测量的压力为 3.5～4.2MPa 时，PLC 的 Y11 灯亮，表示压力正常；当测量的压力大于 4.2MPa 时，PLC 的 Y12 灯亮，表示压力高。试写出 PLC 的控制程序，并完成接线。

【相关知识】

在现场控制中，控制对象和控制形式是多种多样的，PLC 不仅广泛应用于开关量的逻辑控制，同时越来越多地应用于模拟量控制，掌握 PLC 模拟量控制和编程的方法，可以进一步扩大 PLC 的应用领域。

一、PLC 模拟量控制系统概述

PLC 是基于计算机技术发展而产生的数字控制型产品。它本身只能处理开关量信号，可方便可靠地进行逻辑关系的开关量控制，不能直接处理模拟量。但其内部的存储单元是一个多位开关量的组合，可以表示为一个多位的二进制数，称为数字量。只要能进行适当转换，可以把一个连续变化的模拟量转换成在时间上是离散的，但取值上却可以表示模拟量变化的一连串的数字量，那么 PLC 就可以通过对这些数字量的处理来进行模拟量的控制，同样，经过 PLC 处理的数字量也不能直接送到执行器中，必须经过转换变成模拟量后才能控制执行器动作。这种把模拟量转换成数字量的电路称为“模/数转换器”，简称 A/D 转换器；把数字量转换成模拟量的电路称为“数/模转换器”，简称 D/A 转换器。PLC 模拟量控制系统组成框图如图 6.1 所示。PLC 在模拟量控制系统中的功能相当于比较器和控制器的组合。

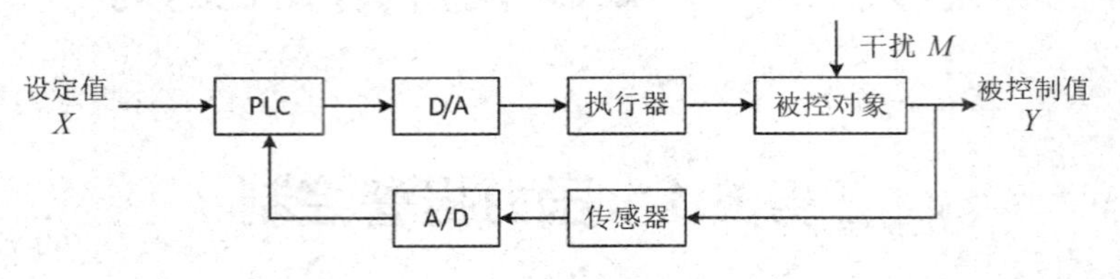

图 6.1　PLC 模拟量控制系统框图

二、FX 系列 PLC 常用模拟量产品及连接

(一)FX 系列 PLC 常用模拟量产品

FX 系列的模拟量控制有电压/电流输入、电压/电流输出、温度传感器输入 3 种。用 FX PLC 进行模拟量控制时，需要模拟量输入输出产品，模拟量输入输出产品有功能扩展板、特殊适配器和特殊功能模块 3 种。

模拟量功能扩展板使用特殊软元件与 PLC 进行数据交换，它连接在 FX_{3G} PLC 的选件连接用接口上。FX_{3G} PLC 最多可连接两台模拟量功能扩展板。

模拟量特殊适配器使用特殊软元件与 PLC 进行数据交换，它连接在 FX_{3U} PLC 的左侧。连接特殊适配器时，需要功能扩展板。FX_{3U}、FX_{3UC} PLC 最多可以连接 4 台模拟量特殊适配器。如果使用高速输入输出特殊适配器，需要将模拟量特殊适配器连接在高速输入输出特殊适配器的后面。

特殊功能模块使用缓冲存储区(BFM)与 PLC 进行数据交换，它连接在 FX_{3U} PLC 的右侧。FX_{3U} PLC 最多可以连接 8 台特殊功能模块。

FX_{3U}、FX_{3UC}、FX_{3G} PLC 对应的模拟量输入输出产品如表 6.1～表 6.4 所示。

表 6.1　FX_{3G} PLC 对应的功能扩展板

型　号	通道数	范　围	分辨率	功　能
FX_{3G}-2AD-BD	2 通道	电压：DC 0～10V	2.5mV(12 位)	电压/电流输入；可混合使用
		电流：DC 4～20mA	8μA(11 位)	
FX_{3G}-1DA-BD	1 通道	电压：DC 0～10V	2.5mV(12 位)	电压/电流输出
		电流：DC 4～20mA	8μA(11 位)	

表 6.2　FX_{3U}、FX_{3UC}、FX_{3G} PLC 对应的特殊适配器

型　号	通道数	范　围	分辨率	功　能
FX_{3G}-2AD-BD	2 通道	电压：DC 0～10V	2.5mV(12 位)	电压/电流输入；可混合使用
		电流：DC 4～20mA	8μA(11 位)	
FX_{3G}-1DA-BD	1 通道	电压：DC 0～10V	2.5mV(12 位)	电压/电流输出
		电流：DC 4～20mA	8μA(11 位)	

续表

型 号	通道数	范 围	分辨率	功 能
FX$_{3U}$-4AD-ADP	4通道	电压：DC 0～10V	2.5mV(12位)	电压/电流输入；可混合使用
		电流：DC 4～20mA	10μA(11位)	
FX$_{3U}$-4DA-ADP	4通道	电压：DC 0～10V	2.5mV(12位)	电压/电流输入；可混合使用
		电流：DC 4～20mA	4μA(12位)	
FX$_{3U}$-4AD-PT-ADP	4通道	-50～+250℃	0.1℃	对应铂电阻(Pt100)；摄氏温度、华氏温度可切换
FX$_{3U}$-4AD-PTW-ADP	4通道	-100～+600℃	0.2～0.3℃	对应铂电阻(Pt100)；摄氏温度、华氏温度可切换
FX$_{3U}$-4AD-PNK-ADP	4通道	Pt1000：-50～+250℃	0.1℃	对应温度传感器(Pt1000、Ni1000)摄氏温度、华氏温度可切换
		Ni1000：-45～+115℃		
FX$_{3U}$-4AD-TC-ADP	4通道	K型：-100～+1000℃	0.4℃	对应K型、J型热电偶；摄氏温度、华氏温度可切换
		J型：-100～+600℃	0.3℃	

表6.3 FX$_{3G}$ PLC对应的特殊适配器

型 号	通道数	范 围	分辨率	功 能
FX$_{3U}$-3A-ADP	输入2通道	电压：DC 0～10V	2.5mV(12位)	电压/电流输入输出，可混合使用
		电流：DC 4～20mA	5μA(12位)	
	输出1通道	电压：DC 0～10V	2.5mV(12位)	
		电流：DC 4～20mA	4μA(12位)	

表6.4 特殊功能模块

型 号	通道数	范 围	分辨率	功 能
FX$_{3U}$-4AD	4通道	电压：DC -10～+10V	0.32mV(带符号16位)	可混合使用电压/电流输入；可进行偏置/增益调整；内置采样功能
		电流：DC-20～+20mA	1.25μA(带符号15位)	
FX$_{3UC}$-4AD	1通道	电压：DC -10～+10V	0.32mV(带符号16位)	可混合使用电压/电流输入；可进行偏置/增益调整；内置采样功能
		电流：DC -20～+20mA	1.25μA(带符号15位)	
FX$_{2NC}$-4AD	4通道	电压：DC -10～+10V	0.32mV(带符号16位)	可混合使用电压/电流输入；可进行偏置/增益调整；内置采样功能
		电流：DC -20～+20mA	1.25μA(带符号15位)	
FX$_{2N}$-8AD	8通道	电压：DC -10～+10V	0.63mV(带符号15位)	可混合使用电压/电流热电偶；可进行偏置/增益调整；内置采样功能
		电流：DC -20～+20mA	2.5μA(带符号14位)	

续表

型　号	通道数	范　围	分辨率	功　能
FX_{2N}-4AD	4 通道	电压：DC -10～+10V	5mV(带符号 12 位)	可混合使用电压/电流输入；可进行偏置/增益调整
		电流：DC -20～+20mA	10μA(带符号 11 位)	
FX_{2N}-2AD	2 通道	电压：DC 0～10V	2.5mV(12 位)	不可混合使用电压/电流输入；可进行偏置/增益调整(输入 2 通道通用)
		电流：DC 4～20mA	4μA(12 位)	
FX_{3U}-4DA	4 通道	电压：DC -10～+10V	0.32mV(带符号 16 位)	可混合使用电压/电流输出；可进行偏置/增益调整
		电流：DC 0～+20mA	0.63μA(15 位)	
FX_{2NC}-4DA	4 通道	电压：DC -10～+10V	5mV(带符号 12 位)	可混合使用电压/电流输出；可进行偏置/增益调整
		电流：DC 0～+20mA	20μA(10 位)	
FX_{2N}-4DA	4 通道	电压：DC -10～+10V	5mV(带符号 12 位)	可混合使用电压/电流输出；可进行偏置/增益调整
		电流：DC -20～+20mA	20μA(10 位)	
FX_{2N}-2DA	2 通道	电压：DC 0～+10V	2.5mV(12 位)	可混合使用电压/电流输出；可进行偏置/增益调整
		电流：DC 4～20mA	4μA(12 位)	
FX_{2N}-5A	输入 4 通道	电压：DC -10～+10V	0.32mV(带符号 16 位)	可混合使用电压/电流输出；可进行偏置/增益调整；内置比例功能
		电流：DC -20～+20mA	1.25μA(带符号 15 位)	
	输出 1 通道	电压：DC -10～+10V	5mV(带符号 12 位)	
		电流：DC 0～20mA	20μA(10 位)	
FX_{0N}-3A	输入 2 通道	电压：DC 0～10V	40mV(8 位)	输入形式 2 通道通用；可进行偏置/增益调整；(输入 2 通道通用)
		电流：DC 4～20mA	64μA(8 位)	
	输出 1 通道	电压：DC 0～10V	40mV(8 位)	
		电流：DC 4～20mA	64μA(8 位)	
FX_{2N}-8AD	8 通道	K 型：-100～+1200℃	0.1℃	可混合使用电压/电流/热电偶；对应 K 型、J 型、T 型热电偶；摄氏温度、华氏温度可切换；内置采样功能
		J 型：-100～+600℃	0.1℃	
		T 型：-100～+350℃	0.1℃	
FX_{2N}-4AD-TC	4 通道	K 型：-100～+1200℃	0.4℃	对应K型、J型热电偶；摄氏温度、华氏温度可切换
		J 型：-100～+600℃	0.3℃	
FX_{2N}-4AD-PT	4 通道	-100～+600℃	0.2～0.3℃	对应铂电阻(Pt100 或者 JPt100)；摄氏温度、华氏温度可切换

续表

型　号	通道数	范　围	分辨率	功　能
FX_{2N}-2LC	2 通道	代表例子 K 型：-100～+1300℃ Pt100：-200～+600℃	0.1℃或者 1℃ (因传感器的输入范围不同而异)	对应 K、J、R、S、E、T、B、N、PLⅡ、WRe5-26、U、L 型热电偶；对应铂电阻(Pt100 或者 JPt100)；摄氏温度、华氏温度可切换；内置采用 PID 运算等的温度调节功能；内置峰值断线检测功能(另外需要 CT 传感器)

(二)FX 系列 PLC 常用模拟量产品的连接

FX_{3U} 系列 PLC 最多可以连接 4 台模拟量特殊适配器。特殊适配器不能直接连接 PLC，需要先将 FX_{3U} -232-BD、FX_{3U} -485-BD、FX_{3U} -422-BD、FX_{3U} -USB-BD、FX_{3U} -CNVBD 中的任意一个连接到 PLC 上，然后再进行连接。

FX_{3U} 系列 PLC 最多可以连接 8 台模拟量特殊功能模块。特殊功能模块的扩展接口在 PLC 的右侧，是一个扁平电缆的接口，由扩展单元或者特殊功能模块自带的电缆线接入。

(三)FX_{0N}-3A 模块

下面介绍本任务中用到的 FX_{0N}-3A 模块。

FX_{0N}-3A 模拟特殊功能块有两个输入通道和一个输出通道，输入通道接收模拟信号并将模拟信号转换成数字值；输出通道采用数字值并输出等量模拟信号。

FX_{0N}-3A 的最大分辨率为 8 位(如果使用大于 8 位的数字源数据，则只有低 8 位的数据有效，高位将被忽略掉)。

在输入输出基础上选择的电压或电流由用户接线方式决定。

FX_{0N}-3A 在 PLC 扩展母线上占用 8 个 I/O 点，8 个 I/O 点可以分配给输入或输出。

所有数据传输和参数设置都是通过应用到 PLC 中的 TO/FROM 指令，通过 FX_{0N}-3A 的软件控制调节的。PLC 和 FX_{0N}-3A 之间的通信由光耦合器保护。

上位机 PLC 的状态改变，模块的运行情况如下。

RUN→STOP：在 STOP 模式期间，保持 RUN 运行期间模拟输出通道使用的最后一个操作值。

STOP→RUN：一旦上位机 PLC 切换回到 RUN 模式，模拟输出就恢复到由程序控制的正常状态的数字值。

PLC 电源关闭：模拟输出信号停止运行。

1. 输入性能规格

FX_{0N}-3A 模块不允许两个通道有不同的输入特性，即不允许电流和电压同时输入或不同量程的电压输入。FX_{0N}-3A 直流电压-电流输入特性如图 6.2 所示。即选择 0～10V 直流输入时，当输入电压为 0.04V 时，转换到 PLC 的数字为 1，如果是电流输入，则输入电流为 4.064mA 时，转换到 PLC 的数字为 1。

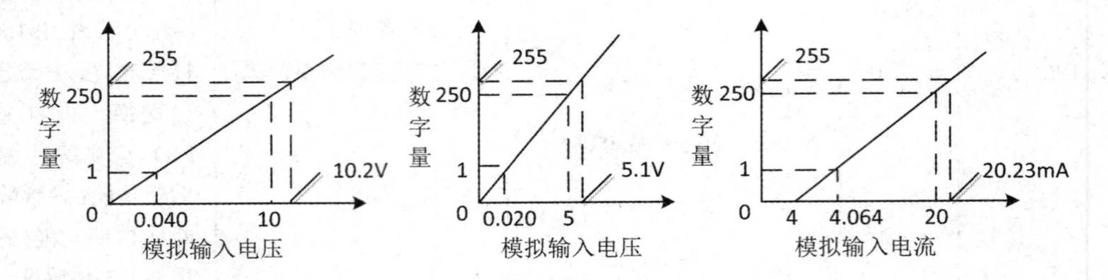

图 6.2　FX_{0N}-3A 直流电压-电流输入特性

FX_{0N}-3A 的输入参数如表 6.5 所示。

表 6.5　FX_{0N}-3A 的输入参数

类　型 / 指　标	输入电压	输入电流
模拟量输入范围	0～10V 直流，0～5V 直流 输入电阻 200kΩ 绝对最大量程：-0.5V 和+15V 直流	4～20mA 输入电阻 250Ω 绝对最大量程：20mA 和+60mA
数字分辨率	8 位	
最小输入信号分辨率	40mV：0～10V/0～255	64Ua：4～20Ma/0～250
总精度	+0.1V	+0.16mA
处理时间	(TO 指令处理时间×2)+FROM 指令处理时间	

2. 模拟量输出性能规格

FX_{0N}-3A 直流电压-电流输出特性如图 6.3 所示。

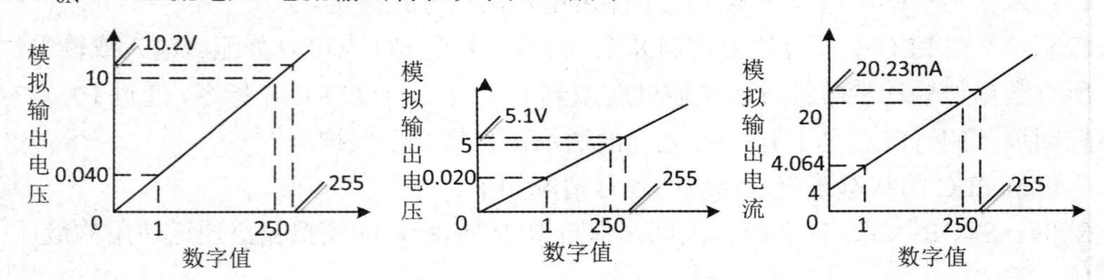

图 6.3　FX_{0N}-3A 直流电压-电流输出特性

FX_{0N}-3A 输出参数如表 6.6 所示。

3. FX_{0N}-3A 接线

FX_{0N}-3A 接线如图 6.4 所示。在接线时要注意以下几点。

- 两路输入通道均为同一特性，不可以混合使用电压输入和电流输入；输入通道和输出通道可以不为同一特性。
- 使用电流输入时，应确保[VIN*]和[IIN*]端子短路连接(电压输入时不可短接)。
- 当电压输入或输出存在波动或大量噪声时，应连接 0.1～0.47μF 25V DC 的电容。

表 6.6　FX_{0N}-3A 输出参数

指标 \ 类型	输出电压	输出电流
模拟量输出范围	0～10V 直流，0～5V 直流 外部负载：1kΩ ～ 1MΩ	4～20mA 外部负载：不超过 500Ω
数字分辨率	8 位	
处理时间	TO 指令处理时间×3	

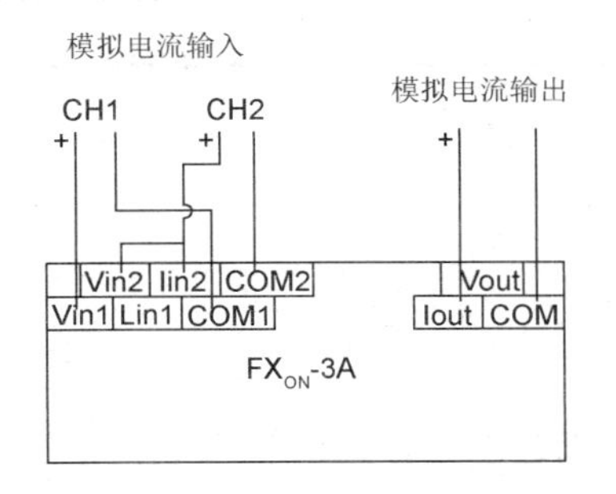

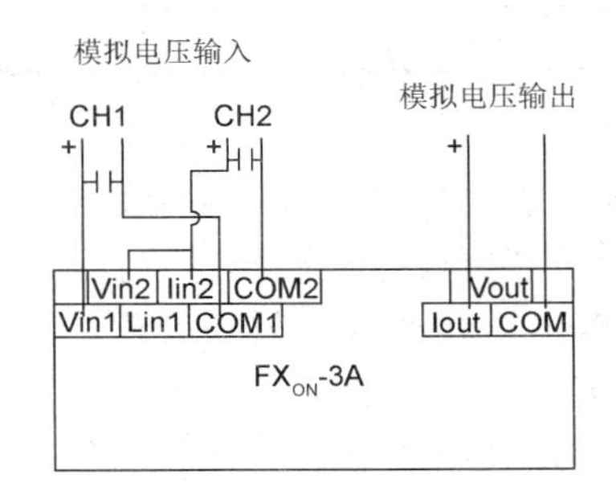

图 6.4　FX_{0N}-3A 的接线

FX_{0N}-3A 在 FX_{2N}-16M□、FX_{2N}-32M□、FX_{2N}-32E□(□=R/S/T)中可以连接两台，在 FX_{2N}-48M□、FX2N-48E□、FX_{2N}-64M□、FX_{2N}-80M□、FX_{2N}-128M□(□=R/S/T)中可以连接 3 台。

4. 单元号和缓冲寄存器(BFM)分配

FX 系列 PLC 的基本单元与 FX_{0N}-3A 等模拟量模块连接时，从左侧第一个特殊功能单元/模块开始，依次分配单元号 0～7，如图 6.5 所示。

基本单元	输入输出扩展模块	特殊功能模块	特殊功能模块	输入输出扩展模块	特殊功能单元
		单元号0	单元号1		单元号2

图 6.5　特殊功能模块单元号分配

PLC 与特殊功能模块之间的数据通信是由 FROM 指令和 TO 指令来执行的，FROM 是基本单元从模拟量模块读数据的指令，TO 是从基本单元将数据写到模拟量模块的指令。实际上，读、写操作都是对模拟量模块的缓冲寄存器 BFM 进行的。BFM 缓冲寄存器区由 32 个 16 位的寄存器组成，编号为 BFM#0～#31。FROM、TO 指令对缓冲寄存器的操作如图 6.6 所示。

每个模拟量模块的缓冲寄存器都有自己的功能。表 6.7 所示为上述 FX_{0N}-3A 的缓冲寄存器的分配情况。

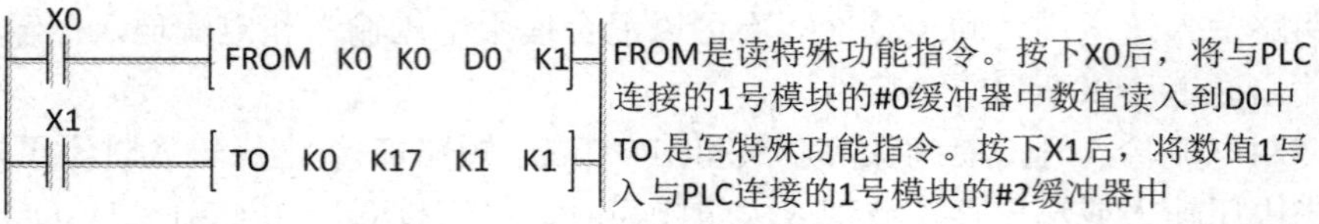

X0 ── FROM K0 K0 D0 K1 ── FROM是读特殊功能指令。按下X0后，将与PLC连接的1号模块的#0缓冲器中数值读入到D0中

X1 ── TO K0 K17 K1 K1 ── TO是写特殊功能指令。按下X1后，将数值1写入与PLC连接的1号模块的#2缓冲器中

图 6.6　FROM、TO 指令的使用说明

表 6.7　FX_{0N}-3A 的缓冲寄存器的分配

缓冲寄存器编号(BFM)	B15～B8	B7	B6	B5	B4	B3	B2	B1	B0
0 号	保留	通过BFM17号的B0选择的A/D通道的当前值输入数据(以8位存储)							
16 号		在D/A通道上的当前值输出数据(以8位存储)							
17 号	保留						D/A起动	A/D起动	A/D通道
1号～5号、18号～31号	保留								

其中：

- B0=0：选择模拟量输入通道 1。
- B0=1：选择模拟量输入通道 2。
- B1=0～1：起动 A/D 转换处理。
- B2=0～1：起动 D/A 转换处理。

例如，把 FX_{0N}-3A 外部输入的模拟量转化为数字量，编程如图 6.7 所示。

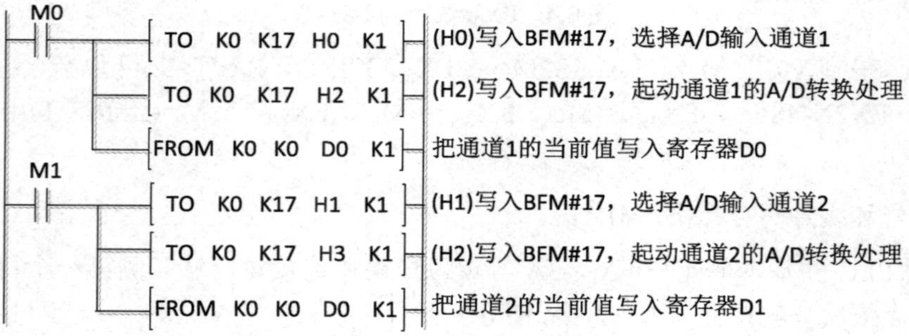

M0 ── TO K0 K17 H0 K1 ── (H0)写入BFM#17，选择A/D输入通道1
　　── TO K0 K17 H2 K1 ── (H2)写入BFM#17，起动通道1的A/D转换处理
　　── FROM K0 K0 D0 K1 ── 把通道1的当前值写入寄存器D0

M1 ── TO K0 K17 H1 K1 ── (H1)写入BFM#17，选择A/D输入通道2
　　── TO K0 K17 H3 K1 ── (H2)写入BFM#17，起动通道2的A/D转换处理
　　── FROM K0 K0 D0 K1 ── 把通道2的当前值写入寄存器D1

图 6.7　FX_{0N}-3A 把外部输入的模拟量转化为数字量

再如，把 PLC 的数字量转化为模拟量输出，编程如图 6.8 所示。

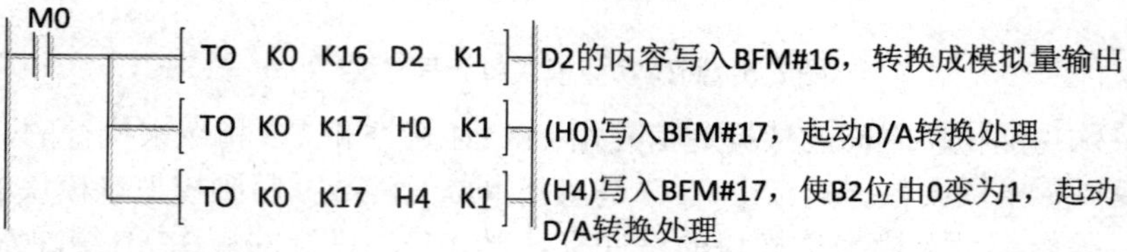

M0 ── TO K0 K16 D2 K1 ── D2的内容写入BFM#16，转换成模拟量输出
　　── TO K0 K17 H0 K1 ── (H0)写入BFM#17，起动D/A转换处理
　　── TO K0 K17 H4 K1 ── (H4)写入BFM#17，使B2位由0变为1，起动D/A转换处理

图 6.8　FX_{0N}-3A 把 PLC 的数字量转化为模拟量输出

5. 偏置与增益的调整

FX_{0N}-3A 使用 3 种模拟量输入输出格式，如表 6.8 所示。

表 6.8 FX_{0N}-3A 的模拟量输入输出格式

电 压		电 流
DC 0～10V	DC 0～5V	DC 4～20mA

使用 FX_{0N}-3A 前，需要重新调整其偏置和增益。两路输入通道使用相同的设置与配置，其调整是同时进行的。所以，当调整了一个通道的偏置与增益时，另一个通道也会自动进行调整。

1) 输出通道的调整

输出通道调整时接线如图 6.9 所示。

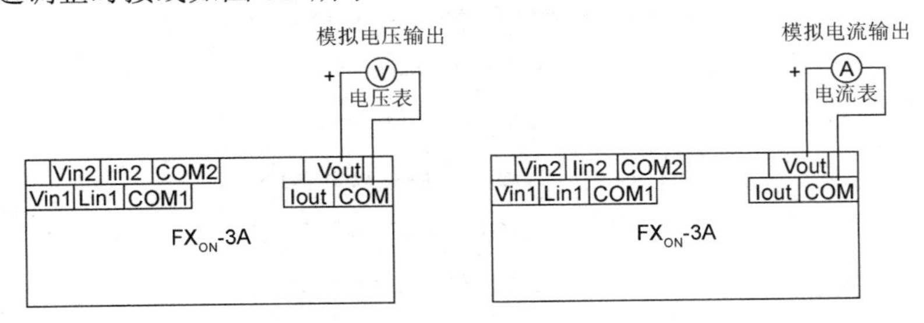

图 6.9 FX_{0N}-3A 电压输出、电流输出调整接线

写入如图 6.10 所示的 PLC 程序，运行并监控 PLC。

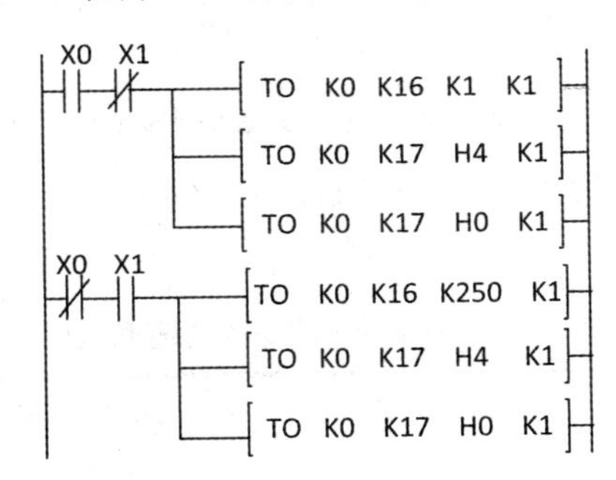

图 6.10 调整输出通道偏置与增益的梯形图

调整其偏置时，使 X0=ON、X1=OFF；调整“D/A OFFSET”旋钮，使其模拟量输出值对应表 6.9。

表 6.9 FX_{0N}-3A 的模拟量输出值

模拟量输出范围	DC 0～10V	DC 0～5V	DC 4～20mA
增益值	10.000V	5.000V	20.000mA

2) 输入通道的调整

输入通道的调整接线如图 6.11 所示。

注意： 利用电压/电流模拟量输出通道作为电压/电流模拟量发生器，使用前，务必调整好其偏置与增益。

写入图 6.12 所示 PLC 程序，运行并监控 PLC。

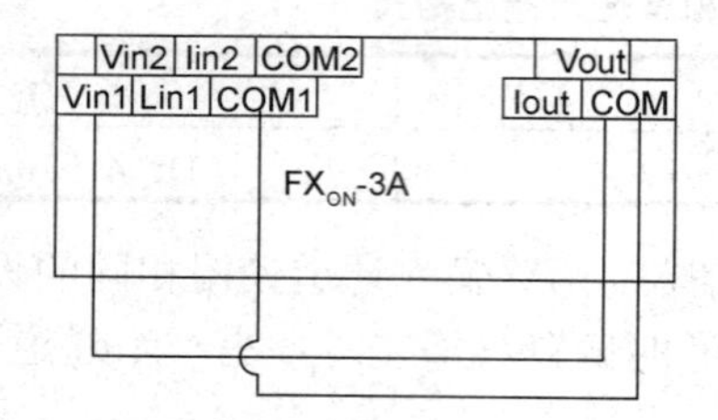

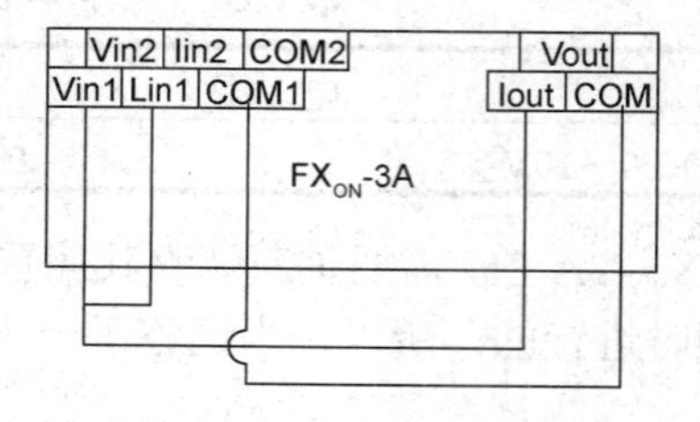

图 6.11　FX_{0N}-3A 电压输入、电流输入调整接线

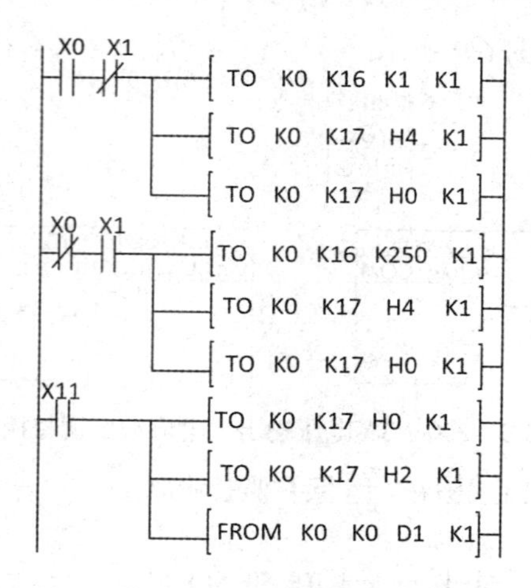

图 6.12　调整输入通道偏置与增益的梯形图

调整其偏置，如表 6.10 所示。使 X0=ON、X1=OFF、X11=ON；调整“A/D OFFSET”旋钮，使 D01=1。

表 6.10　FX_{0N}-3A 的输入通道偏置值

模拟量输入范围	DC 0～10V	DC 0～5V	DC 4～20mA
偏置值	0.040V	0.020V	40.064mA

调整其增益，如表 6.11 所示。使 X0=OFF、X1=ON、X11=ON；调整“A/D GAIN”旋钮，使 D1=250。

表 6.11　FX_{0N}-3A 的输入通道增益值

模拟量输入范围	DC 0～10V	DC 0～5V	DC 4～20mA
增益值	10.000V	5.000V	20.000mA

三、传感器

在模拟量控制中，必须将非电物理量(温度、压力、流量、物位等)转化成电量(电压、电流)才能送到控制器进行控制。这种把非电物理量转化成电量的检测元件称为传感器。

由于传感器输出信号种类繁多，且信号较弱，一般都需要将其经过适当处理，转化成标准统一的电信号，如 4～20mA 或 0～5V 等，送往控制器或显示记录仪器。这种把电量(非标准)转换成电量(标准)的电路称为变送器。

1. 温度检测方法

温度检测方法分成接触式和非接触式两大类。接触式测温指温度传感器与被测对象直接接触，依靠传热和对流进行热交换。非接触式测温时，测温元件不与被测对象接触，而是通过热辐射进行热交换，比较适用于强腐蚀、高温等场合。目前，在一般模拟量控制中，接触式传感器用得较多。

接触式传感器分为膨胀式、压力式、热电偶式、热电阻式和其他等多种形式，在模拟量控制中用得最多的是热电偶式和热电阻式。

2. 压力传感器

压力传感器是使用最广泛的一种传感器，在工业自动化控制的各个领域，以及水利水电、铁路交通、航空航天、机械电力、船舶航运、医疗器械等行业中得到广泛的应用。

压力检测的方法主要有以下 4 种。

(1) 基于弹性元件受力变形原理并利用机械结构将变形量放大的弹性式压力传感器。根据这个原理制成的压力表有弹簧管式、膜片式、波纹管式压力计等。其输出信号一般为位移、转角或力，结构简单，测压范围广，大多用于直接显示或生产过程低压的测控。

(2) 以液体静力学原理为基础制成的液压式压力传感器。其典型产品有 U 形管压力计、自动液柱式压力计等，多用于检测基准仪器，工业上应用很少。

(3) 以静力学平衡原理为基础的压力传感器。其原理是将被测压力变换成一个集中力，用外力与之平衡，通过测量平衡时的外力来得到平衡压力，其精度较高，但结构复杂。

(4) 物性测量方法，基于在作用压力下某些材料的物理特性发生变化原理的传感器。它可以把被测压力转换成电阻、电感、电容、频率的变化，经过变送后可输出电流、电压等电量，如电气式、振频式、霍尔式等，这也是模拟量控制用得最多的压力传感器。

3. 流量传感器

流量是指单位时间内流过管道某一截面流体的体积，即瞬时流量。在某一段时间内流过流体的总和，即瞬时流量在某一时段的累积量为累计流量(总流量、积算流量)。

流量是工业生产中一个重要的过程参数，在工业生产中，很多原料、半成品、成品是以流体状态出现的。流体的质量就成为决定产品成分和质量的关键，也是生产成本核算和合理使用能源的重要依据。因此，流量监测就成为生产过程自动化的重要环节。

4. 物位传感器

物位监测是生产过程中经常需要的。其主要目的是监控生产的正常和安全运行，保证物料供需平衡。

物位监测包括液位监测(指设备或容器中气相和液相的液体界面的检测)、料位监测(指设备或容器中块状、颗粒状或粉末状固体界面的检测)、界面监测(指设备或容器中两种液体(或液体与固体)的分界面的检测)3 个方面。

四、执行器

执行器的广义定义是：凡是利用物性(物理、化学、生物)法则、定理、定律、效应等进行能力转换与信号转换，并且输出与输入严格一一对应，以便达到对对象的驱动、控制、操作和改变其状态为目的的装置与器件，均可称为执行器。国家标准对执行器的定义是：在控制信号的作用下，按照一定规律产生某种运动的器件或装置。

在模拟控制系统中，执行器由执行机构和调节机构两部分组成。调节机构通过执行元件，直接改变生产过程的参数，使生产过程满足一定的要求。执行机构则接收来自控制器的控制信息，把它转换为驱动调节机构的输出(如角位移或直线位移输出)。它也采用适当的执行元件，但要求与调节机构不同。执行器直接安装在生产现场，有时工作条件恶劣，所以能否保持正常工作，将会直接影响到制动调节系统的安全性和可靠性。

执行器的分类有多种方式，可以按照能源种类、工作机理(作用原理)、使用要求、技术水平等进行分类。按能量种类可分为机、电、热、光、声、磁 6 种能量执行器；按工作原理，可分为结构型(空间型)和物性型(材料型)两大类；按使用要求可分为位移、振动、力、压力、温度执行器等；按所用驱动能源，可分为气动、电动和液压执行器 3 种；按动作规律，执行器可分为开关型、积分型和比例型三类；按输入控制信号，可分为输入空气压力信号、直流电流信号、电接点通断信号、脉冲信号等几类。

表 6.12 给出一种主要按能源形式综合分类的方法。

表 6.12　执行器分类

机制式	一般机械	各种机械机构及装置
	热机式	蒸汽机、内燃机、汽轮机、发动机等
电气式	调节式	变频器、直流调速器、电压调节器、电流调节器等
	电磁式	各种电动机、电磁阀、继电器等
	电场式	静电场、变电场
液体式	液压式	液压油缸、液压油泵
	气动式	汽缸、气泵
	各种泵类	阀类
其他式	包括电气转换装置、定位器、控制器、报警器等	

【任务实施】

一、I/O 分配

在该系统中，传感器输出的模拟量通过 FX_{0N}-3A 转化成数字量，放在 PLC 中，然后通过区间比较指令进行比较判断，控制 PLC 的输出，假设 FX_{0N}-3A 接在 PLC 的 0 号位置。其输入输出曲线如图 6.13 所示。

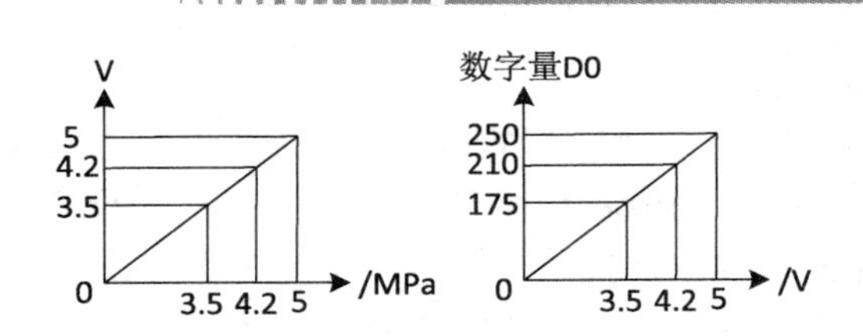

图 6.13　传感器与 PLC 对应的曲线

将 Y10、Y11、Y12 分别接上 3 个指示灯；FX_{0N}-3A 的 Vin1 和 Iin1 并联后接压力传感器的负极。

二、硬件接线

PLC 系统的硬件接线如图 6.14 所示。

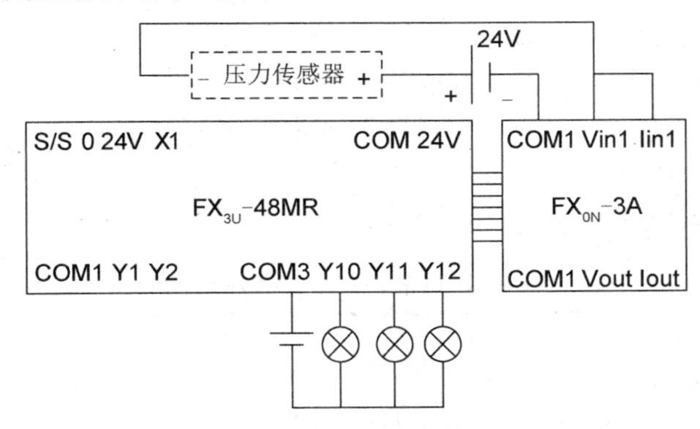

图 6.14　PLC 系统的硬件接线

三、程序设计

压力报警器控制系统的梯形图如图 6.15 所示。

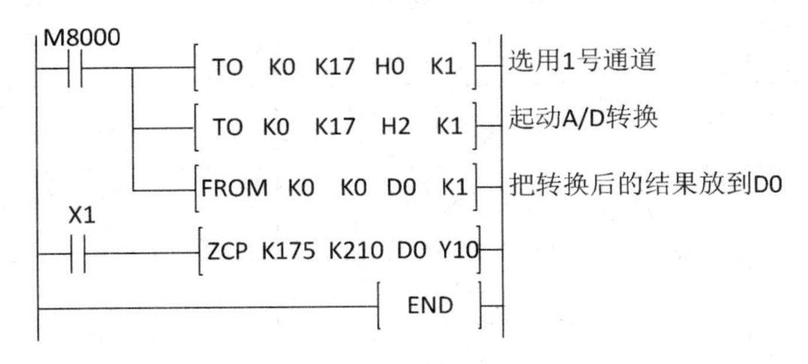

图 6.15　压力报警器控制系统的梯形图

四、运行调试

(1) 按图 6.14 所示将主电路与 PLC 的 I/O 接线连接起来。

(2) 用专业的编程电缆，将装有 GX Developer 编程软件的上位机的 RS-232 口与 PLC

的 RS-422 口连接起来。

(3) 接通电源，PLC 电源指示灯(POWER)亮，说明 PLC 已通电。将 PLC 的工作方式开关扳到 STOP 位置，使 PLC 处于编程状态。

(4) 用 GX Developer 编程软件将图 6.15 中的程序写入 PLC 中。

(5) 按控制要求调试，观察 Y10、Y11、Y12 这 3 个指示灯的变化。

【知识拓展】

一、FX 系列 PLC 常用的模拟量模块

FX_{3U} 常用的模拟量模块有 FX_{3U}-4AD、FX_{3U}-4DA、FX_{2N} 用模拟量特殊功能模块(FX_{2N}-8AD、FX_{2N}-4AD、FX_{2N}-2AD、FX_{2N}-4DA、FX_{2N}-2DA、FX_{2N}-5A、FX_{2N}-4AD-PT、FX_{2N}-4AD-TC、FX_{2N}-2LC)和 FX_{0N} 用模拟量特殊功能模块(FX_{0N}-3A)等。FX-2AD 为 2 通道 12 位 A/D 转换模块，根据外部连接方法及 PLC 指令，可选择电压输入或电流输入，是一种具有高精确度的输入模块。通过简易的调整或根据 PLC 的指令，可改变模拟量输入的范围。瞬时值和设定值等数据的读出和写入用 FROM/TO 指令进行。FX_{3U}-4AD 的技术指标如表 6.13 所示。FX_{3U}-4DA 的技术指标如表 6.14 所示。

表 6.13　FX_{3U}-4AD 的技术指标

类型 指标	输入电压	输入电流
模拟量输入范围	DC −10～+10V (输入电阻 200kΩ)	DC−20～+20mA、4～20mA (输入电阻 250Ω)
偏置值	−10～+9V	−20～+17mA
增益值	−9～+10V	−17～+30mA
最大绝对输入	±15V	±30mA
数字量输出	带符号 16 位 二进制	带符号 15 位 二进制
分辨率	0.32mV(20V×1/64000) 2.5mV(20V×1/8000)	1.25μA(40mA×1/32000) 5.00μA(40mA×1/8000)
综合精度	• 环境温度 25℃±5℃ 针对满量程 20(1±0.3%)V(±60mV) • 环境温度 0～55℃ 针对满量程 20V±0.5%(±100mV)	• 环境温度 25℃±5℃ 针对满量程 40(1±0.5%)mA(±200μA) 4～20mA 输入时也相同(±200μA) • 环境温度 0～55℃ 针对满量程 40(1±1%)mA(±400μA) 4～20mA 输入时也相同(±400μA)

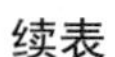

续表

指标＼类型	输入电压	输入电流
A/D 转换时间	500μs×使用通道数 (在 1 个通道以上使用数字滤波器时，5ms×使用通道数)	
绝缘方式	• 模拟量输入部分和 PLC 之间，通过光耦隔离 • 模拟量输入部分和电源之间，通过 DC/DC 转换器隔离 • 各 CH(通道)间不隔离	
输入输出占用点数	8 点(在输入输出点数中的任意一侧计算点数)	

表 6.14　FX_{3U}-4DA 的技术指标

指标＼类型	输入电压	输入电流
模拟量输出范围	DC -10～+10V (外部负载 1kΩ～1MΩ)	DC-20～+20mA、4～20mA (外部负载 500Ω以下)
偏置值	-10～+9V	0～17mA
增益值	-9～+10V	3～+30mA
数字量输入	带符号 16 位二进制	15 位二进制
分辨率	0.32mV(20V/64000)	0.63μA(20mA/32000)
综合精度	• 环境温度 25℃±5℃ 针对满量程 20(1±0.3%)V(±60mV) • 环境温度 0～55℃ 针对满量程 20(1±0.5%)V(±100mV)	• 环境温度 25℃±5℃ 针对满量程 20(1±0.3%)mA(±60μA) • 环境温度 0～55℃ 针对满量程 20(1±0.5%)mA(±100μA)
D/A 转换时间	1ms(与使用的通道数无关)	
绝缘方式	• 模拟量输出部分和 PLC 之间，通过光耦隔离 • 模拟量输出部分和电源之间，通过 DC/DC 转换器隔离 • 各 CH(通道)间不隔离	
输入输出占用点数	8 点(在输入输出点数中的任意一侧计算点数)	

二、特殊功能指令 WR3A 和 RD3A

对于 FX_{3U} 系列 PLC，还支持两个 FX_{0N}-3A 模拟特殊功能模块专用指令，即 WR3A 和 RD3A。

(1) WR3A：特殊功能模块写指令，其使用说明如图 6.16 所示。

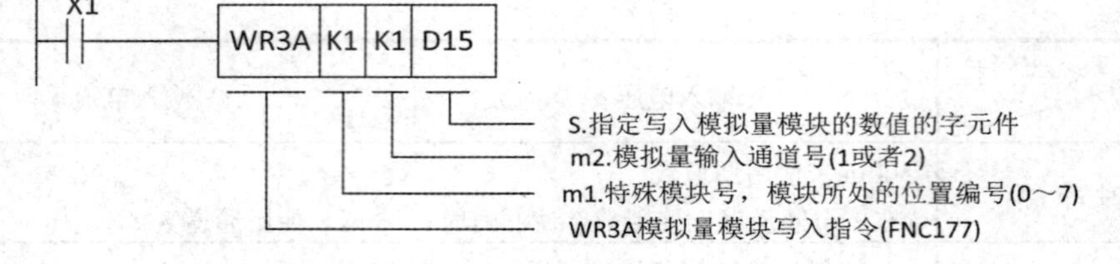

图 6.16　WR3A 指令的使用说明

当 X1 闭合时，从处于 No.0 的 FX_{0N}-3A 中读出缓冲寄存器(BFM)0#1 的 A/D 数据，传送到 PLC 的 D15 中。

(2)　RD3A：特殊功能模块读指令；其使用说明如图 6.17 所示。

当 X1 闭合时，对处于 No.0 的 FX_{0N}-3A 中的缓冲寄存器(BFM)0#16 写入 PLC 中 D1 的数据，以便进行 D/A 转换。

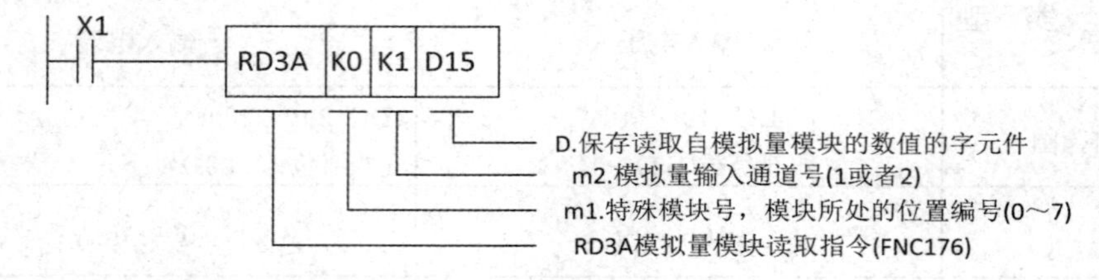

图 6.17　RD3A 指令的使用说明

【研讨训练】

现用 FX_{3U} 系列的 PLC 与 FX_{0N}-3A 的模块及温度传感器构成一个系统，锅炉温度的 0～1000℃对应温度传感器的 4～20mA 输出电流。硬件接线如图 6.18 所示。

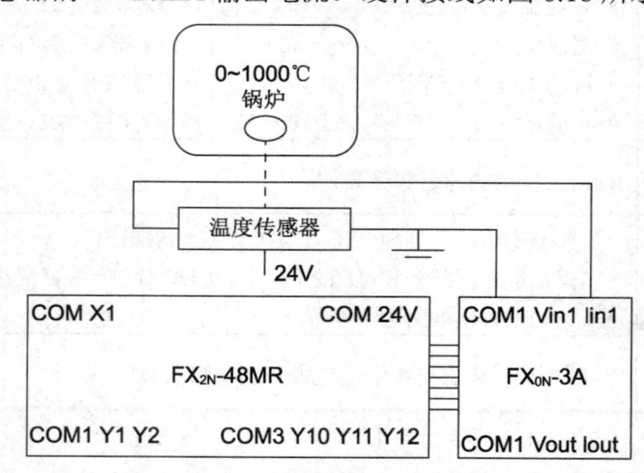

图 6.18　锅炉温度控制系统接线

且应当满足以下条件。

- 温度 $T \leqslant 400$℃时，Y4 输出。
- 温度 400℃$<T<$800℃时，Y7 输出。
- 温度低于 800℃$\leqslant T$ 时，Y11 输出。

试编写出 PLC 梯形图。

任务 6.2　制冷中央空调温度控制

知识目标：

- 了解 FX_{2N}-4AD-PT 模拟特殊功能模块的特性及使用。
- 掌握 PLC 温度模拟量控制系统的编程方法。

能力目标：

- 掌握 FX 系列 PLC 的模拟量模块的接线方法。
- 掌握实现 FX 系列 PLC 模拟量控制系统的编程方法。

【控制要求】

试设计一用 PLC 控制的中央空调制冷系统。该中央空调的制冷由两台压缩机组实现，随温度的不同，开启不同数量的压缩机组。系统要求温度在低于 12℃时不起动机组，在温度高于 12℃时两台机组顺序起动，温度降低到 12℃时停止其中一台机组。要求先起动的一台停止，温度降到 7.5℃时两台机组都停止，温度低于 5℃时，系统发出超低温报警。

注意，在这个控制系统中，温度点的检测可以使用带开关量输出的温度传感器来完成，但是如果系统的温度检测点很多，或根据环境温度变化要经常调整温度点，要用很多开关量温度传感器，占用较多的输入点，安装布线不方便，因此可以考虑把温度信号用温度传感器转换成连续变化的模拟量，那么这个制冷机组的控制系统就是一个模拟量控制系统。

【相关知识】

一、FX_{2N}-4AD-PT 模块的性能指标

FX_{2N}-4AD-PT 模拟量特殊模块的性能指标如表 6.15 所示。其所有的数据输入和参数设置都可以通过软件的控制来调整；一台 FX 最多可连接 8 块 FX-4AD-PT 模块。模拟和数字电路间有光隔离。

表 6.15　FX_{2N}-4AD-PT 模拟量特殊模块的性能指标

类　型 / 指　标	摄氏度/°C	华氏度/°F
	通过读取适当的缓冲区，可得到°C和°F两种数据	
模拟输入信号	铂温度 Pt100 传感器(100 Ω，3 线) 4 通道(CH1、CH2、CH3、CH4) 3850PPM/℃(DIN43760、JISC1604-1989)	
传感器电流	1mA 传感器：100 Ω Pt100	
补偿范围	-100～+600℃	-148～+1112℉

续表

指标 \ 类型	摄氏度/°C	华氏度/°F
	通过读取适当的缓冲区，可得到°C和°F两种数据	
数字输出	−1000～+6000	−1480～+11120
	12位转换11位数据+1符号位	
最小可测温度	0.2～0.3℃	0.36～0.54℉
总精度	全范围的±1%(补偿范围)℃、℉	
转换速度	4通道15ms	

FX_{2N}-4AD-PT模块的温度转换特性曲线如图6.19所示。

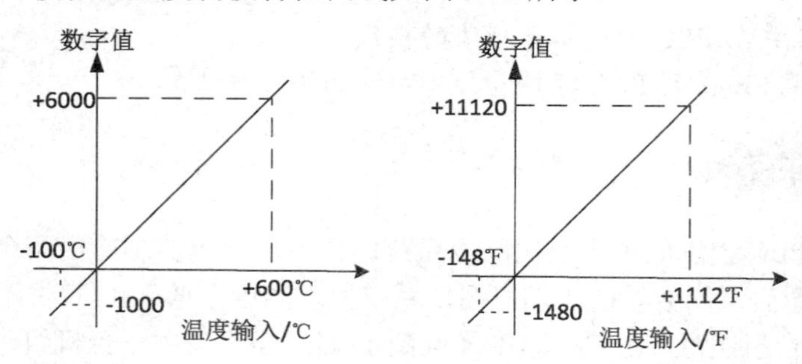

图6.19　FX_{2N}-4AD-PT模块的温度转换特性曲线

二、FX_{2N}-4AD-PT模块输入端的接线方式

FX_{2N}-4AD-PT模拟量模块输入端的接线方式如图6.20所示。

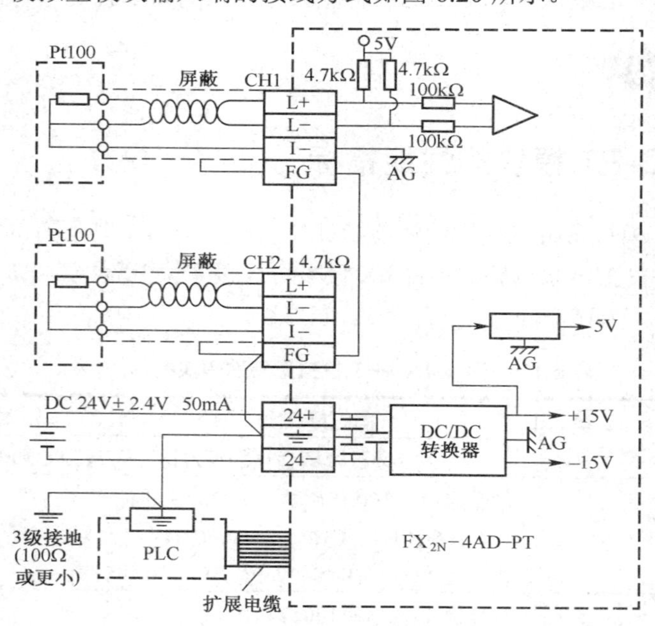

图6.20　FX_{2N}-4AD-PT模拟量模块输入端的接线方式

注意： 应使用 Pt100 传感器的电缆或双绞屏蔽电缆作为模拟输入电缆，并且与电源或其他可能产生电器干扰的电线隔开。

3 种配线方法以压降补偿的方式来提高传感器的精度。

如果存在电器干扰，可将外壳底线端子(FG)连接到的接地端与主单元的接地端连接。可行的话，在主单元使用 3 级接地。对于模拟量模块的供电，采用 24V 供电，可以通过稳压电源和开关电源进行供电。

三、FX_{2N}-4AD-PT 模块的缓冲寄存器(BFM)分配

FX_{2N}-4AD-PT 模块的 BFM 分配如表 6.16 所示。表中带*的地址可用 TO 命令写入 A/D 模块，不带*的地址可用 FROM 命令从 A/D 模块读出。

表 6.16　FX_{2N}-4AD-PT 模块的 BFM 分配

BFM	内　容
*#1 ～ *#4	平均值取样次数(1～4096)，默认值=8
*#5 ～ *#8	CH1～CH4 在 0.1℃单位下的平均温度
*#9 ～ *#12	CH1～CH4 在 0.1℃单位下的当前温度
*#13 ～ *#16	CH1～CH4 在 0.1℉单位下的平均温度
*#17 ～ *#20	CH1～CH4 在 0.1℉单位下的当前温度
*#21 ～ *#27	保留
*#28	数字范围错误锁存
#29	错误状态
*#30	识别码 K2040
*#31	保留

四、FX_{2N}-4AD-PT 模块的程序范例

FX_{2N}-4AD-PT 模块占用特殊模块号 2 的位置，平均值取样次数设为 4。输入通道 CH1～CH4 以表示的平均值分别保存在数据寄存器 D0～D4 中。其程序如图 6.21 所示。

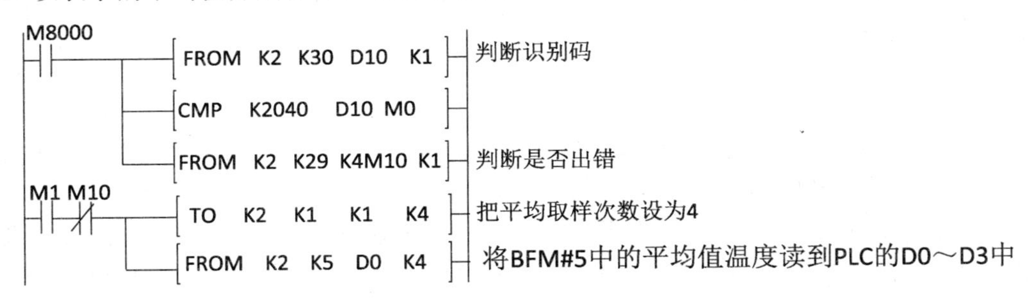

图 6.21　程序范例

【任务实施】

一、I/O 分配

本系统只需选用 FX_{3U}-32MR 基本单元与 FX_{2N}-4AD-PT 模拟量输入单元，就能方便地实现控制要求。

其 I/O 分配如下。

- 系统的输入信号：起动按钮、停止按钮、压力保护 1、压力保护 2、过载保护 1、过载保护 2、手动/自动转换、手动起动 1、手动起动 2 等。
- 系统的输出信号：1 号和 2 号机组的控制，压力、过载、超低温报警等。

二、硬件接线

PLC 硬件接线示意如图 6.22 所示。配线时，使用带屏蔽的补偿导线和模拟输入电缆配合，屏蔽一切可能产生的干扰。FX_{2N}-4AD-PT 的特殊功能模块编号为 0。模拟量输入选用通道 1。

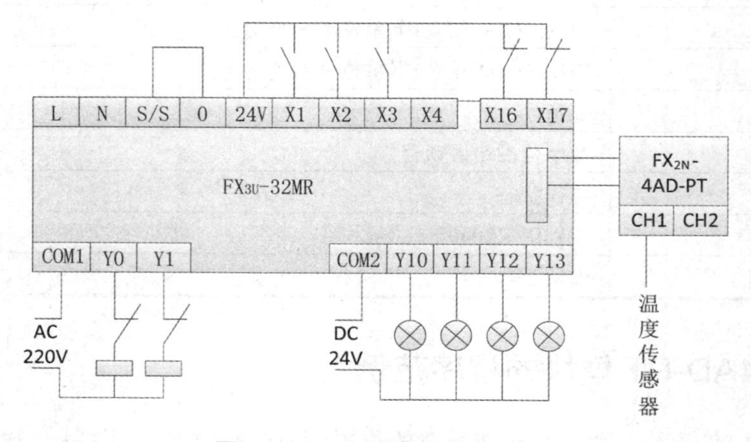

图 6.22　PLC 硬件接线示意图

三、程序设计

制冷系统温度控制的梯形图如图 6.23 所示。

本程序首先利用 FROM 指令将缓冲存储器#30 的识别码读入 D10 中，通过 CMP 指令将 D10 中的识别码与 K2040 比较，如果识别码正确，则 M101 闭合，此时通过 TO 指令设置 4 个通道的输入类型及写入平均取样次数，再利用 FROM 读取采样平均值送 D0，最后应用区间比较指令 ZCP 和比较指令 CMP 将热电偶测量的温度与设定值进行比较。如果温度处在 6～10℃则 M21 闭合，驱动第一台压缩机起动运行；如果温度高于 10℃则 M22 闭合，这样第一台和第二台压缩机将同时运行；当温度低于 3℃时，系统发出超低温警报；从而完成整个制冷系统的控制。

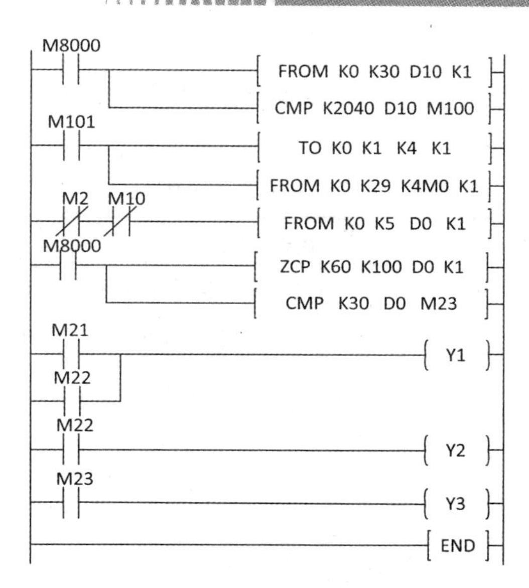

图 6.23　制冷系统温度控制的梯形图

四、运行调试

(1) 按图 6.22 所示将主电路与 PLC 的 I/O 接线连接起来。

(2) 用专业的编程电缆，将装有 GX Developer 编程软件的上位机的 RS-232 口与 PLC 的 RS-422 口连接起来。

(3) 接通电源，PLC 电源指示灯(POWER)亮，说明 PLC 已通电。将 PLC 的工作方式开关扳到 STOP 位置，使 PLC 处于编程状态。

(4) 用 GX Developer 编程软件将图 6.23 中的程序写入 PLC 中。

(5) 按控制要求调试运行。

【知识拓展】

一、FX_{2N}-4AD-TC 模块的性能指标

FX_{2N}-4AD-TC 模块的温度转换特性曲线如图 6.24 所示。

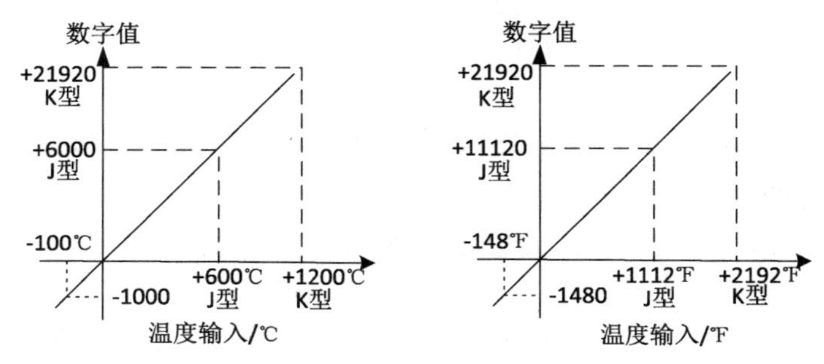

图 6.24　FX_{2N}-4AD-TC 模块的温度转换特性曲线

FX_{2N}-4AD-TC 模拟量特殊模块的性能指标如表 6.17 所示。其所有的数据输入和参数设置都可以通过软件的控制来调整；一台 FX 最多可连接 8 块 FX_{2N} -4AD-PT 模块。模拟和数字电路间有光隔离。

表 6.17　FX_{2N}-4AD-TC 的性能指标

类　型 / 指　标	摄氏度/°C		华氏度/°F	
	通过读取适当的缓冲区，可得到°C和°F两种数据			
模拟输入信号	热电偶；类型 K 或类型 J(每个通道都可用)，4 通道			
额定温度范围	K	-100～1200℃	K	-148～2192℉
	J	100～600℃	J	-148～1112℉
数字输出	K	-1000～12000	K	-1480～21920
	J	-1000～6000	J	-1480～11120
	12 位转换，以 16 位补码形式存储			
最小可测温度	K	0.4℃	K	0.72℉
	J	0.3℃	J	0.54℉
总精度	±0.5%(满量程+1℃)，纯水冷凝点为 0℃/32℉			
转换速度	(240±0.5%)×4 通道(不包括不使用通道)			

二、FX_{2N}-4AD-TC 模块输入端的接线方式

FX_{2N}-4AD-TC 模拟量模块输入端的接线方式如图 6.25 所示。

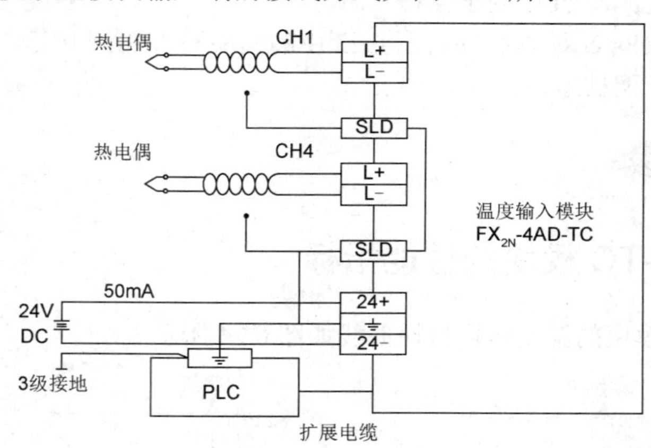

图 6.25　FX_{2N}-4AD-TC 模拟量模块输入端的接线方式

与热电偶连接的温度补偿电缆如下。

- 类型 K：DX-G、KX-GS、KX-H、KX-HZ、WX-H、VX-G。
- 类型 J：JX-G、JX-H。

对于每 10Ω的线阻抗，补偿电缆指示出它比实际温度高 0.12℃，使用前应检查线阻抗。长的补偿电缆容易受到噪声的干扰，建议使用长度小于 100m。

不使用的通道在正负端子之间接上短路线，以防止在这个通道上检测到错误。如果存在过大的噪声，在本单元上将 SLD 端子接到地端子上。

三、FX_{2N}-4AD-PT 模块的缓冲寄存器(BFM)分配

FX_{2N} -4AD-PT 模块的 BFM 分配如表 6.18 所示。

表 6.18　FX_{2N}-4AD-PT 模块的 BFM 分配

BFM	内　容
#0	热电偶类型 K 或 J 选择模式。默认值为 H000
*1 号 ～ *4 号	平均值取样次数(1～256)，默认值=8
*5 号～ *8 号	CH1～CH4 在 0.1℃单位下的平均温度
*9 号～ *12 号	CH1～CH4 在 0.1℃单位下的当前温度
*13 号～ *16 号	CH1～CH4 在 0.1℉单位下的平均温度
*17 号～ *20 号	CH1～CH4 在 0.1℉单位下的当前温度
*21 号～ *27 号	保留
*28 号	数字范围错误锁存
*29 号	错误状态
*30 号	识别码 K2040
*31 号	保留

【研讨训练】

把任务 6.1 的研讨训练——锅炉温度控制系统改用 FX_{3U} 系列的 PLC 与 FX_{2N}-4AD-PT 模块构成系统，满足以下条件。

- 温度 $T \leqslant 400$℃时，Y4 输出。
- 温度 400℃<T<800℃时，Y7 输出。
- 温度 800℃$\leqslant T$ 时，Y11 输出。

试画出 PLC 的接线图，并编写出 PLC 梯形图。

任务 6.3　PLC 与 PLC 的通信控制

知识目标：

- 了解数据通信的相关知识。
- 了解串行异步通信的功能及特点。
- 掌握 FX_{3U} 系列 PLC 的并联链接通信的实现方法。

能力目标：

- 掌握 FX 系列 PLC 的并联链接的接线方法。
- 重点掌握 FX 系列 PLC 的并联链接的参数设置及编程。

【控制要求】

试设计一个两台 FX_{3U} 系列 PLC 构成的并联链接通信系统，要求两台 PLC 之间能实现以下功能。

(1) 将主站的输入点 X0～X7 输出到从站的输出点 Y0～Y7。

(2) 当主站的计算值(D0+D2)小于等于 100 时，从站的 Y10 为 ON。

(3) 将从站的 M0～M7 的状态传送到主站，通过主站的 Y0～Y7 输出。

(4) 将从站的数据寄存器 D10 的值送到主站，作为主站定时器 T0 的设定值。

【相关知识】

当任意两台设备之间有信息交换时，它们之间就产生了通信。通过对通信技术的应用，可以实现在多个系统之间的数据传送、交换和处理。数字设备之间交换的信息都是由 0 和 1 表示的数字信号，通常把这样具有一定编码要求的数字信号称为数据信息，它们之间的通信称为数据通信。下面简单介绍数据通信的概念和 PLC 通信的实现。

一、通信基础

(一)通信系统的组成

一个数据通信系统一般由传送设备、传送控制设备、通信介质、通信协议和通信软件等部分组成，各部分之间的关系可用图 6.26 表示。

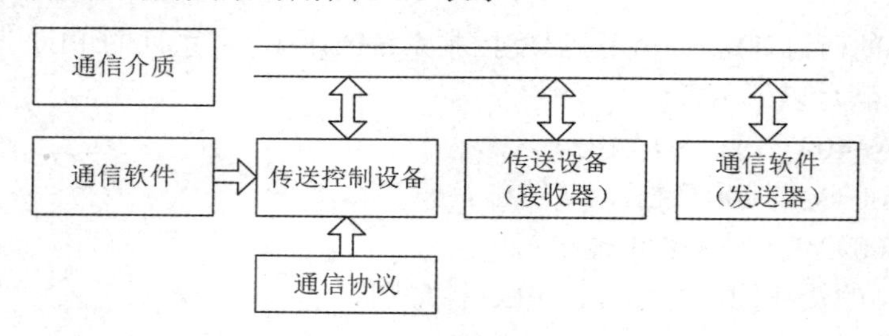

图 6.26　通信系统的构成

传送设备至少有两个，一个发送设备、一个接收设备。对于多台设备之间的数据传送，其中还有主从之分。主设备起控制、发送和处理信息的主导作用，从设备被动地接收、监控和执行主设备的信息。主从关系在实际通信时由数据传送的结构来确定。在 PLC 的通信系统中，传送设备可以是 PLC、计算机或各种外围设备。

传送控制系统主要用于控制发送和接收之间的同步协调，以保证信息发送和接收的一致性。

通信介质是信息传送的基本通道，是发送设备和接收设备之间的桥梁。

通信协议是通信过程中必须严格遵守的各种数据传送规则，是通信得以进行的基础。

通信软件用于对通信的软、硬件进行统一调度、控制和管理。

(二)通信方式

1. 数据传输方式

1)　并行通信和串行通信

数据通信有两种基本方式，即并行通信方式和串行通信方式，如图 6.27 所示。

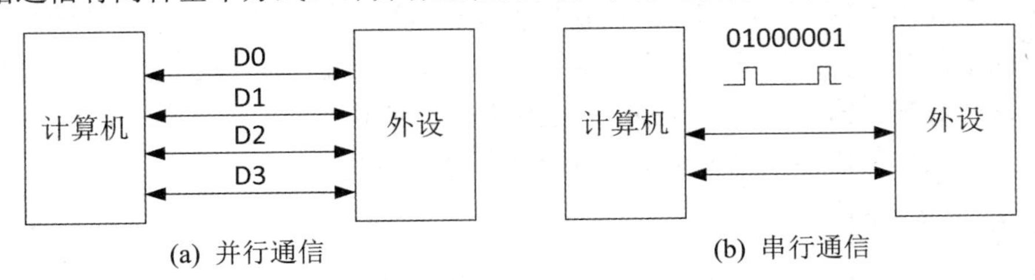

图 6.27　并行通信和串行通信

并行通信是指所传送数据的各位同时发送或接收。在并行通信中，并行传送的数据有多少位，传输线就有多少根，因此传送数据的速度很快。但是如果数据位数较多，传送距离较远，就会导致线路复杂、成本高。所以，并行通信不适合远距离传送。

串行通信是指所传送的数据按顺序一位一位地发送或接收。不管传送的数据有多少位，只需 1～2 根传输线分时传送即可。串行通信在长距离传送时，通信线路简单且成本低，但传送数据的速度比并行通信慢，适合于多位数、长距离传送。近年来，串行通信技术飞速发展，传送速率可达每秒兆字节的数量级。串行通信广泛应用于 PLC(R-I/O 现场总线等)、分布式控制(DCS 系统)。

2)　同步传送和异步传送

发送端与接收端之间的同步问题是数据通信中的一个重要问题。同步不好，轻则导致误码增加，重则使整个系统不能正常工作。为解决这一传送过程中的问题，在串行通信中采用了两种同步技术，即异步传送和同步传送。

异步传送也称为起止式传送，它是利用起止法实现收发同步。在异步传送中，被传送的数据编码成一串脉冲，字节传送的起始位由“0”开始，然后是被编码的字节，通常规定低位在前，高位在后，接下来是校验位(可省略)；最后是停止位“1”(可以是 1 位、1.5 位或 2 位)表示字节的结束。例如，传送一个 ASCII 码字符(每个字节符有 7 位)，若选用 2 位停止位，那么传送这个 7 位的 ASCII 码字符就需 11 位，其中包含 1 位起始位、1 位校验位、2 位停止位和 7 位数据位。其异步传送的格式如图 6.28 所示。

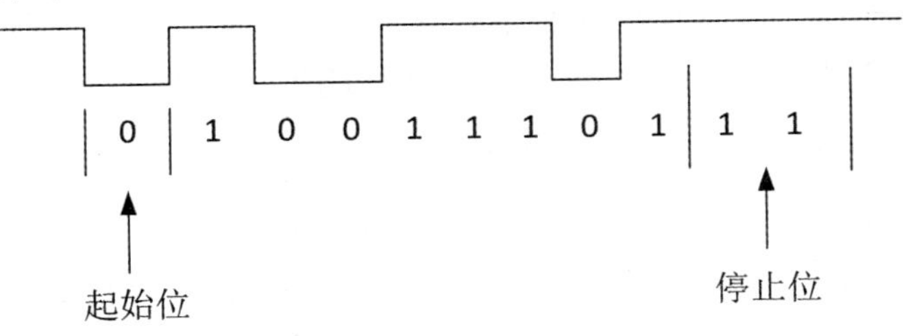

图 6.28　异步传送的格式

异步传送按照这种约定好的固定格式，发送设备一帧一帧地发送，接收设备一帧一帧地接收，在开始位与停止位的控制下，保证数据传送不产生误码。异步通信方式的硬件结构简单，但传送每一字节都要加入开始位、校验位和停止位，传送效率较低，主要用于中、低速数据通信。

同步通信方式与异步通信方式的不同之处在于它以数据块为单位，在每个数据块的开始处加入一个同步字符来控制同步，而在数据块中的每个字节前后不需加开始位、校验位和停止位标记，因而克服了异步传送效率低的缺点。同步传送所需的软、硬件价格昂贵，所以通常只在数据传输速率超过 2000b/s 的系统中才使用。

PLC 通信通常使用半双工或全双工异步串行通信方式。

2. 数据传送方向

在数据通信中，按照数据传送的方向，也可将通信分为单工、半双工和全双工 3 种方向传送，如图 6.29 所示。

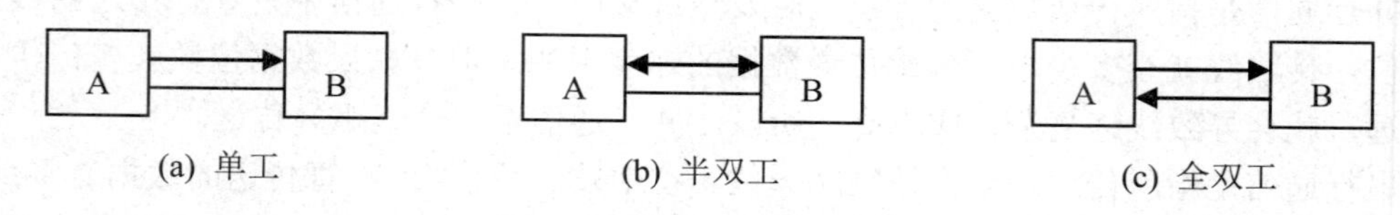

图 6.29 数据传送方向示意图

单工通信是指数据的传送总是保持同一个方向，不能反向传送。如图 6.29(a)所示，其中 A 端只能作为发送端发送数据，B 端只能作为接收端接收数据。

半双工通信就是指信息流可以在两个方向上传送，但同一时刻只限于一个方向传送，如图 6.29(b)所示，其中 A 端和 B 端都具有发送和接收的功能，但传送线路只有一条，或者 A 端发送 B 端接收，或者 B 端发送 A 端接收。

全双工通信方式是指两个通信设备可以同时发送和接收信息。线路上任一时刻都有两个方向的数据在流动，如图 6.29(c)所示。

3. 通信介质

通信介质是指在通信系统中位于发送端和接收端之间的物理通路。通信介质一般可分为导向性和非导向性介质两种。导向性介质有双绞线、同轴电缆和光纤等，这种介质将引导信号的传播方向；非导向性介质一般通过空气传播信号，它不为信号引导传播方向，如短波、微波和红外线通信等。

在各种通信介质中，由于双绞线(带屏蔽)和同轴电缆的成本低、安装简单、性价比较高，故广泛应用于各种通信中。不同的通信介质性能如表 6.19 所示。

4. 通信协议

通信协议是指通信双方对数据传送控制的一种约定，约定中包括对通信接口、同步方式、通信格式、传送速度、传送介质、传送步骤、数据格式及控制字符定义等一系列内容做出统一规定，通信双方必须同时遵守，因此又称为通信规程。

表 6.19　通信介质的性能比较

性　能	双 绞 线	同轴电缆	光　缆
传送速率	1～4Mb/s	1～450Mb/s	10～500Mb/s
连接方法	点对点，多点 1.5km 不用中继器	点对点，多点 1.5km 不用中继器(基带)，10km 不用中继器(宽带)	点对点 50km 不用中继器
传送信号	数字信号、调制信号、模拟信号(基带)	数字信号、调制信号(基带)数字、声音、图像(宽带)	调制信号(基带)数字、声音、图像(宽带)
支持网络	星型、环型	总线型、环型	总线型、环型
抗干扰	好	很好	极好

例如，如果两个人要进行异地通话，那么实现正确的通话应该具备哪些条件呢？首先是通信手段，是手机、座机还是网络视频，这是通信接口的问题。都是用手机，则可以直接进行通话，如果一个用移动，另一个用联通或座机，那还要进行转换，把两个不同的接口标准转换成一个标准。在网络通信中，这种通信手段就是物理层所定义通信接口标准。通常说的 RS-232、RS-422 和 RS-485 就是通信接口标准。其次还要解决通信语言的问题，如果一个人说英语，一个人说汉语(假定一方只懂一种语言)，虽然接通了，仍然不能通话，因为听不懂。所以，还必须规定只能说一种双方都懂的语言，在网络通信中，这就是信息传输的规程，也就是通常所说的通信协议。综上所述，通信协议应该包含两部分内容，即硬件协议(接口标准)和软件协议(通信协议)。

- 硬件协议。串行数据接口标准对接口的电气特性要做出规定，如逻辑状态的电平、信号传输方式、传输速率、传输介质、传输距离等，还要给出使用的范围，是点对点还是点对多点。同时，标准还要对所用硬件做出规定，如用什么连接件、用什么数据线以及连接件的引脚定义和通信时的连接方式等，必要时还要对使用接口标准的软件通信协议提出要求，在串行数据接口标准中，最常用的是 RS-232 和 R-S485 串行接口标准。
- 软件协议。通信协议主要对信息的传输内容做出规定。信息传输的主要内容是对通信接口提出要求，对控制设备间的通信方式进行规定，规定查询和应答的通信周期；同时，还规定传输的数据信息帧(数据格式)的结构、设备的站址、功能代码、所发送的数据、错误检测、信息传输中字符的制式等。

通信协议分为通用通信协议和专用通信协议两种。通用的通信协议是公开透明的，如 MODBUS 通信协议供应商可无偿采用。而专用通信协议则是供应商针对自己所开发的控制设备专门制定的，它只对该控制设备有效，如三菱变频器专用通信协议、西门子变频器的 USS 协议等。

通信协议的核心内容是接口、通信格式和数据格式。

1)　通信接口

PLC 与控制装置的通信采用的方式基本上都由串行通信接口标准及通信协议所包含，下面对最常用的串行通信接口标准 RS-232、RS-485 进行介绍。

RS-232C 接口是美国电子工业协会 EIA 于 1962 年公布的一种标准化接口。RS 是英文“推荐标准”的缩写；232 是标识号；C 表示此接口标准的修改次数。它既是一种协议标准，又是一种电气标准，它规定了终端和通信设备之间信息交换的方式与功能。

RS-232C 接口是计算机普遍配备的接口(COM1、COM2 口)，应用既简单又方便。它采用按位串行通信的方式传递数据，单端接收、单端发送，所以数据传送速率低，但抗共模干扰能力差，波特率规定为 19200、9600、4800、2400、1200、600、300bps 等几种。RS-232C 的最大通信距离为 15m，在通信距离近、传送速率和环境要求不高的场合应用比较广泛。

RS-232C 采用负逻辑，用-5～-15V 表示逻辑状态“1”，用+5～+15V 表示逻辑状态“0”。RS-232C 可使用 9 针或 25 针的 D 型连接器，PLC 一般使用 9 针的连接器，距离较近时，只需要 3 根线(见图 6.30，GND 为信号地)。

RS-232C 使用单端驱动、单端接收的电路(图 6.31)，容易受到公共地线上的电位差和外部引入的干扰信号的影响。

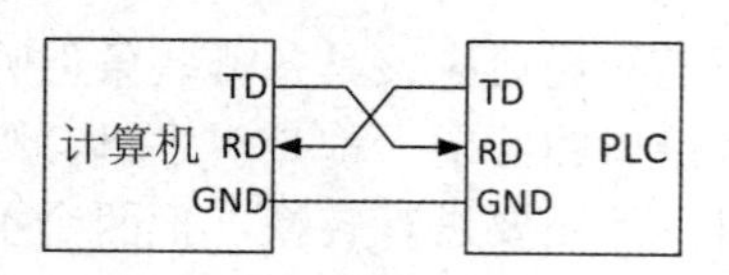

图 6.30 RS-232 的信号线连接

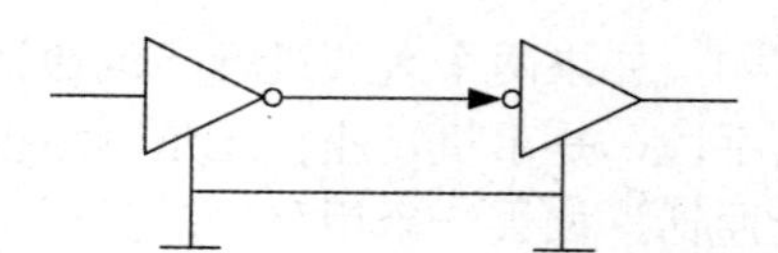

图 6.31 单端驱动单端接收

RS-422A 接口是 EIA 于 1977 年推出的新接口标准 RS-449 的一个子集。它定义 RS-232C 所没有的 10 种电路功能，规定用 37 脚的连接器。它采用平衡驱动、差分接收电路(图 6.32)，从根本上取消了信号地线；发送器、接收器仅使用+5V 的电源，因此通信速率、通信距离、抗共模干扰等方面较 RS-232C 接口都有较大的提高。三菱 FX 系列 PLC 的编程接口为 RS-422 接口。

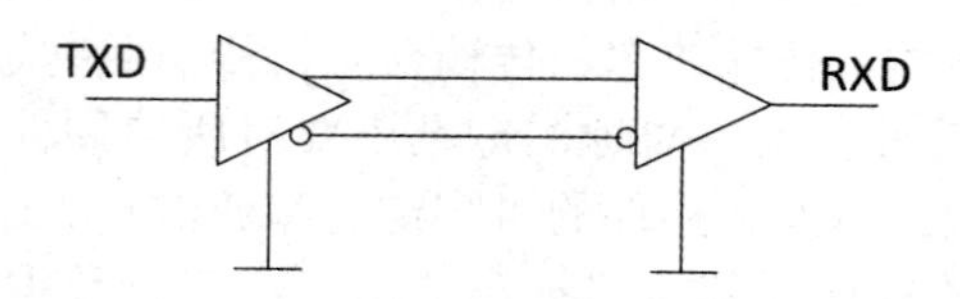

图 6.32 平衡驱动差分接收

平衡驱动器相当于两个单端驱动器，其输入信号相同，两个输出信号互为反相信号，图 6.32 中的小圆圈表示反相。外部输入的干扰信号是以共模方式出现的，两根传输线上的共模干扰信号相同，因接收器是差分输入，共模信号可以互相抵消。只要接收器有足够的抗共模干扰能力，就能从干扰信号中识别出驱动器输出的有用信号，从而克服外部干扰的影响。使用 RS-422A 接口，最大数据传输速率可达 10Mb/s(对应的通信距离为 12m)。最大通信距离为 1200m(对应的通信速率为 10Kb/s)。一台驱动器可以连接 10 台接收器。

RS-485A 接口实际上是 RS-422A 的变形，RS-422A 为全双工，两对平衡信号线分别用于发送和接收；RS-485 为半双工，只有一对平衡差分信号线，不能同时发送和接收。

它的信号传送是用两根导线间的电位差来表示逻辑 1、0 的，这样 RS-485 接口仅需两根传输线，就可完成信号的发送与接收任务。由于传输线也采用差动接收、差动发送的工作方式，而且输出阻抗低、无接地回路问题，所以它的干扰抑制性很好，传输距离可达 1200m，传输速率可达 10Mb/s。使用 RS-485 通信接口和双绞线，可组成串行通信网络，构成分布式系统，系统中最多可有 32 个站，新的接口器件已允许连接 128 个站。

RS-485 现已成为首选的串行接口标准，大部分控制设备和智能化仪器仪表都配有 RS-485 标准的通信接口。PLC 与控制装置的通信基本上都采用 RS-485 串行通信接口标准。

2) 通信格式和数据格式

串行异步通信方式简单可靠、成本低、容易实现。这种通信方式广泛地应用在 PLC 控制系统中，下面简要介绍串行异步通信方式，掌握这些知识对掌握 PLC 通信有很大的帮助。

异步传送是指在数据传送过程中，发送方可以在任意时刻传送字串，两个字串之间的时间间隔是不固定的。接收端必须时刻做好接收的准备。也就是说，接收方不知道发送方什么时候发送信号，很可能会出现当接收方检测到数据并做出响应前，第一位比特已经发过去了。因此首先要解决的问题就是如何通知传送的数据到了。其次，接收方如何知道一个字符发送完毕，要能够区分上一个字符和下一个字符。再次，接收方收到一个字符后如何知道这个字符是否正确。这些问题就要通过数据格式来解决。

图 6.33 所示为起止式异步传送一个字符的数据格式。

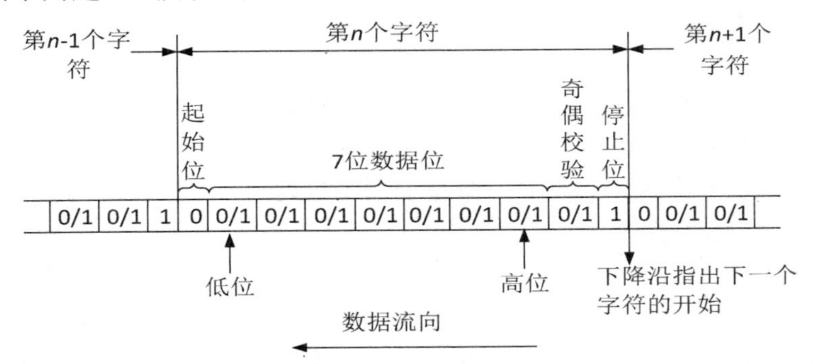

图 6.33 起止式异步传送一个字符的格式

起止式异步通信的特点：一个字符一个字符地传输，每个字符一位一位地连续传输，而且传送字符时，总是从低位开始，依次传送到高位结束，并且传输每个字符时，总是以“起始位”开始，以“停止位”结束，字符之间没有固定的时间间隔要求。每个字符的前面都有一位起始位(低电平，逻辑值 0)，字符本身由 5～8 位数据位组成，接着字符后面是一位校验位(也可以没有)，最后是一位或一位半或两位的停止位，停止位后面是不定长的空闲位。停止位和空闲位都规定为高电平(逻辑值 1)，这样就保证起始位开始处一定有一个下跳沿。这种格式是靠起始位和停止位来实现字符的界定或同步的，所以称为起止式。

异步通信可以采用正逻辑或负逻辑。采用正逻辑时，低电平为逻辑 0，高电平为逻辑 1；采用负逻辑时，低电平为逻辑 1，高电平为逻辑 0。

异步通信的信息格式(通信数据逻辑电平)如表 6.20 所示。

从表 6.20 中的数据格式可以看出，每传送一个字符信息，真正有用的是数据位内容，而起始位、校验位、停止位占了 28%的资源，所以资源浪费严重，这就是异步通信速度比较慢的原因之一。任何一个 PLC 要采用这种方式通信，必须符合这种数据格式。

在串行通信中，通常用波特率来描述数据的传输速率。波特率是指每秒传送的二进制位数，其单位为 bps(bits per second，也可记为 b/s)。它是衡量串行数据速度快慢的重要指标。国际上规定了一个标准波特率(单位 bps)系列：110、300、600、1200、1800、2400、

4800、9600、14.4K、19.2K、28.8K、33.6K、56K。

表 6.20　异步通信的信息格式(通信数据逻辑电平)

位＼格式	电　平	位　数
起始位	逻辑 0	1 位
数据位	逻辑 0 或 1	5、6、7、8 位
校验位	逻辑 0 或 1	1 位或无
停止位	逻辑 1	1 位、1.5 位或 2 位
空闲位	逻辑 1	任意数量

例如，9600bps 是指每秒传送 9600 比特位，包含字符的数位和其他必需的数位，如奇偶校验位等。大多数串行接口电路的接收波特率和发送波特率可以分别设置，但接收方的接收波特率必须与发送方的发送波特率相同；否则数据不能传送。

异步传送时，为了保证数据的正确性，一般采用奇偶校验。这种校验由校验电路自动完成，其校验方法如下。

- 奇校验：在一组给定数据中，如果 1 的个数为偶，则校验位为 1；如果 1 的个数为奇，则校验位为 0。
- 偶校验：在一组给定数据中，如果 1 的个数为偶，则校验位为 0；如果 1 的个数为奇，则校验位为 1。

3)　RS-485 标准接口通信格式

表 6.21 列出了 RS-485 标准接口通信格式。通信格式随控制设备的通信协议不同会有所差异，但 b0～b7 位适用于所有使用 RS-485 总线的控制设备。而 b8～b15 由生产厂家定义。三菱 FX 通信规定 b11、b10、b9 为控制线选取方式，当使用通信板卡 FX_{2N}-485-BD 时，b11b10=11。

通信格式的内容组成 16 位二进制数，称为通信格式字，这个字要写入主站的指定的特殊单元，不同厂家的 PLC 写入的单元也不同。例如，FX_{2N} 系列 PLC 是写入 D8120，台达 PLC 是写入 D1120，西门子是写入 SMB30 或 SMB130(但其写入格式与表 6.21 有差异，而且仅 b0～b7 这 8 位二进制数)。

表 6.21　RS-485 标准接口通信格式

位	内　容	0	1
b0	数据长度	7 位	8 位
b2b1	校验位	00：无校验(N) 01：奇校验(O) 11：偶校验(E)	
b3	停止位	1 位	2 位
b7b6b5b4	波特率	0011:300　0100:600　0101:1200　0110:2400 0111:4800　1000:9600　1001:19200	
b11～b8		未定义	
b15～b12		未定义	

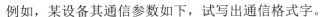

例如，某设备其通信参数如下，试写出通信格式字。

数据长度　　8 位　　则 b0=1

校验位　　偶校验　　则 b2b1=11

停止位　　1 位　　则 b3=0

波特率　　19200bps　　则 b7b6b5b4=1001

根据上述内容，可知其通信格式字为 000000001001011，转为十六进制为 0097H。所以通信格式字为 H0097。

许多控制设备对通信格式字有一种约定的写法，具体如下：

7	N	1	9600
数据长度	校验位	停止位	波特率

5. 主站和从站

连接在网络中的通信站点根据功能可分为主站与从站。

主站可以对网络中的其他设备发出初始化请求；从站只能响应主站的初始化请求，不能对网络中的其他设备发出初始化请求。网络中可以采用单主站(只有一个主站)连接方式或多主站(有多个主站)连接方式。

二、PLC 通信的实现

PLC 的通信是通过硬件和软件实现的。硬件上有专用的通信接口和通信模块；软件上有现成的通信功能指令和上位通信程序。PLC 通信的任务就是把地理位置不同的 PLC、计算机、各种现场设备用通信介质连接起来，按照规定的通信协议，以某种特定的通信方式高效率地完成数据的传送、交换和处理，表 6.22 所示是 FX 系列 PLC 对应的通信功能。

表 6.22　FX 系列 PLC 对应的通信功能

通信种类		功能及用途	
链接功能	CC-Link	功能	对于以 MELSEC A、QnA、Q PLC 作为主站的 CC-Link 系统而言，FX PLC 可以作为远程设备站进行连接。 可以构筑以 FX PLC 为主站的 CC-Link 系统
		用途	生产线的分散控制和集中管理，与上位网络之间的信息交换等
	N∶N 网络	功能	可以在 FX PLC 之间进行简单的数据链接
		用途	生产线的分散控制与集中管理等
	并联链接	功能	可以在 FX PLC 之间进行简单的数据链接
		用途	生产线的分散控制与集中管理等
	计算机链接	功能	可以将计算机作为主站，FX PLC 作为从站进行连接。计算机一侧的协议对应“计算机链接协议格式 1，格式 4”
		用途	数据的采集和集中管理等
	变频器通信	功能	可以通过通信控制三菱变频器 FREQROL
		用途	运行监视、控制值的写入、参数的参考及变更等

续表

通信种类		功能及用途	
串行通信功能	无协议通信	功能	可以与具备 RS-232C 或者 RS-485 接口的各种设备，以无协议的方式进行数据交换
		用途	与计算机、条形码阅读器、打印机、各种测量仪表之间的数据交换
	编程通信	功能	除了 PLC 标准配备的 RS-422 端口外，还可以增加 RS-232C 和 RS-422 端口
		用途	同时连接两台人机界面或者编程工具等
	远程维护	功能	可以通过调制解调器用电话线连接远距离的 PLC，实现程序的传送和监控等远程访问
		用途	用于对 FX PLC 的顺控程序进行维护
I/O 链接功能	CC-Link/LT (FX_{3UC} 内置)	功能	可以构筑以 FX PLC 为主站的 CC-Link/LT 系统
		用途	控制柜内、设备中的省配线网络
	AS-i 系统	功能	可以构筑以 FX PLC 为主站模块的 AS-i(Actuator Sensor Interface)系统
		用途	控制柜内、设备中的省配线网络
	MELSEC I/O LINK	功能	通过在远距离的输入输出设备附近配置远程 I/O 单元，可以实现省配线
		用途	远距离的输出输出设备的 ON/OFF 控制

下面主要介绍与任务有关的并联链接通信，其余通信类型在知识拓展部分介绍。

1. 并联链接通信

并联链接就是指两台同一系列的 PLC 之间相互通信，又称为网络 1∶1 通信。并联链接可通过 FX_{2N}-485-BD 内置通信板和专用的通信电缆，或者通过 FX_{2N}-CNV-BD 内置通信板、FX_{0N}-485ADP 特殊适配器和专用通信电缆来实现。

根据要链接的点数，可以选择普通模式和高速模式两种模式。总延长距离最大可达 500m。其解决方案如表 6.23 所示。

表 6.23　并联链接通信解决方案

项　目		规　格
传输标准		与 RS-485 及 RS-422 一致
最大扩展传输距离		每一个网络单元都使用 FX_{0N}-485ADP 时，500m；当使用功能扩展板(FX_{1N}-485-BD-FX_{2N}485-BD)时，50m(合并时：50m)
通信方式		半双工
波特率/bps		19200
可连接站点数		1∶1
刷新范围	FX_{1S} 系列 PLC	[主站到从站]位元件：50 点，字元件：10 点* [从站到主站]位元件：50 点，字元件：10 点*
	FX_{1N} / FX_{2N} / FX_{2NC} 系列	[主站到从站]位元件：100 点，字元件：10 点* [从站到主站]位元件：100 点，字元件：10 点*

续表

项目		规格
通信时间/ms		正常模式：70ms，包括交换数据+主站运行周期+从站运行周期 高速模式：20ms，包括交换数据+主站运行周期+从站运行周期
连接设备	FX_{1S}系列	FX_{1N}-485-BD 或者 FX_{1N}-CNV-BD 和 FX_{0N}-485ADP
	FX_{1N}系列	
	FX_{2N}系列	FX_{1N}-485-BD 或者 FX_{1N}-CNV-BD 和 FX_{0N}-485ADP
	FX_{2NC}系列	FX_{0N}485ADP 专用适配器

注：在高速模式中，字元件为 2 点。

当两个 FX 系列的 PLC 的主单元分别安装一块通信模块后，用单根双绞线连接即可，编程时设定主站和从站，应用特殊继电器在两台 PLC 间进行自动的数据传送，很容易实现数据通信连接。主站和从站由 M8070 和 M8071 设定，并联链接有普通和高速两种模式，由 M8162 的通断识别。选用普通模式(特殊辅助继电器 M8162：OFF)时，主从站的设定和通信用辅助继电器和数据寄存器，如图 6.34 所示。

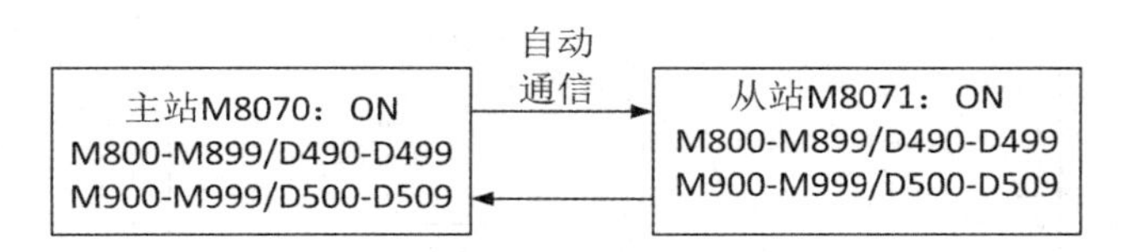

图 6.34　普通模式下主、从站设定及通信元件

从图 6.35 中可以看出，主站中，辅助继电器 M800～M899 的状态不断被传送到从站的辅助继电器 M800～M899 中，这样，从站的 M800～M899 和主站的 M800～M899 的状态完全对应相同。同样，从站的辅助继电器 M900～M999 的状态不断被传送到主站的辅助继电器 M900～M999 中，两者状态相同。对数据寄存器来说，主站的 D490～D499 的存储内容不断送到从站的 D490～D499 中，而从站的 D500～D509 的存储内容则不断送到主站的 D500～D509 中，两边数据完全一样。这些状态和数据互相传送的软元件，称为链接软元件。两台 PLC 的并联连接的通信控制就是通过链接软元件进行的。高速模式(特殊辅助继电器 M8162：ON)仅有两个数据字读写，主从站的设定和通信用数据寄存器如图 6.35 所示。

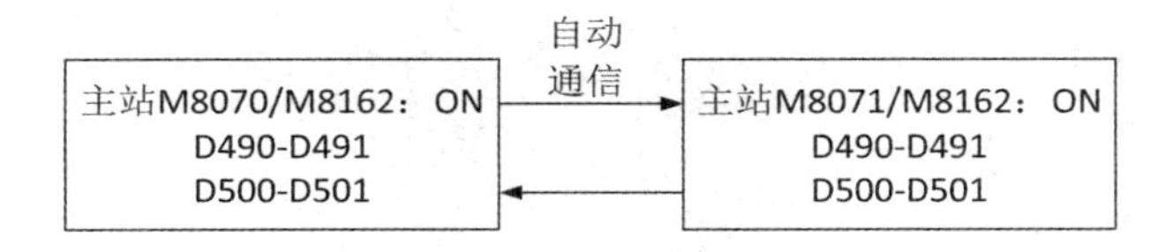

图 6.35　高速模式下主、从站设定及通信元件

在进行通信控制时，先对自己的链接软元件进行编程控制，另一方则根据相应的链接软元件按照控制要求进行编程处理。因此，两台 PLC 相连接进行通信控制时，双方都要进行程序编制才能达到控制要求。

2. RS-485 通信模块

FX_{2N} 系列 PLC 常用的通信器件有功能扩展板、特殊适配器和通信模块三类，其主要用途和实现的通信功能如表 6.24 所示。

表 6.24　FX_{2N} 系列 PLC 简易通信常用设备一览表

类型	型　号	主要用途	对应通信功能				
			PLC 简易通信	并行链接	计算机链接	无协议通信	外围设备通信
功能扩展板	FX_{2N}-232-BD	与计算机及其他配备 RS-232 接口的设备连接	×	×	○	○	○
	FX_{2N}-485-BD	PLC 间 *N*∶*N* 接口；并联链接 1∶1 接口；以计算机为主机的专用协议通信用接口	○	○	○	○	×
	FX_{2N}-422-BD	扩展用于与外围设备连接	×	×	×	×	○
	FX_{2N}-CNV-BD	与适配器配合实现端口转换	—	—	—	—	—
特殊适配器	FX_{0N}-232ADP	与计算机及其他配备 RS-232 接口的设备连接	×	×	○	○	○
	FX_{0N}-485ADP	PLC 间 *N*∶*N* 接口；并联链接的 1∶1 接口；以计算机为主机的专用协议通信用接口	○	○	○	○	×
通信模块	FX_{2N}-232-IF	作为特殊功能模块扩展的 RS-232 通信口	×	×	×	○	×
	FX-485PC-IF	将 RS-485 信号转换为计算机所需 RS-232 信号	×	×	○	×	×

注：×为不可；○为可。

FX 系列 PLC 常用的 RS-485 通信模块有 FX_{2N}-485-BD、FX_{0N}-485ADP、FX-485PC-IF 等，下面仅介绍常用的 FX_{2N}-485-BD 模块。

FX_{2N}-485-BD 是 FX_{2N} 系列 PLC 的一个简易通信模块，直接安装在 PLC 的面板上，用于 FX_{2N} 系列 PLC 与 PC 之间、FX_{2N} 系列 PLC 之间、FX_{2N} 系列 PLC 与控制设备之间进行 RS-485 标准接口串行数据传送。其外形如图 6.36 所示。

图 6.36　FX_{2N}-485-BD 的外形

FX_{2N}-485-BD 通信板上有 5 个接线端子，分别是 SDA、SDB(数据发送)、RDA、

RDB(数据接收)和 SG(公共信号地)，如图 6.37 所示。有两个 LED 灯，可显示通信是否正常。发送数据时，SDLED 灯高速闪烁，而接收数据时，RDLED 灯高速闪烁。

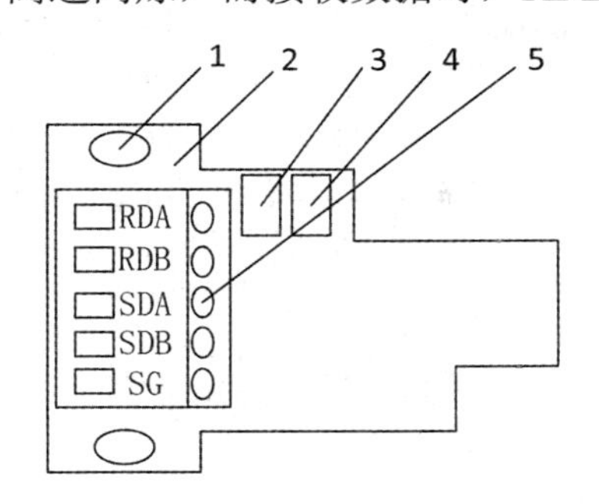

图 6.37　FX_{2N}-485-BD 通信板接线端子

1—安装孔；2—PLC 连接器；3—SDLED 发送时高速闪烁；
4—RDLED 接收时高速闪烁；5—连接 RS485 单元端子

为了保证通信正常，连接 RS-485-BD 到通信控制设备单元时，建议使用屏蔽双绞电缆，电缆的特性为 AWG26-16。

【任务实施】

一、I/O 分配

根据任务要求，该系统主站的输入点 X0～X7 可各接入一个开关，通过改变开关的状态，观察是否实现控制要求。

二、硬件接线

该系统的接线如图 6.38 所示，每个站点的 PLC 都连接一个 FX_{2N}-485-BD 通信板，通信板之间用单根双绞线连接。

PLC 的输入点和输出点接线未画出，读者可自行连接。

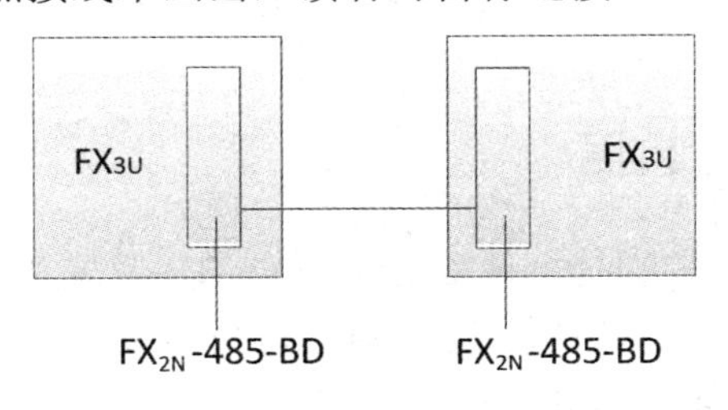

图 6.38　并联链接通信

三、程序设计

根据系统要求，主站点的梯形图编制如图 6.39 所示。

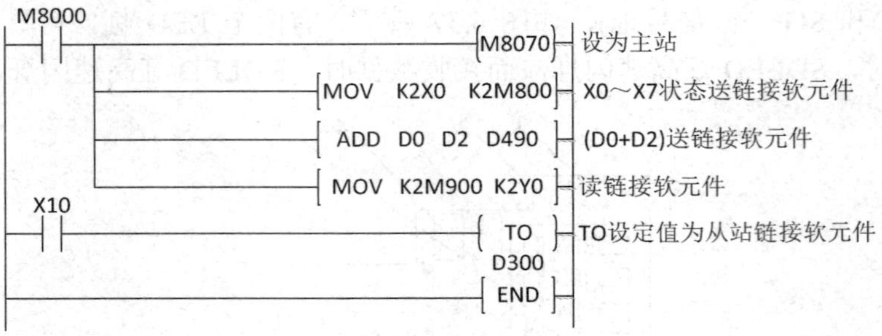

```
M8000
─┤├──┬──────────────────(M8070)─  设为主站
     ├──────[MOV  K2X0  K2M800]─  X0～X7状态送链接软元件
     ├──────[ADD  D0  D2  D490]─  (D0+D2)送链接软元件
     └──────[MOV  K2M900  K2Y0]─  读链接软元件
X10
─┤├───────────────────[TO D300]─  TO设定值为从站链接软元件
──────────────────────────[END]─
```

图 6.39　主站点的梯形图

从站点的梯形图编制如图 6.40 所示。

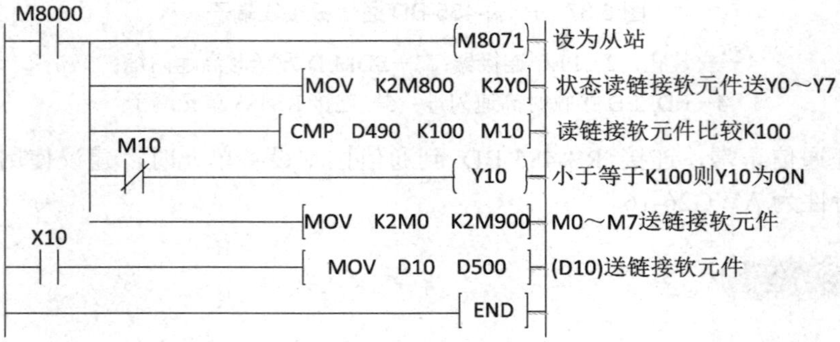

```
M8000
─┤├──┬──────────────────(M8071)─  设为从站
     ├──────[MOV  K2M800   K2Y0]─  状态读链接软元件送Y0～Y7
     ├──[CMP  D490  K100  M10]─  读链接软元件比较K100
     │ M10
     └─┤/├──────────────────(Y10)─  小于等于K100则Y10为ON
     ───────[MOV  K2M0  K2M900]─  M0～M7送链接软元件
X10
─┤├─────────[MOV   D10   D500]─  (D10)送链接软元件
──────────────────────────[END]─
```

图 6.40　从站点的梯形图

四、运行调试

(1)　按图 6.38 所示，将两台 PLC 通过通信板连接起来，在主站点和从站点的 PLC 的输入端子接上按钮。

(2)　编写主站点程序和从站点程序，并分别输入到两台 PLC 中。

(3)　调试运行，观察结果是否正确。

【知识拓展】

一、PLC 与计算机的通信

PLC 与计算机进行通信控制是一种常用的 PLC 通信方式。在这种通信控制方式中，PLC 将各种系统参数发送到计算机，然后计算机对这些数据进行加工处理和分析后，以某种方式显示给操作者，操作者再将需要的 PLC 执行的操作输入到计算机中，由计算机再将操作命令回传给 PLC。可以看出，这种方式能使操作者直观、准确、迅速地了解控制系统的当前运作情况和各种参数设置，便于对系统进行控制和干涉。计算机通信解决方案如表 6.25 所示。

表 6.25 计算机通信解决方案

项 目		规 格
传输标准		与 RS-485(RS-422)或者 RS-232C 相一致
最大扩展距离	RS-485(RS-422)	每一个网络单元都使用 FX_{0N}-485ADP 时：500m；当使用功能扩展板(FX_{1N}-485-BD 或者 FX_{2N}-485-BD)时：50m
	RS-232C	15m
通信方式		半双工，上/下
波特率/bps		300/600/1200/2400/4800/9600/19200
可连接站点数		RS-485(RS-422)：最多 16 个站；RS-232C：一个站
通信协议格式		MELSEC-A 微机链接协议(专用)的格式 1 和格式 4
连接设备 RS-485(RS-422)	FX_{1S} 系列	FX_{1N}-485-BD 或 FX_{1N}-CNV-BD 以及 FX_{0N}-485ADP
	FX_{1N} 系列	
	FX_{2N} 系列	FX_{2N}-485-BD 或 FX2N-CNV-BD 以及 FX_{0N}-485ADP
	FX_{2NC} 系列	FX_{0N}-485ADP
连接设备 RS-232C	FX_{1S} 系列	FX_{1N}-232-BD 或 FX_{1N}-CNV-BD 以及 FX_{0N}-232ADP
	FX_{1N} 系列	
	FX_{2N} 系列	FX_{2N}-232-BD 或 FX_{2N}-CNV-BD 以及 FX_{0N}-232ADP
	FX_{2NC} 系列	FX_{0N}-232ADP
可用的 PLC		FX_{1N}/(1.20 版或者其后的版本)/FX_{1N}/FX2，FX_{2NC}(3.30 版或者其后的版本)/FX_{2N}/FX_{2NC}/A 系列 PLC 微机链接单元

通用计算机的串行通信口为 RS-232 接口标准，而 PLC 的通信口一般是 RS-422 或 RS-485 接口标准，所以需要配接专用的通信接口转换模块(或接口转换器)才能进行通信。编程软件与 PLC 交换信息时，需要配接专用的带转接电路的编程电缆或通信适配器。例如，为了实现编程软件与 FX 系列 PLC 之间的程序传送，需要用 SC-09 编程电缆。

三菱 FX 系列 PLC 与计算机连接有两种模式：一种是一台计算机与一台 PLC 连接；另一种是一台计算机与多台 PLC(最多 16 台)连接。一台计算机与一台 PLC 连接时，一般采用 RS-232C 接口标准，其通信距离不能超过 15m；而一台计算机与多台 PLC 连接时，一般采用 RS-485(或 RS-422)接口标准，其通信距离可达 500m(但包含有 485BD 时为 50m 以内)。

通信时，由计算机发出读/写 PLC 中数据的帧信息，PLC 收到后，返回响应帧信息；用户无须对 PLC 编程，只要在计算机上编写通信程序即可。PLC 的响应帧是自动生成的。

如果计算机使用组态软件，组态软件会提供常见品牌 PLC 的通信驱动程序，用户只需在组态软件中进行通信设置，PLC 侧和计算机侧都不需要设计通信程序。

二、*N*∶*N* 网络通信

N∶*N* 通信就是指在最多 8 台 FX 系列 PLC 之间，通过 RS-485 通信连接，进行软元件相互链接的功能。其中有一台是主站，其余为从站。主站点和从站点之间、从站点和从站点之间均可以进行读/写操作。总延长距离可达 500m。

N∶*N* 通信解决方案如表 6.26 所示。

表 6.26　*N*：*N* 通信解决方案

项　目		规　格
传输标准		与 RS-485 相一致
最大扩展传输距离		每一个网络单元都使用 FX_{0N}-485ADP 时：500m；当使用功能扩展板(FX_{1N}-485-BD 或者 FX_{2N}-485-BD、FX_{3U}-485-BD)时：50m 合并时：50m
通信方式		半双工
波特率/bps		38400
可连接站点数		最多 8 个站点
刷新范围	模式 0	位元件：0 点，字元件：4 点(FX_{1S}/FX_{1N}/FX_{2N}/FX_{2NC}) 如果一系统中使用了一个 FX_{1S}，只能用模式 0
	模式 1	位元件：32 点，字元件：4 点(FX_{1S}/FX_{1N}/FX_{2N}/FX_{2N})
	模式 2	位元件：64 点，字元件：8 点(FX_{1S}/FX_{1N}/FX_{2N}/FX_{2N})
连接设备	FX_{0N} 系列	FX_{2NC}-485ADP 或者 FX_{0N}-485ADP
	FX_{1S} 系列 FX_{1N} 系列	FX_{1N}-485-BD 或者 FX_{1N}-CNV-BD 以及专用适配器 FX_{0N}-485ADP FX_{1N}-CNV-BD 以及专用适配器 FX_{2NC}-485ADP
	FX_{1NC} 系列	专用适配器 FX_{0N}-485ADP 或者 FX_{2NC}-485ADP
	FX_{2N} 系列	FX_{2N}-485-BD 或者 FX_{2N}-CNV-BD 以及专用适配器 FX_{0N}-485ADP FX_{2N}-CNV-BD 以及专用适配器 FX_{2NC}-485ADP
	FX_{2NC} 系列	专用适配器 FX_{0N}-485ADP 或者 FX_{2NC}-485ADP
	FX_{3U} 系列	使用通道 1 时： FX_{3U}-485-BD 或者 FX_{3U}-CNV-BD 以及专用适配器 FX_{3U}-485ADP； 使用通道 2 时： FX_{3U}-□-BD(□为 232、422、485、USB 之一)以及专用适配器 FX_{3U}-485ADP FX_{3U}-CNV-BD、FX_{3U}-□ADP(□为 232、485 之一)以及专用适配器 FX_{3U}-485ADP
	FX_{3UC} 系列	使用通道 1 时： FX_{3U}-485-BD 或者 FX_{3U}-CNV-BD 以及专用适配器 FX_{3U}-485ADP； 使用通道 2 时： FX_{3U}-□-BD(□为 232、422、485、USB 之一)以及专用适配器 FX_{3U}-485ADP FX_{3U}-CNV-BD、FX_{3U}-□ADP(□为 232、485 之一)以及专用适配器 FX_{3U}-485ADP
可用的 PLC		FX_{1S}/FX_{0N}(2.00 版或者其后的版本)/FX_{1N}/FX_{2N}(2.00 版或者其后的版本)/FX_{2NC}/FX_{3U}/FX_{3UC}

根据所使用从站的数量，PLC 所占用的内存软元件地址会不一样，各台 PLC 共享的数据范围有 3 种模式可供选择：模式 0 共享每台 PLC 的 4 个数据寄存器；模式 1 共享每个 PLC 的 32 个辅助继电器 M 和 4 个数据寄存器；模式 3 共享每个 PLC 的 64 个辅助继电器 M 和 8 个数据寄存器。

N：*N* 通信中用到的辅助继电器和数据寄存器如表 6.27 所示。

表 6.27　*N*：*N* 通信的通信元件

元件号		功能说明
辅助继电器	M8038	设置网络参数
	M8179	使用 FX_{3U}、FX_{3UC} 时，设定所使用的通信口的通道。无程序时，使用通道 1；有 OUT　M8179 的程序时，使用通道 2
	M8183	在主站点的通信错误时为 ON
	M8184～M8190	在从站点产生错误时为 ON(第 1 个从站点对应 M8184，第 7 个从站点对应 M8190)
	M8191	在与其他站点通信时为 ON
数据寄存器	D8176	设置站点号，0 为主站点，1～7 为从站点号
	D8177	设定从站点的总数，设定值 1 为一个从站点，2 为两个从站点
	D8178	设定刷新范围，0 为模式 0(默认值)，1 为模式 1，2 为模式 2
	D8179	主站点设定通信重试次数，设定值为 0～10，从站无须设定
	D8180	设定主站点和从站点间的通信驻留时间，设定值为 5～255，对应时间为 50～2550ms

在模式 0(FX_{1S}、FX_{0N}、FX_{1N}、FX_{2N}、FX_{2NC}、FX_{3U}、FX_{3UC})、模式 1(FX_{1N}、FX_{2N}、FX_{2NC}、FX_{3U}、FX_{3UC})、模式 2(FX_{1N}、FX_{2N}、FX_{2NC}、FX_{3U}、FX_{3UC})的情况下，各站点中的链接软元件如表 6.28 所示。

应用时，主站必须编写通信设定程序(主站点号、从站点数量、重试次数、监视时间等)，而主站点和从站点则都要编写相应的读/写程序。下面举例说明 *N*:*N* 通信的实现方法。

例如，试设计一个 3 台 FX_{3U} 系列 PLC 之间的 *N*:*N* 通信系统，系统要求如下。

(1)　刷新范围为模式 1，重试次数 3 次，通信超时 50ms。

(2)　主站点的输入点 X0～X3 输出到从站点 1 和 2 的输出点 Y10～Y13。

(3)　从站点 1 的输入点 X0～X3 输出到主站和从站点 2 的输出点 Y14～Y17。

(4)　从站点 2 的输入点 X0～X3 输出到主站和从站点 1 的输出点 Y20～Y23。

根据任务要求，该系统在 3 台 PLC 的输入点 X0～X3 可各接入一个开关，通过改变开关的状态，观察是否实现控制要求。

表 6.28　模式 0、1、2 的链接软元件

站点号	模式 0 软元件号		模式 1 软元件号		模式 2 软元件号	
	M	D	M	D	M	D
	0 点	4 点	32 点	4 点	64 点	8 点
0		D0～D3	M1000～M1031	D0～D3	M1000～M1063	D0～D7
1		D10～D13	M1064～M1095	D10～D13	M1064～M1127	D10～D17
2		D20～D23	M1128～M1159	D20～D23	M1128～M1191	D20～D27
3		D30～D33	M1192～M1223	D30～D33	M1192～M1255	D30～D37
4		D40～D43	M1256～M1287	D40～D43	M1256～M1319	D40～D47
5		D50～D53	M1320～M1351	D50～D53	M1320～M1383	D50～D57
6		D60～D63	M1384～M1415	D60～D63	M1384～M1447	D60～D67
7		D70～D73	M1448～M1479	D70～D73	M1448～M1511	D70～D77

系统的接线如图 6.41 所示，每个站点的 PLC 都连接一个 FX_{3U}-485-BD 通信板，通信板之间用单根双绞线连接。PLC 的输入点接线未画出。

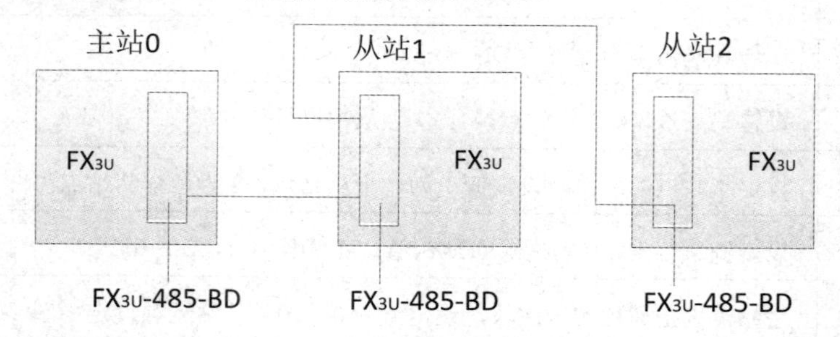

图 6.41　3：3 通信示例的系统接线

根据系统要求，主站点的梯形图编制如图 6.42 所示。

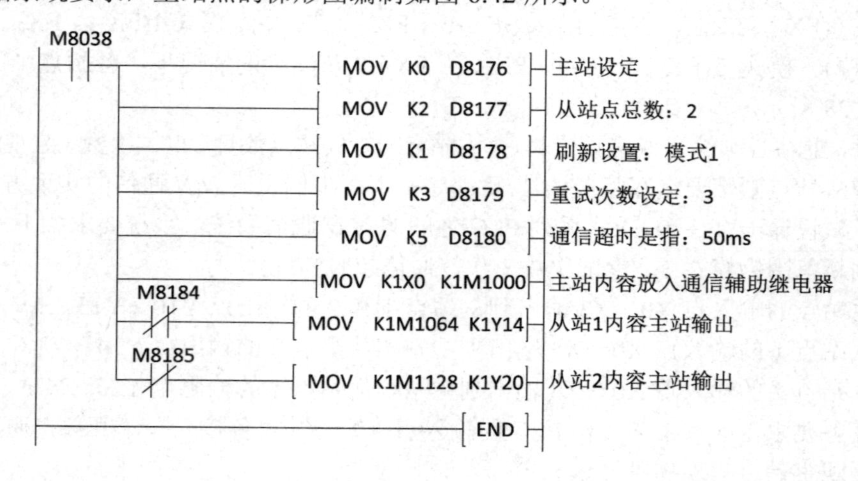

图 6.42　主站点的梯形图

从站点 1 的梯形图编制如图 6.43 所示。

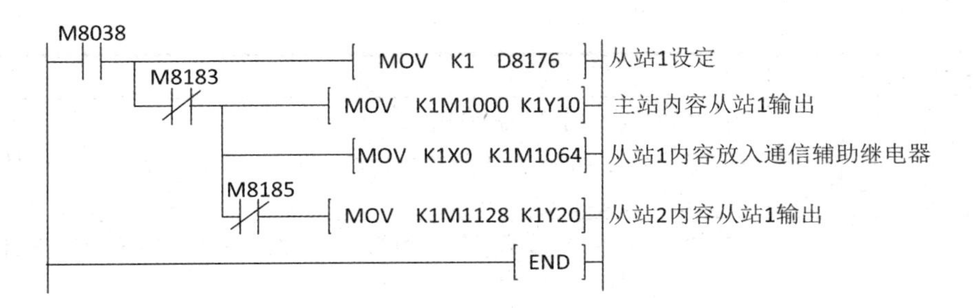

图 6.43 从站点 1 的梯形图

从站点 2 的梯形图编制如图 6.44 所示。

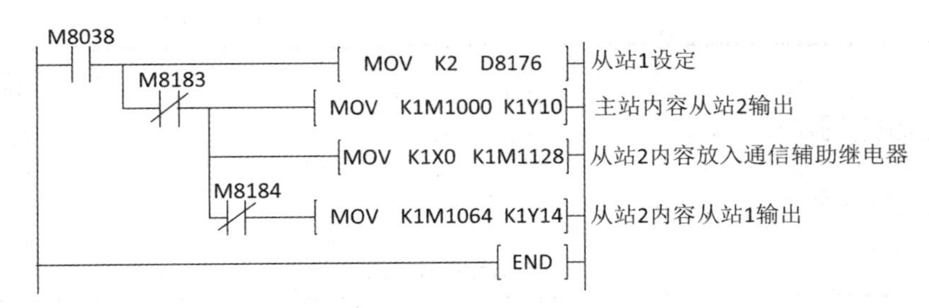

图 6.44 从站点 2 的梯形图

三、无协议通信

大多数 PLC 都有一种串行口无协议通信指令，如 FX 系列的 RS 指令，它们用于 PLC 与上位计算机或其他 RS-232C 设备的通信。这种通信方式最为灵活，PLC 与 RS-232C 设备之间可以使用用户自定义的通信规定，但是 PLC 的编程工作量较大，对编程人员的要求较高。如果不同厂家的设备使用的通信规定不同，即使物理接口都是 RS-485，也不能将它们接在同一网络内，在这种情况下，一台设备要占用 PLC 的一个通信接口。

用各种 RS-232C 单元(包括个人计算机、条形码阅读器和打印机)来进行数据通信，可通过无协议通信完成，此通信使用 RS 指令或一个 FX_{2N}-232IF 特殊功能模块完成。

三菱 FX_{3U} 系列 PLC 利用串行通信传送指令 RS 进行串行通信时，涉及的数据寄存器和辅助继电器如表 6.29 所示。

表 6.29 通信用的数据寄存器和辅助继电器

元 件 号	说 明
D8120 通信格式字存储器	通信前必须先将通信格式字写入该寄存器，否则不能通信。 通信格式写入后，应将 PLC 断电再上电，这样通信设置才有效。 在 RS 指令驱动时，不能改变 D8120 的设定
M8161 数据处理位数辅助继电器	当 M8161=ON 时，处理低 8 位数据；当 M8161=OFF 时，处理 16 位数据。 M8161 为 RS、ASCI、HEX、CCD 指令通用。 如果处理低 8 位数据，必须在使用 RS 等指令前，先对 M8161 置 ON

续表

元件号	说明
M8122 数据发送辅助继电器	当 M8122=ON 时，数据发送。 在 RS 指令驱动时，为发送等待状态，仅当 M8122=ON 时数据开始发送，发送完毕后自动复位
M8123 数据接收辅助继电器	数据发送完毕，PLC 接收回传数据，回传数据接收完毕后 M8123 自动转为 ON，但它不能自动复位。 M8123 自动转为 ON 期间，应先将回传数据传送至其他存储器地址后，再对 M8123 复位，再次转为数据接收等待状态。 在 RS 指令驱动时，为发送等待状态，仅当 M8122=ON 时数据开始发送，发送完毕后自动复位

四、串行通信指令 RS

串行通信指令的使用如表 6.30 所示。

表 6.30　串行通信指令使用说明

指令名称	助记符	指令代码	操作数				程序步
			[S.]	*m*	[D.]	*n*	
串行通信指令	RS	FNC80	D	K、H、D	D	K、H	RS：9 步

下面举例具体说明指令的功能。

图 6.45 所示的梯形图表示当 X0 为 ON 时，有 10 个存在于 PLC 的 D100～D109 中的数据等待发送；最多接收 5 个数据并依次存在 PLC 的 D500～D504 中。这里 D100～D109 中的数据就是 PLC 向其他控制设备发送的数据，而 D500～D504 中的数据是 PLC 接收其他控制设备的数据。这是两组不相干的数据，具体多少根据通信程序确定。

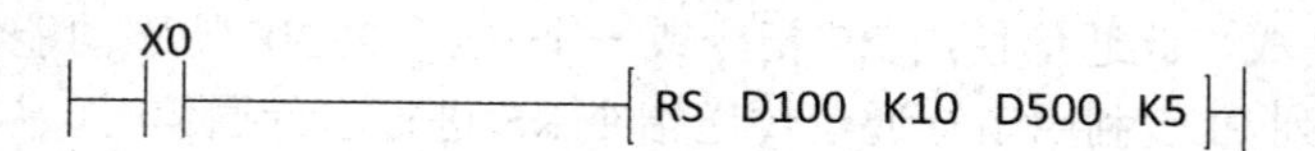

图 6.45　RS 指令的使用说明

使用 RS 指令时应注意以下几点。

(1)　RS 是一个通信指令，在通信前必须将发送数据存放在规定的数据单元中。RS 不是一个发送指令，仅是一个发送准备指令，如上例所示，当 X0 闭合时，PLC 处于发送准备状态，也做好了接收准备工作，只有发送请求到达后才把数据发送出去。

(2)　RS 指令在使用前，必须先将通信格式字写入 D8120，并设置数据处理位数继电器 M8161。其前置程序如图 6.46 所示。

(3)　RS 指令在程序中可多次使用，但每次使用的发送数据地址和接收数据地址不能相同，而且不能同时接通两个或两个以上 RS 指令，某一时刻只能有一个 RS 指令接通。

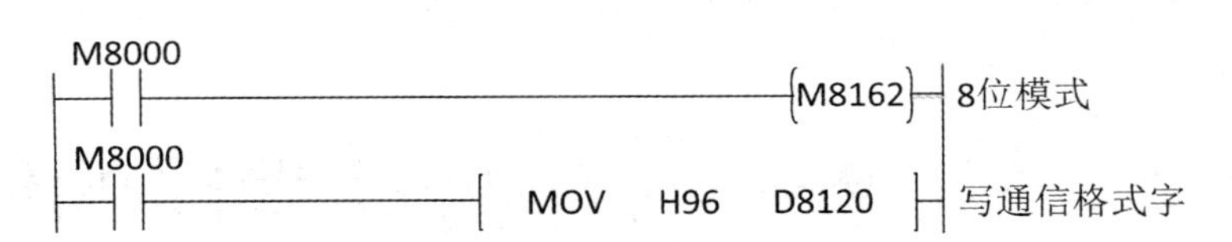

图 6.46　RS 指令的前置程序

【研讨训练】

两台 FX_{3U} 系列 PLC 采用 FX_{3U}-485-BD 内置通信板连接，构成并联链接通信。要求主站的 X0、X5 控制从站的 Y2、Y4，并把 D0、D10 的数据写到从站的 D20、D22 中；从站的 X10、X12 控制主站的 Y6、Y7，并把从站 D5 的数据作为主站定时器 T0 的设定值。试设计满足该要求的主站和从站程序。

附录 A　FX-20P-E 手持编程器的使用

一、概述

FX-20P-E 手持式编程器(简称 HPP)可以用于 FX 系列 PLC，也可以通过转换器 FX-20P-E-FKIT 用于 F1、F2 系列 PLC，以便向 PLC 写入程序，或监控 PLC 的操作状态。

它的功能如图 A.1 所示。

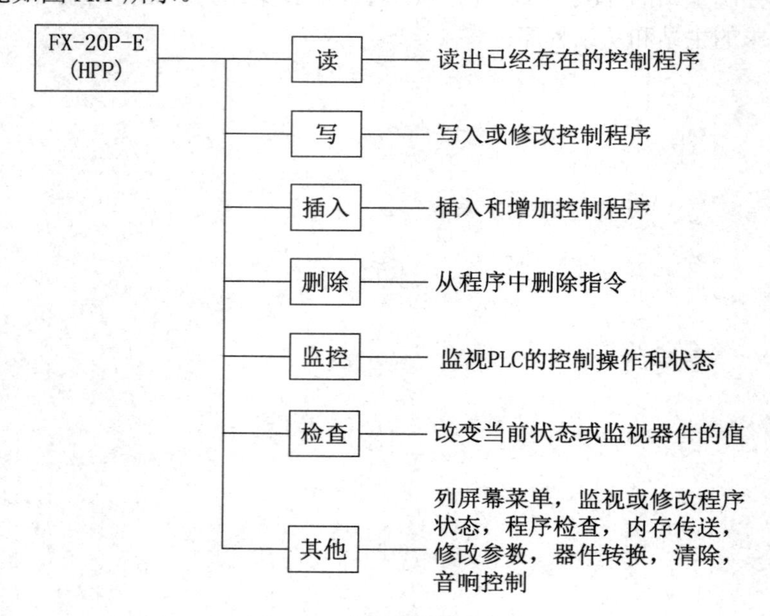

图 A.1　手持编程器的功能

二、FX-20P-E 手持编程器的组成和面板布置

1. FX-20P-E 手持编程器的组成

FX-20P-E 手持编程器由液晶显示屏(16 字符×4 行，带后照明)、ROM 写入器接口、存储器卡盒接口及功能键、指令键、元件符号键、数字键等 5×7 键盘组成。

FX-20P-E 手持编程器配有专用电缆 FX-20P-CAB 与 PLC 主机相连。系统存储卡盒用于存放系统软件。其他如 ROM 写入器模块、PLC 存储器卡盒等为选用件。

2. FX-20P-E 手持编程器的面板布置

FX-20P-E 手持编程器的操作面板如图 A.2 所示。

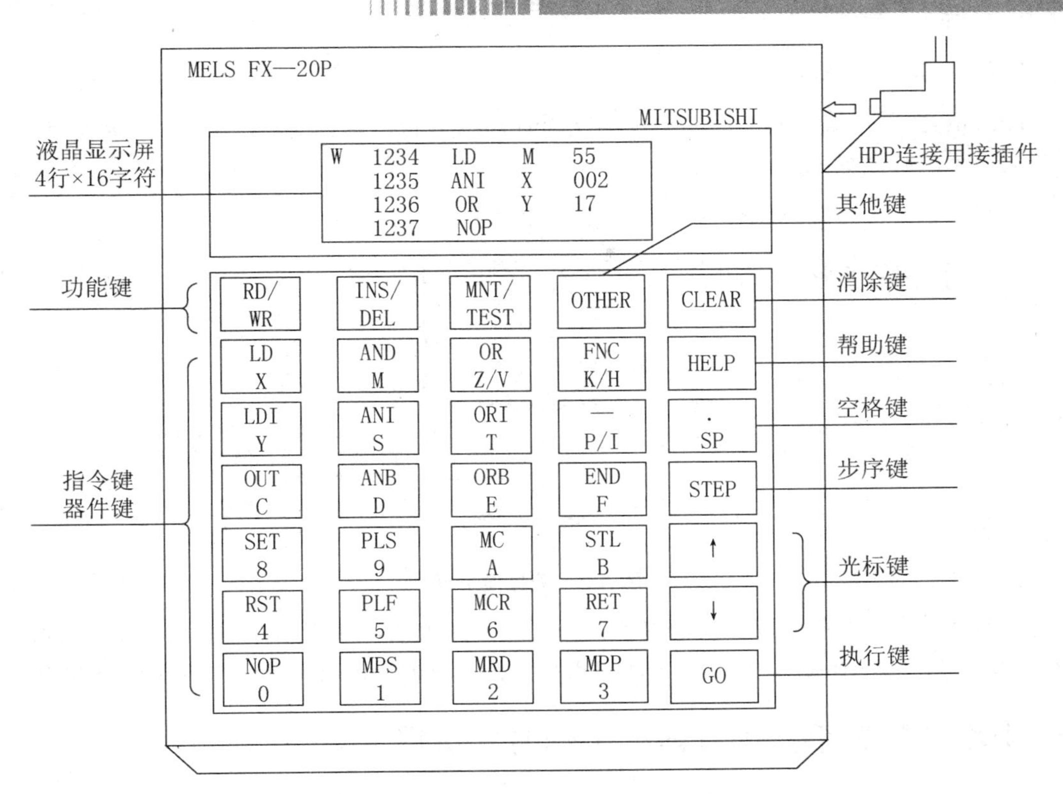

图 A.2　FX-20P-E 手持编程器面板布置

对键盘上各键的作用说明如表 A.1 所示。

表 A.1　FX-10P-E 手持式编程器键的功能说明

键 符 号	键 名 称	功能说明
RD/WR	读/写键	这 3 个为复式功能键，按第一下，选择第一功能，按第二下，选择第二功能
INS/DEL	插入/删除键	
MNT/TEST	监控/检测键	
OTHER	其他键	无论在使用何种操作，按此键，屏幕显示菜单选择方式
CLEAR (红色键)	清除键	在按下 GO 确认键之前，按此键，可清除错误信息，返回到上一个屏幕
HELP	帮助键	显示应用指令菜单，在监控功能下，显示十进制与十六进制之间的转换
SP	空格键	元器件号或常数，连续输入时用此键
STEP	步长键	设置地址号(步数号)
↑ ↓	上、下移动键	移动光标或快速卷动屏幕，选定已用过或未用过的装置号
GO	执行键	确认或执行指令，或连续搜寻屏幕信息
LD X　AND M　NOP 0　MPS 1　…	指令键 符号键 数字键	这种键均是复式键，有两重功能，键上部分为指令，键下部分为数字或元器件号，上、下部的功能根据当前所执行的操作自动进行切换。下部的元件符号“Z/V”“K/H”和“P/I”交替起作用。指令键共 26 个，操作起来方便、直观

3. FX-20P-E 手持编程器的液晶显示屏

FX-20P-E 手持编程器的液晶显示屏能同时显示 4 行，每行 16 个字符，在操作时，显示屏上显示的画面如图 A.3 所示。

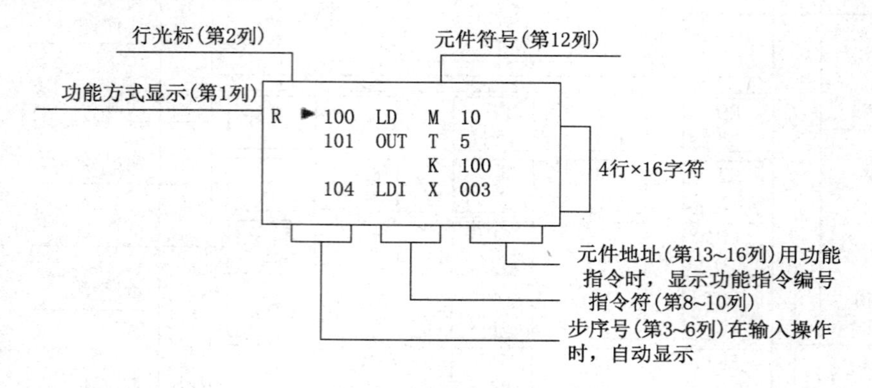

图 A.3 液晶显示屏

液晶显示屏左上角带黑三角的提示符是功能方式说明，现介绍如下：R(Read)—读出；W(Write)—写入；I(Insert)—插入；D(Delete)—删除；M(Monitor)—监视；T(Test)—测试。

三、FX-20P-E 手持编程器的工作方式选择

FX-20P-E 手持编程器具有在线(Online，或称联机)编程和离线(Offline，或称脱机)编程两种方式。在线编程时，编程器与 PLC 直接相连，编程器直接对 PLC 用户程序存储器进行读写操作。若 PLC 内装有 EEPROM 卡盒，则程序写入该卡盒，若没有 EEPROM 卡盒，则程序写入 PLC 内的 RAM 中。在离线编程时，编制的程序首先写入编程器内的 RAM 中，以后再成批传入 PLC 的存储器。

FX-20P-E 手持编程器上电后，其液晶显示屏上显示的内容如图 A.4 所示。

其中闪烁的符号■指明编程器目前所处的工作方式。可用↑或↓键将■移动到选中的方式上，然后按 GO 键，就进入所选定的编程方式。

在联机方式下，用户可用编程器直接对 PLC 的用户程序存储器进行读/写操作，在执行写操作时，若 PLC 内没有安装 EEPROM 存储器卡盒，则程序写入 PLC 的 RAM 存储器内；反之则写入 EEPROM 中，此时，EEPROM 存储器的写保护开关必须处于 OFF 位置。只有用 FX-20P-RWM 型 ROM 写入器才能将用户程序写入 EPROM。

按 OTHER 键则进入工作方式选择的操作。液晶显示屏显示的内容如图 A.5 所示。

```
PROGRAM   MODE
■ONLINE   (PC)
 OFFLINE  (HPP)
```

图 A.4 上电后显示的内容

```
ONLINE  MODE  FX
■1. OFFLINE   MODE
 2.PROGRAM  CHECK
 3.DATA   TRANSFER
```

图 A.5 工作方式选择

闪烁的符号■表示编程器所选择的工作方式，按↑或↓键将■上移或下移到所需的位置，再按 GO 键，就进入选定的工作方式。

在联机编程方式下，可供选择的工作方式共有 7 种。

- OFFLINE MODE(脱机方式)：进入脱机编程方式。
- PROGRAM CHECK：程序检查，若无错误，则显示“NO ERROR”；若有错误，则显示出错误指令的步序号及出错代码。
- DATA TRANSFER：数据传送，若 PLC 内安装有存储器卡盒，在 PLC 的 RAM 和外装的存储器之间进行程序和参数的传送；反之则显示“NO MEM CASSETTE”(没有存储器卡盒)，不进行传送。
- PARAMETER：对 PLC 的用户程序存储器容量进行设置，还可以对各种具有断电保持功能的编程元件的范围以及文件寄存器的数量进行设置。
- XYM. .NO. CONV.：修改 X、Y、M 的元件号。
- BUZZER LEVEL：蜂鸣器的音量调节。
- LATCH CLEAR：复位有断电保持功能的编程元件。

对文件寄存器的复位与它所使用的存储器类别有关，只能对 RAM 和写保护开关处于 OFF 位置的 EEPROM 中的文件寄存器复位。

在写入程序之前，一般需要将存储器中的原有内容全部清除，具体操作按图 A.6 进行。

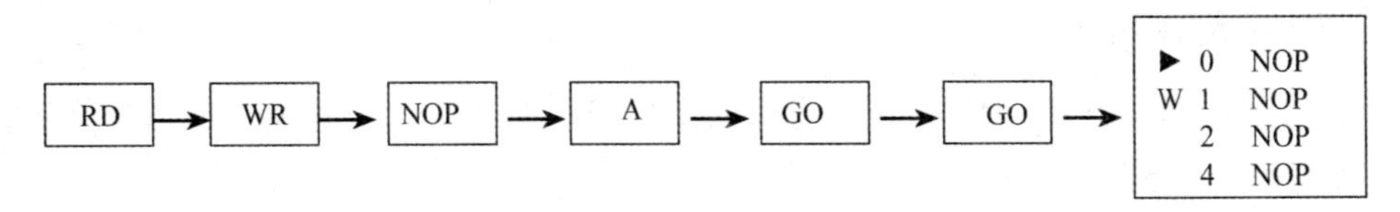

图 A.6　清零操作的顺序

四、指令的读出

(一)根据步序号读出

基本操作如图 A.7 所示，先按 RD/WR 键，使编程器处于 R(读)工作方式，如果需读出步序号为 100 的指令，可按图 A.7 所示的顺序操作，则该步指令就会显示在屏幕上。

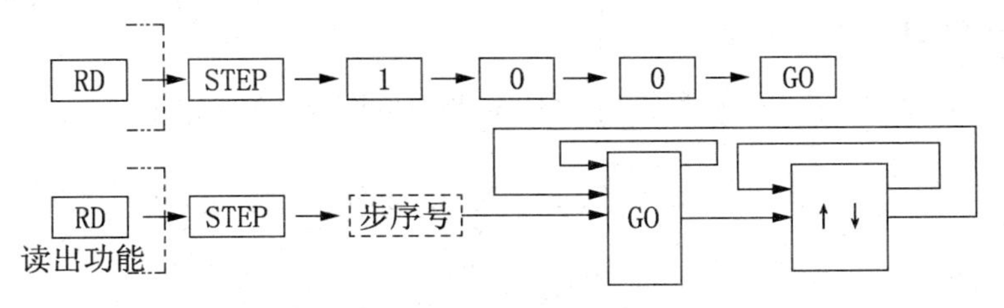

图 A.7　根据步序号读出的基本操作

若还需要显示该指令之前或之后的其他命令，可以按↑、↓或 GO 键。按↑、↓键可显示上一条或下一条指令；按 GO 键可以显示下面 4 条指令。

(二)根据指令读出

基本操作如图 A.8 所示，先按 RD/WR 键，使编程器处于 R(读)工作方式，然后根据图

A.8 所示的操作步骤依次按相应的键，该指令就显示在屏幕上。

例如，指定指令 LD X0，从 PLC 中读出该指令。

按 RD/WR 键，使编程器处于 R(读)工作方式，然后按图 A.8 所示的步骤操作。

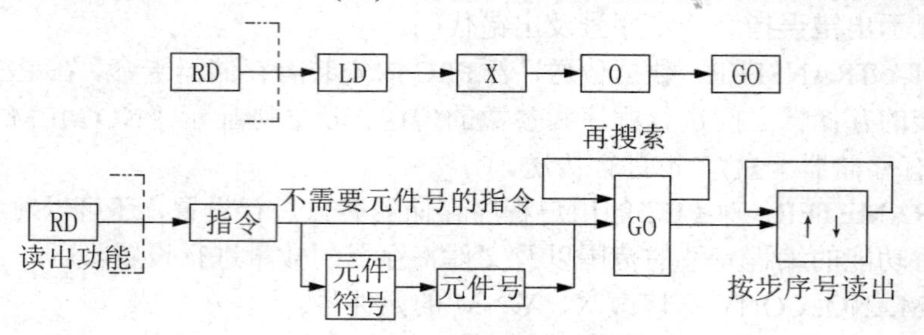

图 A.8　根据指令读出的基本操作

按 GO 键后，屏幕上显示出指定的指令和步序号。再按 GO 键，屏幕上显示下一条相同指令及步序号。如果用户程序中没有该指令，在屏幕的最后一行显示“NOT FOUND”。按↑键或↓键，可读出上一条或下一条指令。按 CLEAR 键，则屏幕上显示原来的内容。

(三)根据元件读出

先按 RD/WR 键，使编程器处于 R(读)工作方式，在 R(读)工作方式下读出含有 X0 指令的基本操作如图 A.9 所示。

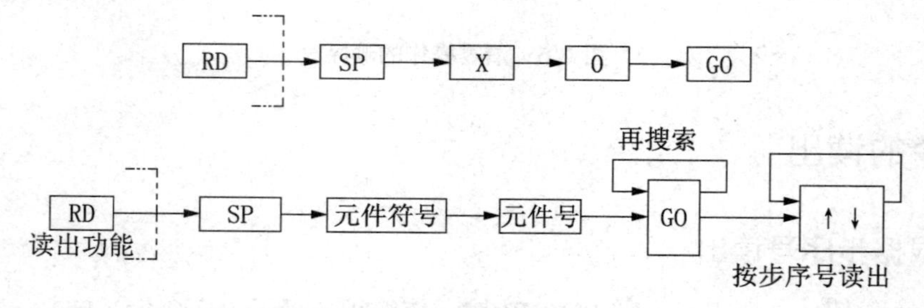

图 A.9　根据元件读出的基本操作

(四)根据指针读出

在 R(读)工作方式下读出 10 号指针的基本操作如图 A.10 所示。

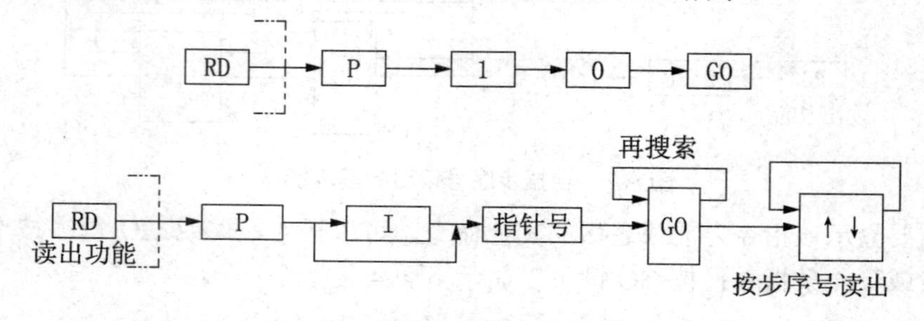

图 A.10　根据指针读出的基本操作

屏幕上将显示指针 P10 及其步序号。读出中断程序用的指针时，应连续按两次 P/I 键。

(五)指令的写入

按 RD/WR 键，使编程器处于 W(写)工作方式，然后根据该指令所在的步序号，按 STEP 键后输入相应的步序号，接着按 GO 键，使 ▸ 移动到指定的步序号，此时，可以开始写入指令。如果需要修改刚写入的指令，在未按 GO 键之前，按 CLEAR 键，刚输入的操作码或操作数被清除。按了 GO 键之后，可按 ↑ 键，回到刚写入的指令，再作修改。

1. 基本指令的写入

写入 LD X0 时，先使编程器处于 W(写)工作方式，将光标 ▸ 移动到指定的步序号位置，然后按图 A.11 所示的步骤进行操作。

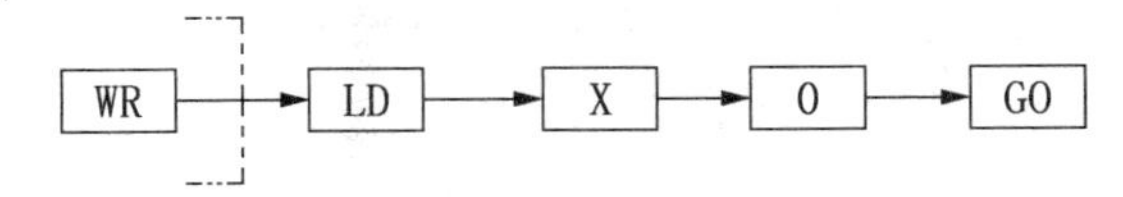

图 A.11 基本指令的写入操作

写入 LDP、ANP、ORP 指令时，在按指令键后，还要按 P/I 键。写入 LDF、ANF、ORF 指令时，在按指令键后还要按 F 键。写入 INV 指令时，按 NOP、P/I 和 GO 键。

2. 应用指令的写入

基本操作如图 A.12 所示，按 RD/WR 键，使编程器处于 W(写)工作方式，将光标 ▸ 移动到指定的步序号位置，然后按 FNC 键，接着按该应用指令的代码对应的数字键，然后按 SP 键，再按相应的操作数。如果操作数不止一个，每次输入操作数之前，先按一下 SP 键，输入所有的操作数后，再按 GO 键，该指令就被写入 PLC 的存储器内。如果操作数为双字，按 FNC 键后，再按 D 键；如果是脉冲执行方式，在输入编程代码的数字键后，接着再按 P 键。

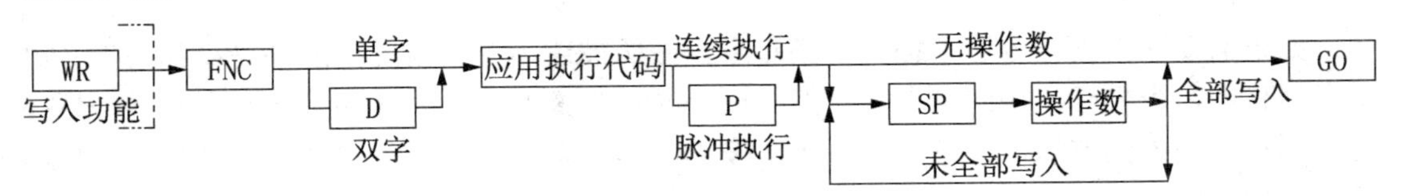

图 A.12 应用指令写入的基本操作

例 1：写入数据传送指令 MOV D0 D4。

MOV 指令的应用指令编号为 12，写入操作步骤如图 A.13 所示。

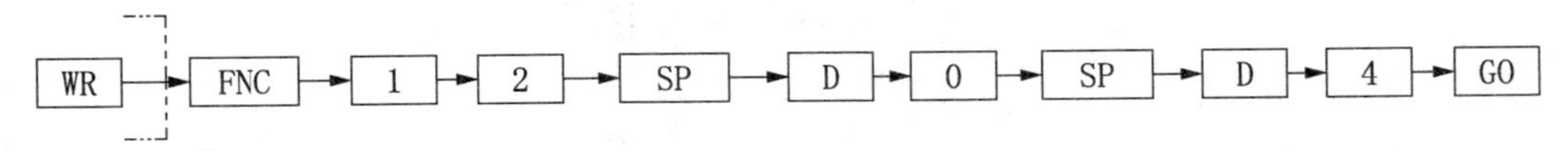

图 A.13 应用指令的写入操作实例 1

例 2：写入数据传送指令(D)MOV (P)D0 D4。

操作步骤如图 A.14 所示。

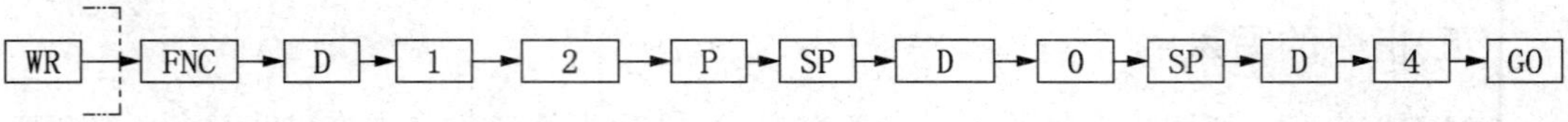

WR
FNC
D
1
2
P
SP
D
0
SP
D
4
GO

图 A.14　应用指令的写入操作实例 2

3. 指针的写入

写入指针的基本操作如图 A.15 所示。如写入中断用的指针，应连续按两次 P/I 键。

WR
写入功能
P
I
指针号
GO

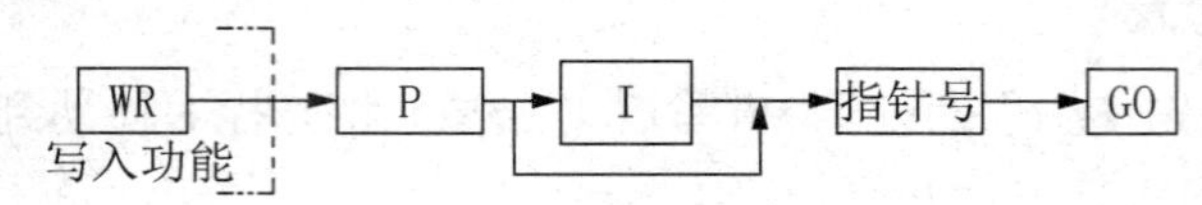

图 A.15　指针的写入操作

4. 指令的修改

在指定的步序上改写指令。

例如，在 100 步上写入指令 OUT T50 K123。

根据步序号读出原指令后，按 RD/WR 键，使编程器处于 W(写)工作方式，然后按图 A.16 所示的操作步骤按键。

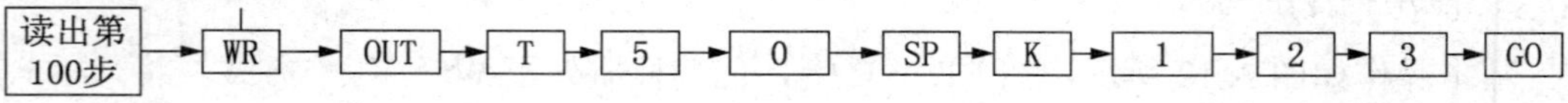

读出第
100步
WR
OUT
T
5
0
SP
K
1
2
3
GO

图 A.16　指令的修改操作实例

如果要修改应用指令中的操作数，读出该指令后，将光标▶移到欲修改的操作数所在的行，然后修改该行的参数。

(六)指令的插入

如果需要在某条指令之前插入一条指令，按照前述指令读出的方法，先将某条指令显示在屏幕上，令光标▶指向该指令。然后按 INS/DEL 键，使编程器处于 I(插入)工作方式，再按照指令写入的方法，将该指令写入，按 GO 键后，写入的指令插在原指令之前，后面的指令依次向后推移。

例如，在 200 步之前插入指令 AND M5，在插入(I)工作方式下首先读出 200 步的指令，然后按图 A.17 中的操作步骤按键。

读出第
200步
INS
AND
M
5
GO

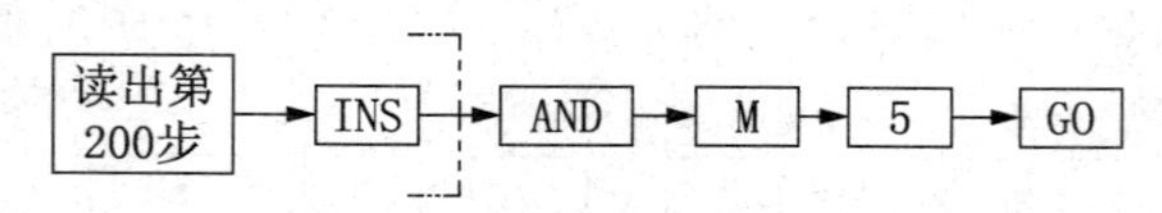

图 A.17　指令的插入操作实例

(七)指令的删除

1. 逐条指令删除

如果需要将某条指令或某个指针删除，按照指令读出的方法，先将该指令或指针显示在屏幕上，令光标▶指向该指令。然后按 INS/DEL 键，使编程器处于 D(删除)工作方式，再按 GO 键，该指令或指针即被删除。

2. 指定范围指令删除

按 INS/DEL 键，使编程器处于 D(删除)工作方式，然后按图 A.18 中的操作步骤按键，该范围的指令即被删除。

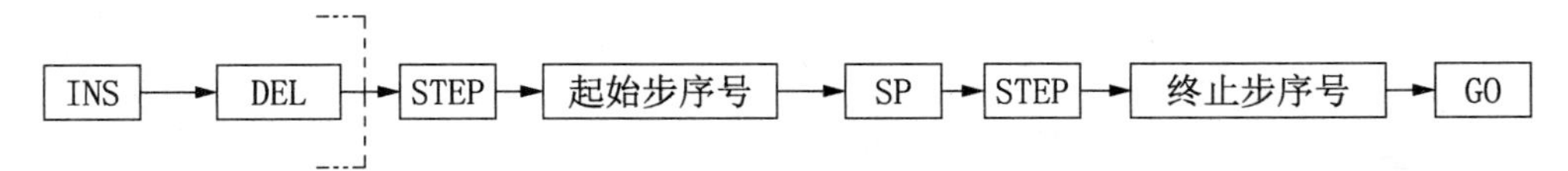

图 A.18　指定范围指令的删除基本操作

3. NOP 指令的成批删除

按 INS/DEL 键，使编程器处于 D(删除)工作方式，依次按 NOP 和 GO 键，执行完毕后，用户程序中间的 NOP 指令被全部删除。

(八)对 PLC 编程元件与基本指令通/断状态的监视

监视功能是通过编程器的显示屏监视和确认在联机工作方式下 PLC 的动作和控制状态。它包括元件的监视、通/断检查和动作状态的监视等内容。

1. 对位元件的监视

基本操作如图 A.19 所示，由于 FX_{2N}、FX_{2NC} 有多个变址寄存器 Z0～Z7 和 V0～V7，因此，如果采用 FX_{2N}、FX_{2NC} 系列 PLC，应给出变址寄存器的元件号。以监视辅助继电器 M153 的状态为例，先按 MNT/TEST 键，使编程器处于 M(监视)工作方式，然后按图 A.19 所示的步骤按键。

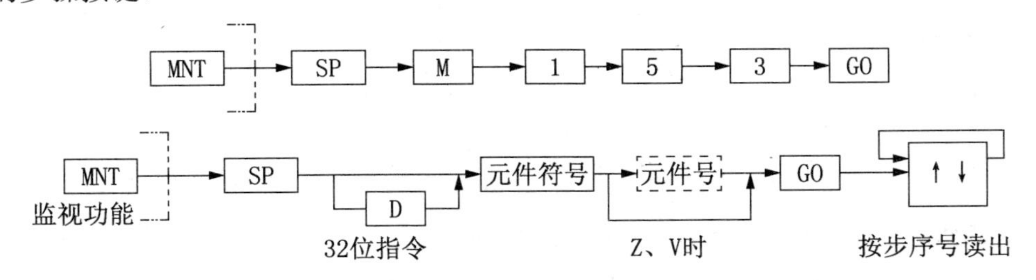

图 A.19　位元件监视的基本操作

屏幕上将会出现 M153 的状态，如图 A.20 所示。如果在编程元件的左侧有字符■，表示该编程元件处于 ON 状态；否则，表示它处于 OFF 状态，最多可以监视 8 个元件。按↑键或↓键可以监视前面或后面元件的状态。

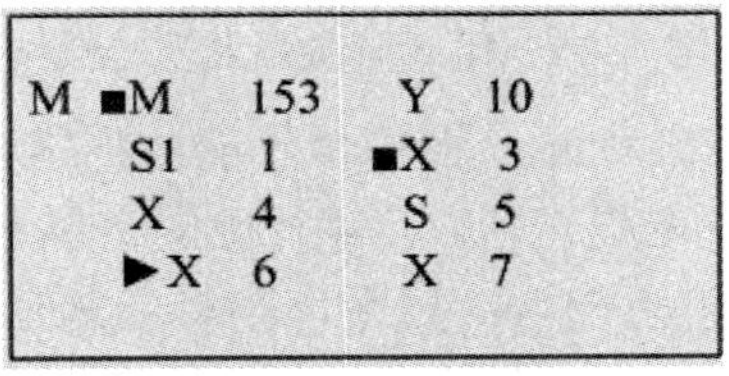

M ■M 153　Y 10
S1 1　■X 3
X 4　S 5
►X 6　X 7

图 A.20　位编程元件的监视

2. 监视16位字元件(D、Z、V)内的数据

以监视数据寄存器D0内的数据为例，首先按MNT/TEST键，使编程器处于M(监视)工作方式，按图A.21所示的操作步骤按键。

MNT
SP
D
0
GO

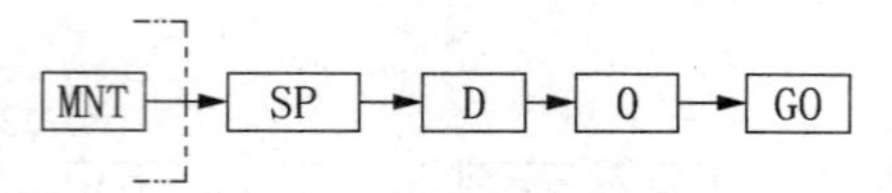

图A.21　16位字元件监视的操作

屏幕上将会显示出数据寄存器D0内的数据。再按功能键↓，依次显示D1、D2、D3内的数据。此时显示的数据均以十进制数表示。若要以十六进制数表示，可按功能键HELP，重复按功能键HELP，显示的数据会在十进制数和十六进制数之间切换。

3. 监视32位字元件(D、Z、V)内的数据

以监视数据寄存器D0和D1组成的32位数据寄存器内的数据为例，先按MNT/TEST键，使编程器处于M(监视)工作方式，按图A.22所示的操作步骤按键。

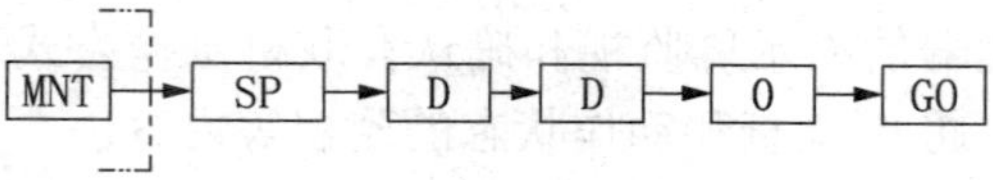

MNT
SP
D
D
0
GO

图A.22　32位字元件监视的操作

屏幕上将会显示出由D0和D1组成的32位数据寄存器内的数据，如图A.23所示。若要以十六进制数表示，可用功能键HELP切换。

M D 1 D 0
K 345732
▶D 121 D 120
K 87437321

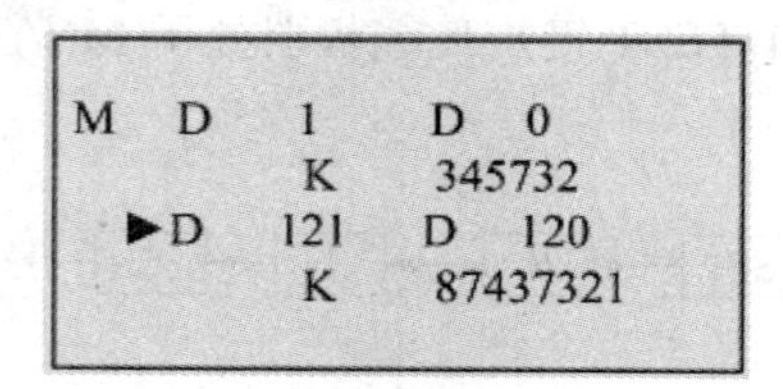

图A.23　32位字编程元件的监视

4. 对定时器和16位计数器的监视

以监视计数器C99的运行情况为例，首先按MNT/TEST键，使编程器处于M(监视)工作方式，按图A.24所示的操作步骤按键。

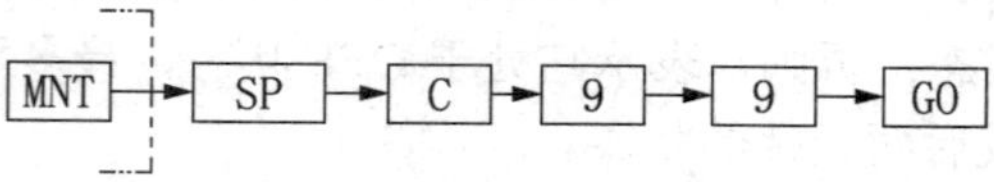

MNT
SP
C
9
9
GO

图A.24　16位计数器监视的操作

屏幕上显示的内容如图A.25所示。图中显示的数据K20是C99的当前计数值，第4行末尾显示的数据K100是C99的设定值。第4行中的字母P表示C99输出触点的状态，当其右侧显示■时，表示其常开触点闭合；反之，则表示常开触点断开。第4行的R字母表示C99复位电路的状态，当其右侧显示■时，表示其复位电路闭合，复位位为ON状态；反之，则表示其复位电路断开，复位位为OFF状态，非积算定时器没有复位输入。

在图 A.25 中，T100 的“R”未用。

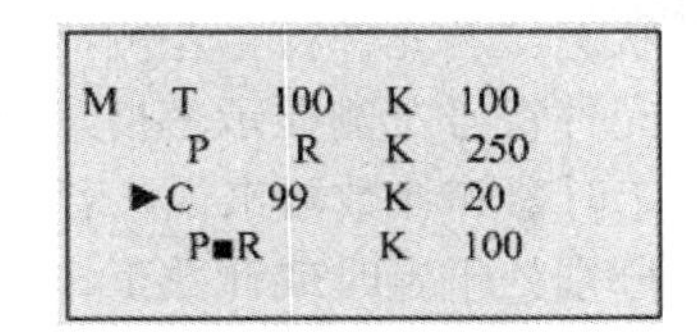

图 A.25　定时器计数器的监视

5. 对 32 位计数器的监视

以监视 32 位计数器 C200 的运行情况为例，首先按 MNT/TEST 键，使编程器处于 M(监视)工作方式，按图 A.26 所示的操作步骤按键。

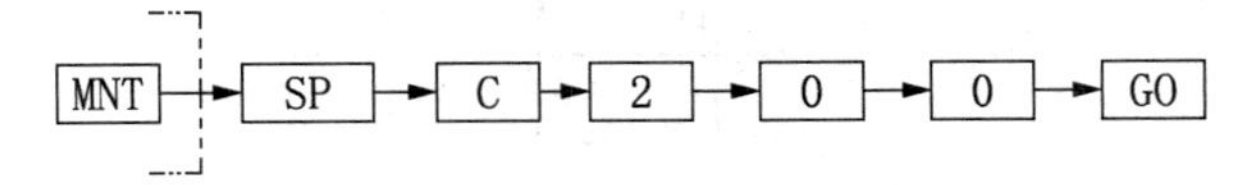

图 A.26　32 位计数器监视的操作

屏幕上显示的内容如图 A.27 所示。P 和 R 的含义与图 A.25 相同，U 的右侧显示■时，表示其计数方式为递增；反之，为递减计数方式。第 2 行显示的数据为当前计数值，第 3 行和第 4 行显示设定值，如果设定值为常数，直接显示在屏幕的第 3 行上；如果设定值存放在某数据寄存器内，第 3 行显示该数据寄存器的元件号，第 4 行才显示其设定值。按功能键 HELP，显示的数据在十进制数和十六进制数之间切换。

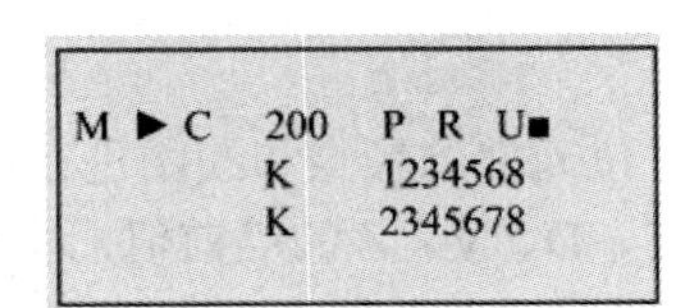

图 A.27　32 位计数器的监视

6. 通/断检查

在监视状态下，根据步序号或指令读出程序，可监视指令中元件触点通/断及线圈的动作状态。其基本操作如图 A.28 所示。

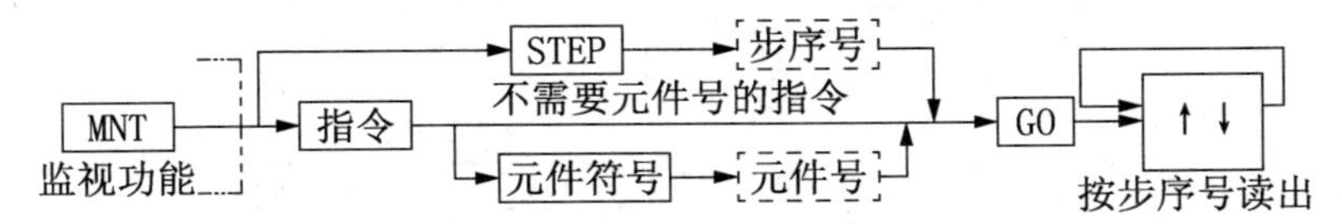

图 A.28　通/断检查的基本操作

例如，读出第 126 步，在 M(监视)工作方式下，做通/断检查。按图 A.29 所示的操作步骤按键。

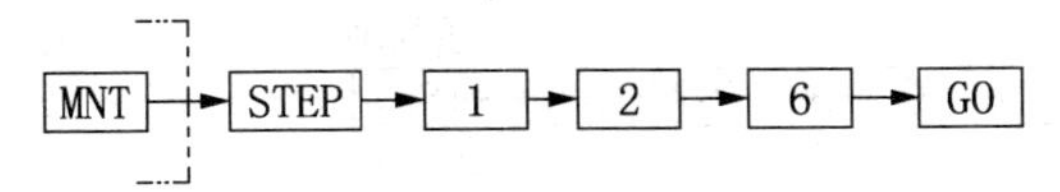

图 A.29　通/断检查的操作实例

屏幕上显示的内容如图 A.30 所示，读出以指定步序号为首的 4 行指令，根据各行是否显示■，可以判断触点和线圈的状态。若元件符号左侧显示■，表示该行指令对应的触点接通，对应的线圈“通电”；若元件符号左侧显示空格，表示该行指令对应的触点断开，对应的线圈“断电”。但是对于定时器和计数器来说，若 OUT T 或 OUT C 指令所在的行显示■，仅表示定时器或计数器分别处于定时或计数工作状态，其线圈“通电”，并不表示其输出常开触点接通。

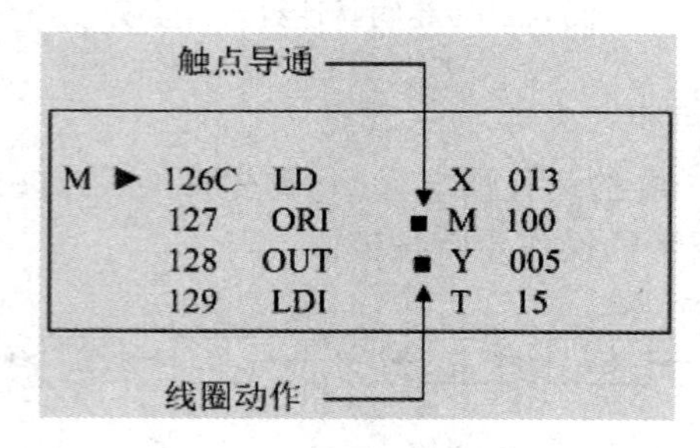

图 A.30 通/断检查

7. 状态继电器的监视

用指令或编程元件的测试功能使 M8047(STL 监视有效)为 ON，首先按 MNT/TEST 键，使编程器处于 M(监视)工作方式，再按 STL 键和 GO 键，可以监视最多 8 点为 ON 的状态继电器(S)，它们按元件号从大到小的顺序排列。

(九)对编程元件的测试

测试功能是由编程器对 PLC 位元件的触点和线圈进行强制 ON/OFF 以及常数的修改。它包括强制 ON/OFF，修改 T、C、D、V、Z 的当前值，文件寄存器的写入等内容。

1. 位编程元件强制 ON/OFF

进行元件的强制 ON/OFF 的监控，先进行元件的监视，然后进行测试功能。基本操作如图 A.31 所示。

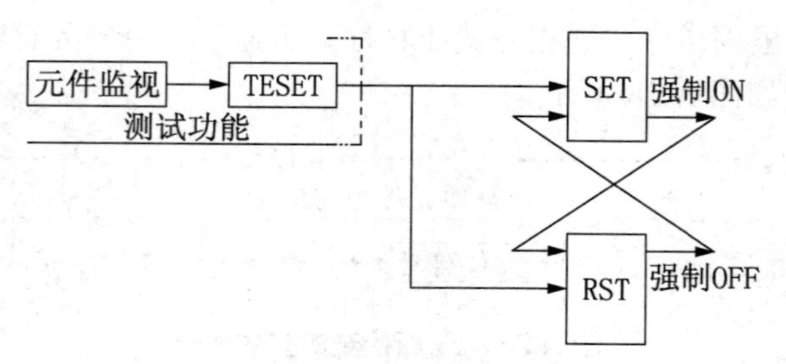

图 A.31 强制 ON/OFF 的基本操作

例如，对 Y100 进行 ON/OFF 强制操作的按键操作如图 A.32 所示。

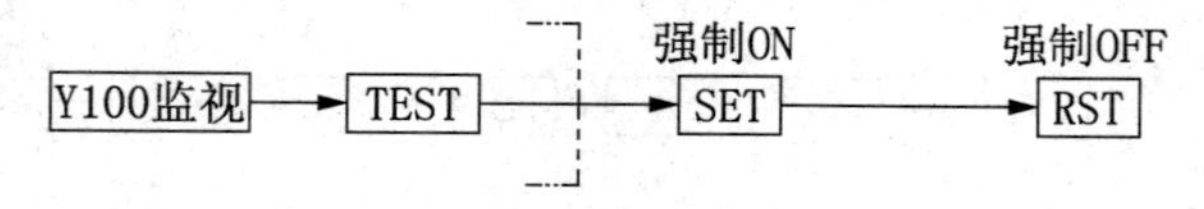

图 A.32 对 Y100 进行强制 ON/OFF 操作

首先利用监视功能对 Y100 元件进行监视。按 TEST(测试)键，若此时被监控元件 Y100 为 OFF 状态，则按 SET 键，强制 Y100 元件处于 ON 状态；若此时 Y100 元件为 ON 状态，则按 RST 键，强制 Y100 元件处于 OFF 状态。

强制 ON/OFF 操作只在一个运算周期内有效。

2. 修改 T、C、D、Z、V 的当前值

在 M(监视)工作方式下，按照监视字编程元件的操作步骤，显示出需要修改的字编程元件，再按 MNT/TEST 键，使编程器处于 T(测试)工作方式，修改 T、C、D、Z、V 的当前值的基本操作如图 A.33 所示。

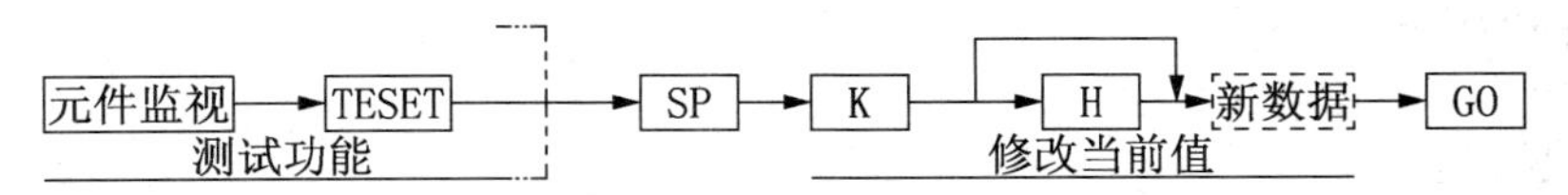

图 A.33　修改字元件数据的基本操作

将定时器 T5 的当前值修改为 K20 的操作如图 A.34 所示。

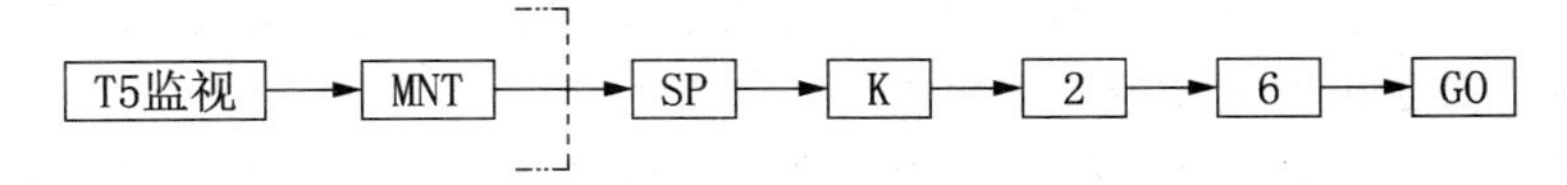

图 A.34　修改 T5 当前值的操作

常数 K 为十进制数设定，H 为十六进制数设定，输入十六进制数时，应连续按两次 K/H 键。

3. 修改 T、C 设定值

首先按 MNT/TEST 键，使编程器处于 M(监视)工作方式，然后按照前述监视定时器和计数器的操作步骤，显示出待监视的定时器和计数器后，再按 MNT/TEST 键，使编程器处于 T(测试)工作方式，修改 T、C 设定值的基本操作如图 A.35 所示。

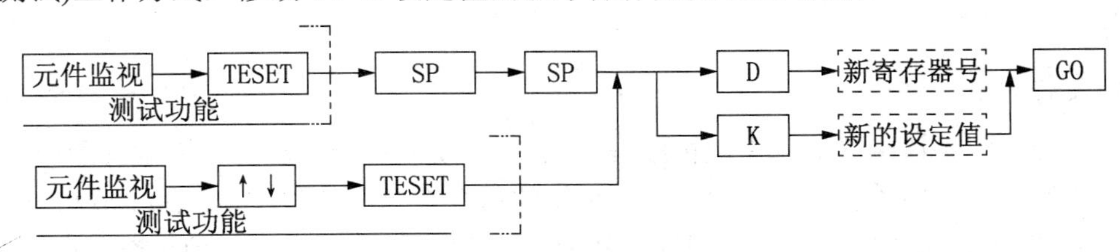

图 A.35　修改 T、C 设定值的基本操作

第一次按 SP 键后，提示符▸出现在当前值前面，这时可以修改其当前值；第二次按 SP 键后，提示符▸出现在设定值前面，这时可以修改其设定值；输入新的设定值后，按 GO 键，设定值修改完毕。

将 T7 存放设定值的数据寄存器的元件号修改为 D22 的键操作如图 A.36 所示。

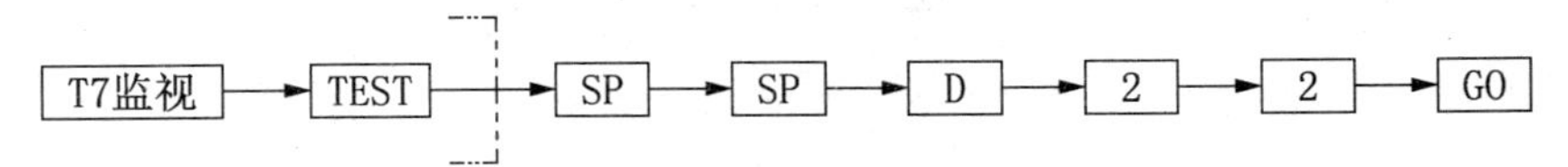

图 A.36　修改 T7 设定值的操作

另一种修改方法是先对 OUT T7 指令做通/断检查，然后按功能键↓使▸指向设定值所在行，再按 MNT/TEST 键，使编程器处于 T(测试)工作方式，输入新的设定值，最后按 GO 键，便完成了设定值的修改。

例如，将 100 步的 OUT T5 指令的设定值修改为 K25 的键操作如图 A.37 所示。

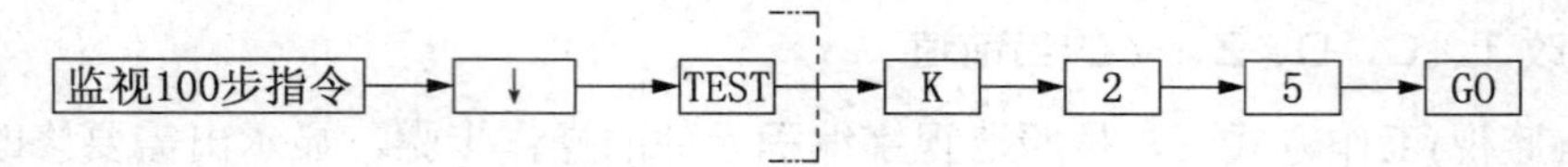

图 A.37　修改 T5 设定值的操作

(十)脱机(OFFLINE)编程方式

1. 脱机编程

脱机方式编制的程序存放在手持编程器内部的 RAM 中；联机方式编制的程序存放在 PLC 内的 RAM 中，编程器内部 RAM 中的程序不变。编程器内部 RAM 中写入的程序可成批地传送到 PLC 内部 RAM 中，也可成批传送到装在 PLC 上的存储器卡盒中。往 ROM 写入器的传送应当在脱机方式下进行。

手持编程器内 RAM 的程序用超级电容器作为断电保护，充电 1h，可保持 3d 以上。因此，可将在实验室里脱机生成的装在编程器 RAM 内的程序传送给安装在现场的 PLC。

2. 进入脱机编程方式的方法

有两种方法可以进入脱机编程方式。

(1) FX-20P-E 型手持编程器上电后，按↓键，将闪烁的符号■移动到 OFFLINE 位置上，然后按 GO 键，就进入脱机编程方式。

(2) FX-20P-E 型手持编程器处于联机编程方式时，按功能键 OTHER，进入工作方式选择，此时，闪烁的符号■处于 OFFLINE MODE 位置上，接着按 GO 键，就进入脱机编程方式。

3. 工作方式

FX-20P-E 型手持编程器处于脱机编程方式时，所编制的用户程序存入编程器内的 RAM 中，与 PLC 内部的用户程序存储器以及 PLC 的运行方式都没有关系。除了联机编程方式中的 M 和 T 两种工作方式不能使用外，其余的工作方式(R、W、I、D)及操作步骤均适用于脱机编程。按 OTHER 键后，即进入工作方式选择操作。此时，液晶屏幕显示的内容如图 A.38 所示。

OFFLINE　MODE　FX
■ 1. ONLINE　MODE
　2. PROGRAM　CHECK
　3. HPP<— >FX

图 A.38　屏幕显示

在脱机编程方式中，可用光标键选择 PLC 的型号，如图 A.39 所示。FX_{2N}、FX_{2NC}、FX_{1N}

和 FX_{1S} 之外的其他系列 PLC 应选择“FX，FX0”。选择后按 GO 键，出现图 A.40 所示的确认界面，如果使用的 PLC 的型号有变化，按 GO 键。要复位参数或返回起始状态时，按 CLEAR 键。

```
SELECT    PC    TYPE
■ FX，FX0，FX1S，
FX1N，    FX2N
```

图 A.39　用光标键选择 PLC 型号

```
PC    TYPE    CHANGED
UPDATE    PARAMS?
  OK →[GO]
  NO→[CLEAR]
```

图 A.40　确认界面

在脱机编程方式下，可供选择的工作方式共有 7 种，它们依次如下。

- ONLINE MODE。
- PROGRAM CHECK。
- HPP<—>FX。
- PARAMETER。
- XYM. .NO. CONV.。
- BUZZER LEVEL。
- MODULE。

选择 ONLINE MODE 时，将会进入联机编程方式。PROGRAM CHECK、PARAMETER、XYM. .NO. CONV.和 BUZZER LEVEL 的操作与联机编程方式下的相同。

4．程序传送

选择 HPP<—>FX 时，若 PLC 内没有安装存储器卡盒，屏幕显示的内容如图 A.41 所示。按功能键↑或↓将■移到需要的位置上，再按功能键 GO，就执行相应的操作。其中“→”表示将编程器的 RAM 中的用户程序传送到 PLC 内的用户程序存储器中去，这时，PLC 必须处于 STOP 状态。而“←”表示将 PLC 内存储器中的用户程序读入编程器内的 RAM 中，“:”表示将编程器内 RAM 中的用户程序与 PLC 的存储器中的用户程序进行比较，PLC 处于 STOP 或 RUN 状态时都可以进行后两种操作。

若 PLC 内安装了 RAM、EEPROM 或 EPROM 扩展存储器卡盒，屏幕显示的内容类似于图 A.42，图中的 ROM 分别为 RAM、EEPROM 和 EPROM，且不能将编程器内 RAM 中的用户程序送到 PLC 内的 EPROM 中去。

```
3. HPP< — >FX
■ HPP→RAM
  HPP← RAM
  HPP：  RAM
```

图 A.41　屏幕显示(未安装存储器卡盒)

```
[ROM   WRITE]
■ HPP→ROM
  HPP←ROM
  HPP：ROM
```

图 A.42　屏幕显示(安装了存储器卡盒)

5．MODULE 功能

MODULE 功能用于 EEPROM 和 EPROM 的写入，先将 FX-20P-RWM 型 ROM 写入器

插在编程器上，开机后进入 OFFLINE 方式，选中 MODULE 功能，按功能键 GO 后，屏幕显示的内容如图 A.42 所示。

在 MODULE 方式下，共有 4 种工作方式可供选择。

- HPP→ROM：将编程器内 RAM 中的用户程序写入插在 ROM 写入器上的 EPROM 或 EEPROM 内。写操作之前，必须先将 EPROM 中的内容全部擦除，或先将 EEPROM 的写保护开关置于 OFF 位置。
- HPP←ROM：将 EPROM 或 EEPROM 中的用户程序读入编程器内的 RAM。
- HPP:ROM：将编程器内的 RAM 中的用户程序与插在 ROM 写入器上的 EPROM 或 EEPROM 内的用户程序进行比较。
- ERASE CHECK：用来确认存储器卡盒中的 EPROM 是否已擦干净。如果 EPROM 中还有数据，将显示“ERASE ERROR”(擦除错误)。如果存储器卡盒中是 EEPROM，将显示“ROM MISCONNECTED”(ROM 连接错误)。

使用图 A.43 所示的界面，可将 X0～X17 中的一个输入点设置为外部的 RUN 开关，选择“DON’T USE”可取消此功能。

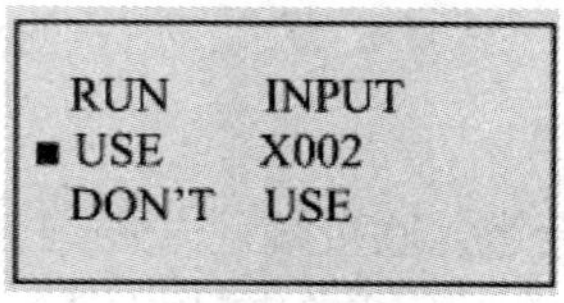

```
  RUN     INPUT
■ USE     X002
  DON'T   USE
```

图 A.43　屏幕显示(设置外部 RUN 开关)

附录 B　FXGPWIN 编程软件的使用

一、概述

FXGPWIN 编程软件用于对 FX_{0S}、FX_{0N}、FX_2 和 FX_{2N} 系列三菱 PLC 进行编程以及监控 PLC 中各软元件的实时状态。

1. 进入 FXGPWIN 的编程环境

安装好 FXGPWIN 编程软件后，双击 FXGPWIN 小图标，即可进入编程环境。该环境如图 B.1 所示。

图 B.1　FXGPWIN 编程环境界面

2. PLC 程序下载

从 PLC 下载程序的步骤如下。

(1) 使用编程转换接口电缆 SC-09 连接好计算机的 RS-232C 接口和 PLC 的 RS-422 编程器接口。

(2) 在图 B.1 中单击 PLC 菜单，即出现图 B.2 所示的子菜单。

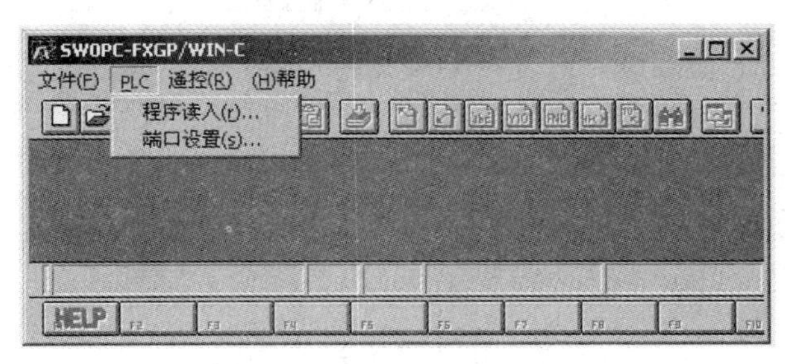

图 B.2　下载程序菜单

(3) 选择 PLC→“端口设置”命令，弹出“端口设置”对话框，如图 B.3 所示。

(4) 选择正确的串口后，再单击“确认”按钮。

(5) 选择 PLC→“程序读入”命令，即弹出如图 B.4 所示的“PLC 类型设置”对话框。

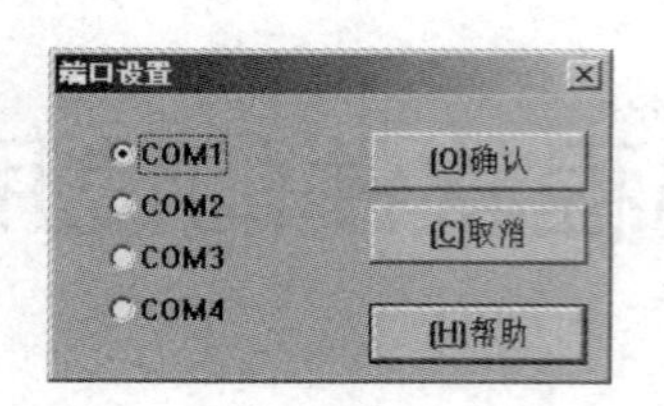

图 B.3 “端口设置”对话框

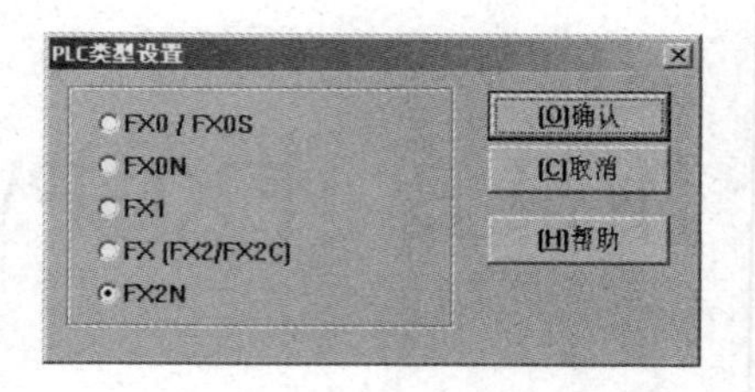

图 B.4 “PLC 类型设置”对话框

(6) 正确选择 PLC 的型号，单击“确认”按钮后，等待几分钟，PLC 中的程序即下载到计算机的 FXGPWIN 文件夹中。

3. PLC 程序的打开

(1) 选择“文件”→“打开”命令，弹出 File Open 对话框，如图 B.5 所示。

(2) 在对话框中选择正确的文件后，单击“确定”按钮，就可以打开文件。

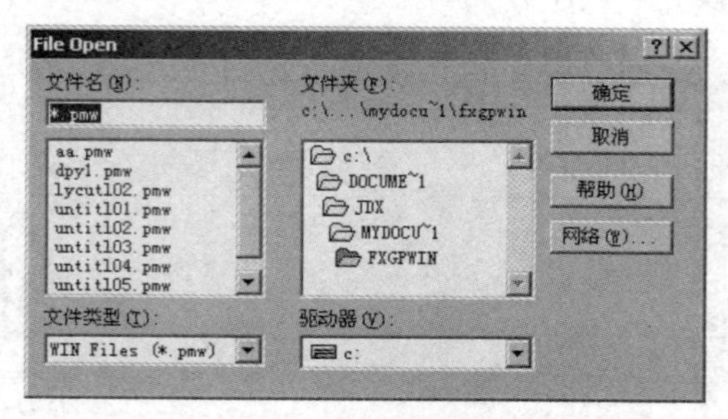

图 B.5 File Open 对话框

4. 编制新的程序

选择“文件”→“新文件”命令，弹出如图 B.4 所示的对话框。选择 PLC 型号后，就可进入程序编制环境，编程界面如图 B.6 所示。

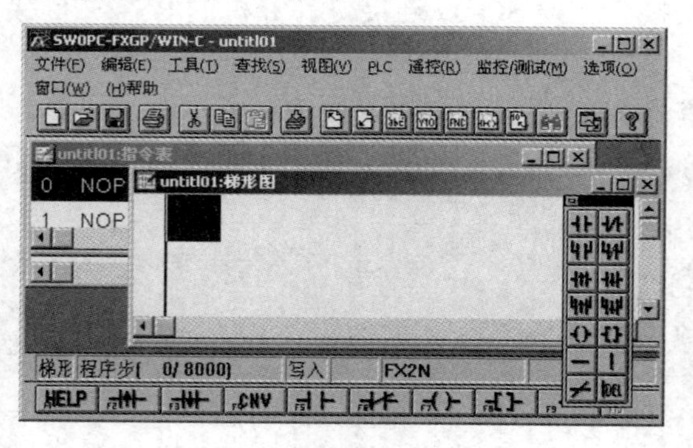

图 B.6 编制程序的界面

5. 设置页面和打印

选择“文件”→“页面设置”命令，即可进行编程页面设置。选择“文件”→“打印机设置”命令，即可进行打印设置。

6. 退出主程序

选择“文件”→“退出”命令或单击右上角的“×”按钮，即可退出主程序。

7. 帮助文件的使用

选择“帮助”→“索引”命令，即可弹出图 B.7 所示的帮助文件界面，双击所需帮助的目录名，即可进入帮助文件的内容。“帮助”菜单下的“如何使用帮助”命令可以告诉我们如何使用此帮助文件。

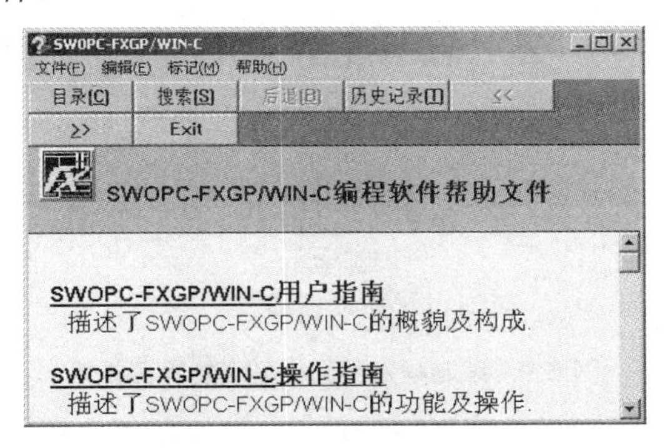

图 B.7　帮助文件的界面

二、程序的编制

1. 编程语言的选择

FXGPWIN 软件提供了 3 种编程语言，分别是梯形图、语句表和功能逻辑图(SFC)。单击“视图”菜单可展开其各项菜单命令，如图 B.8 所示，从中可以选择相应的编程语言。

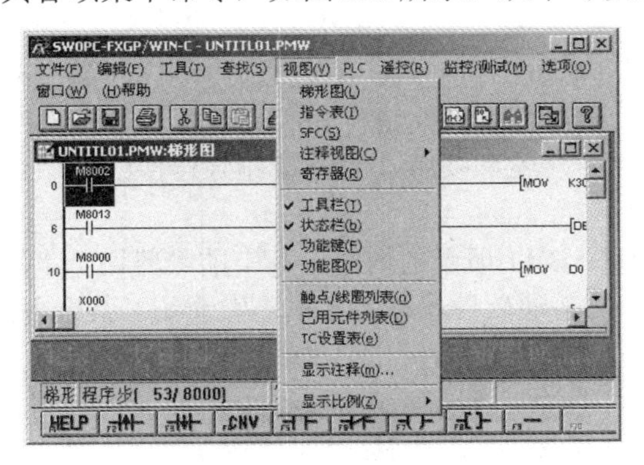

图 B.8　编程语言的选择菜单

2. 采用梯形图编写程序

(1) 首先按以上步骤选择梯形图编程语言。然后选中“视图”菜单下的“工具栏”“状态栏”“功能键”和“功能图”命令，则在编制程序界面将会呈现相应的界面要素，如图 B.9 所示。

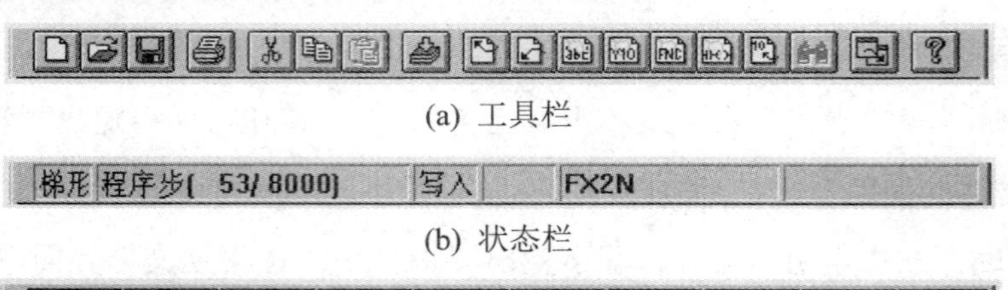

(a) 工具栏

(b) 状态栏

(c) 功能键

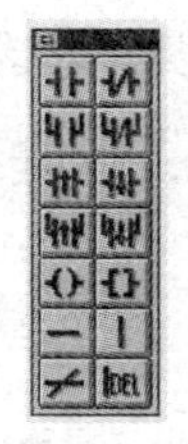

(d) 功能图

图 B.9 编制程序界面中呈现的界面要素

(2) 梯形图中，对软元件的选择既可通过以上“功能键”和“功能图”完成，也可以通过选择“工具”菜单中的命令来完成。展开的“工具”菜单如图 B.10 所示。

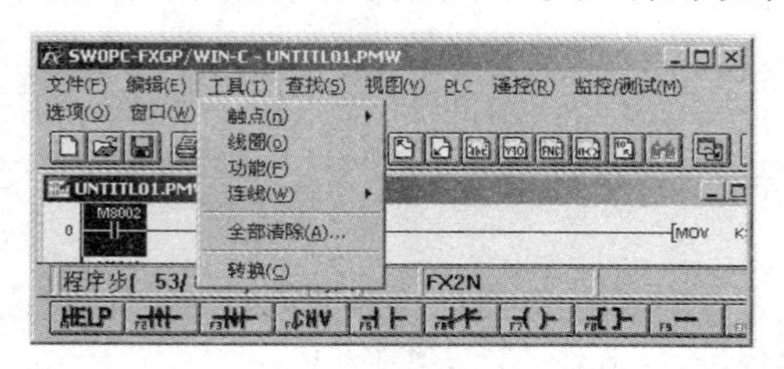

图 B.10 “工具”菜单中的命令

其中的“触点”子菜单提供对输入各元件的选用，“线圈”和“功能”菜单命令提供了对各输出继电器、中间继电器、时间继电器和计数器等软元件的选用。“连线”子菜单除了用于梯形图中各连线外，还可以通过 Del 键删除连接线。“全部清除”菜单命令用于清除所有的编程内容。

在“编辑”菜单含有图 B.11 所示的内容。其中的“剪切”“撤销键入”“粘贴”“复制”和“删除”菜单命令与普通软件一样，这里不做介绍。其余各菜单命令是对各连接线、软元件等的操作。

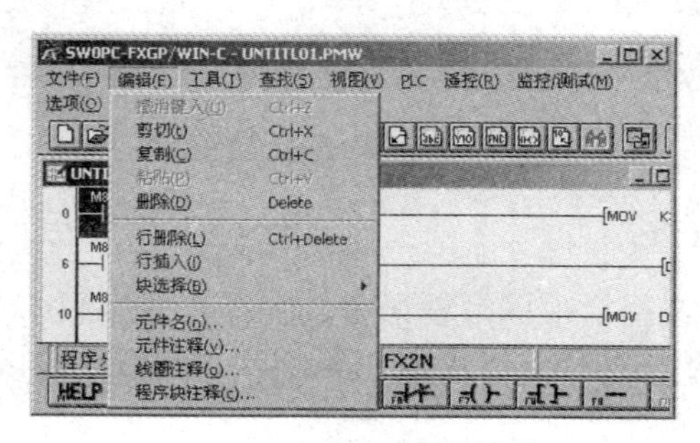

图 B.11 “编辑”菜单

3. 编程语言的转换

当梯形图程序编写完成后，通过选中“视图”菜单下的“梯形图”“指令表”和 SFC(功能逻辑图)菜单命令，可以在 3 种编程语言之间转换。

三、程序的检查

选择“选项”→“程序检查”命令，弹出“程序检查”对话框，如图 B.12 所示。其中有 3 个单选项，“语法错误检查”检查软元件号有无错误，“双线圈检验”检查输出软元件，“电路错误检查”检查各回路有无错误，都可以通过图 B.12 中的“结果”文本框显示有无错误信息。

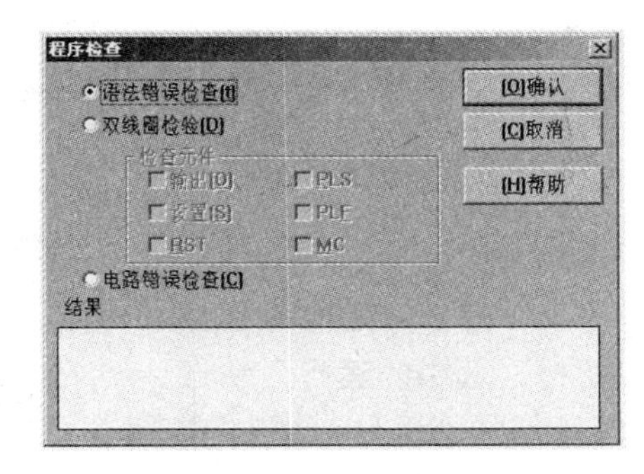

图 B.12　“程序检查”对话框

四、程序的传送

程序的传送操作通过 PLC 菜单的“传送”子菜单进行，如图 B.13 所示。“传送”子菜单有 3 项内容：“读入”“写出”“核对”。程序的读入指的是把 PLC 的程序读入到计算机的 FXGPWIN 程序操作环境中，程序的写出指的是把已经编写的程序写入到 PLC 中。当编写的程序有错误时，写出的过程中，CPU-E 指示灯将闪烁。当要读入 PLC 程序时，正确选择好串行口和连接好编程电缆后，选择“读入”命令即可。当要把程序写出到 PLC 中时，选择“写出”命令即可。写完程序后“核对”命令将起作用，用于确认要下载的程序与 PLC 的程序是否一致。

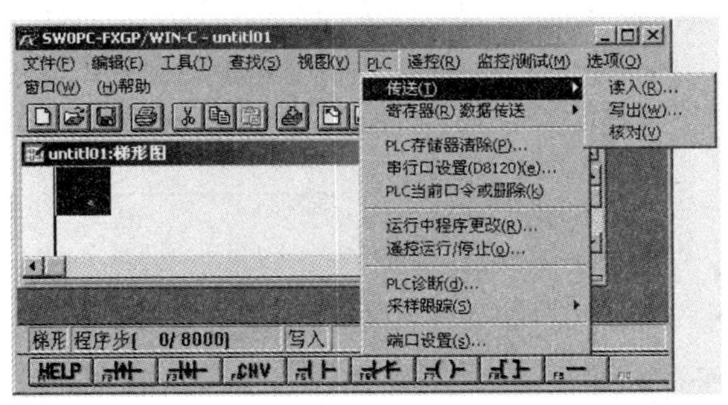

图 B.13　PLC 菜单及“传送”子菜单

五、软元件的监控和强制执行

在 FXGPWIN 操作环境中，可以监控各软元件的状态和强制执行输出等功能。这些功能主要在“监控/测试”菜单中完成，其界面如图 B.14 所示。

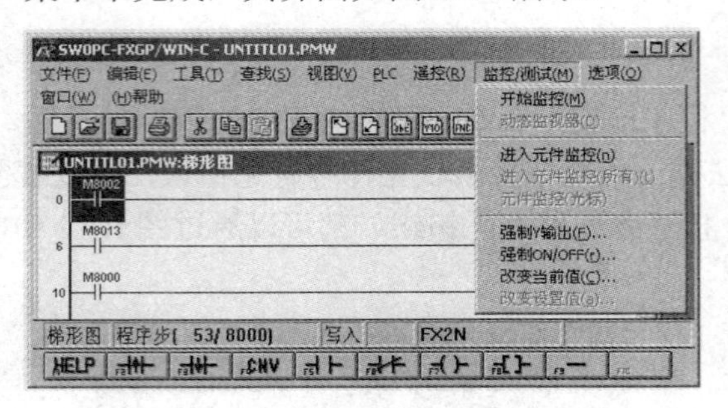

图 B.14 “监控/测试”菜单

1. PLC 的强制运行和强制停止

选择 PLC→“遥控运行/停止”命令，弹出图 B.15 所示的“遥控运行/中止”对话框。选中“运行”单选按钮后，单击“确认”按钮，PLC 被强制运行。选中“中止”单选按钮后，单击“确认”按钮，PLC 被强制停止。

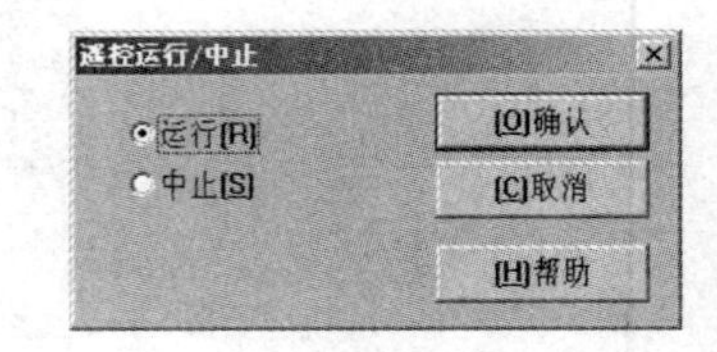

图 B.15 “遥控运行/中止”对话框

2. 软元件监控

软元件的状态、数据可以在 FXGPWIN 编程环境中监控起来。例如，Y 软元件工作在 ON 状态，则在监控环境中以绿色高亮方框闪烁表示；若工作在 OFF 状态，则无任何显示。数据寄存器 D 中的数据也可在监控环境中表示出来，可以带正负号。

选择“监控/测试”→“进入元件监控”命令，选择好所要监控的软元件，即可进入图 B.16 所示的监控各软元件的界面。若计算机没有与可编程控制器通信，则无法反映被监控元件的状态，将显示通信错误。

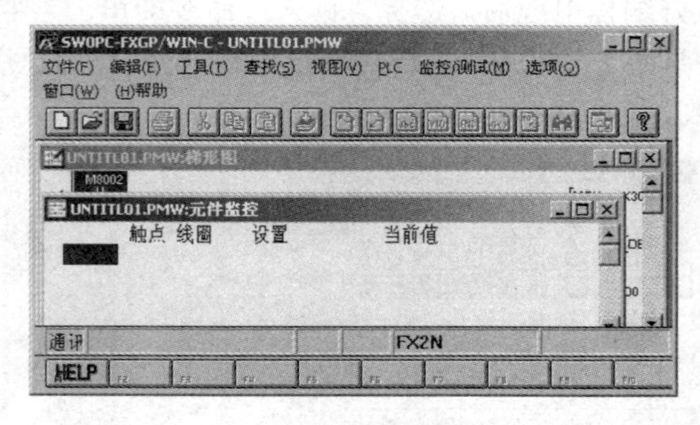

图 B.16 监控软元件的功能界面

3. Y 输出软元件强制执行

为了调试、维修设备等工作的方便，FXGPWIN 程序还提供了强制执行 Y 输出状态的功能。选择“监控/测试”→“强制 Y 输出”命令，即可弹出图 B.17 所示的“强制 Y 输出”对话框。

选择好 Y 软元件，就可对其强制执行，并在左下角方框中显示其状态，PLC 对应的 Y 软元件灯将根据选择状态亮或灭。

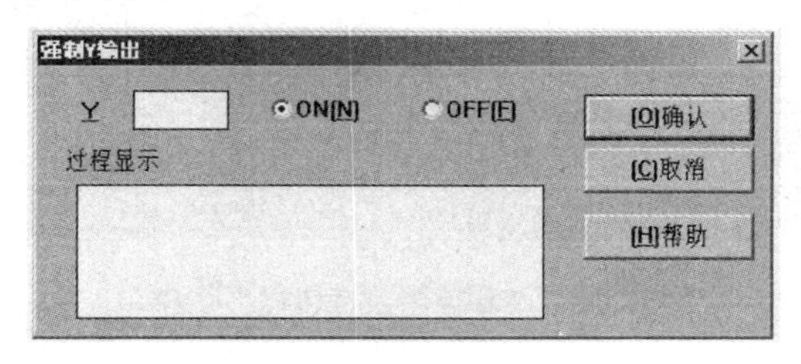

图 B.17　“强制 Y 输出”对话框

4. 其他软元件的强制执行

各输入等软元件的状态也可通过 FXGPWIN 程序设定。选择“监控/测试”→“强制 ON/OFF”命令，即可进入强制执行环境，以设定软元件的工作状态。

选择 X2 软元件，并选中“设置”单选按钮，单击“确认”按钮，PLC 的 X2 软元件指示灯将点亮。

该设置对话框如图 B.18 所示。

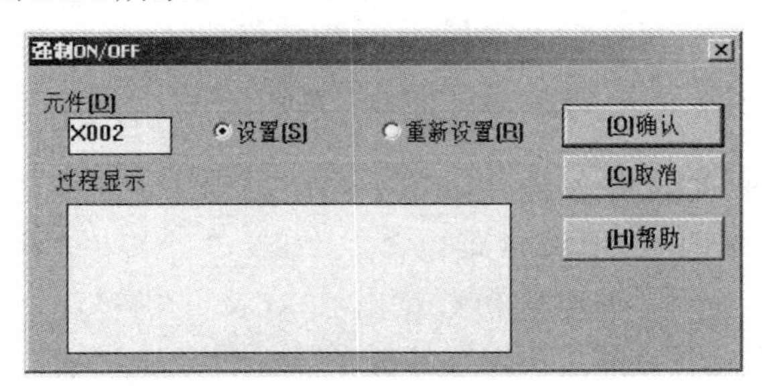

图 B.18　“强制 ON/OFF”对话框

六、其他菜单及目录的使用

(一)PLC 的数据寄存器的读出和写入

在 PLC 菜单下的“寄存器数据传送”子菜单中有 3 项内容：“读入”“写出”“核对”，如图 B.19 所示。

选择“读入”菜单命令，即可从 PLC 中读出数据寄存器的内容。选择“写出”命令，即可将程序中相应的数据寄存器内容写入 PLC 中。选择“核对”命令，即可确认内容是否一致。

(二)“选项”菜单的使用

“选项”菜单的内容如图 B.20 所示。

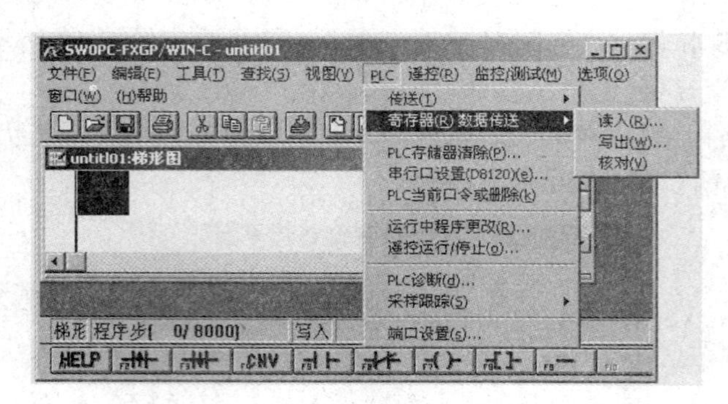

图 B.19 “寄存器数据传送”子菜单

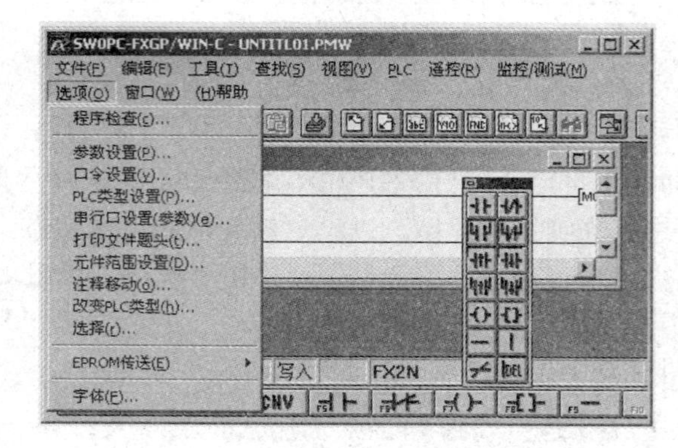

图 B.20 “选项”菜单的内容

1. PLC 的 EPROM 的处理

在“EPROM 传送”子菜单中有 3 项内容：“读入”“写出”和“核对”命令。

- 选中“读入”命令，即可从 PLC 读出 EPROM 的内容。
- 选中“写出”命令，即可将编写的程序写入 PLC 中。
- 选中“核对”命令，即可验证编写的程序与 EPROM 中的内容是否一致。

2. 字体的设置

选择“选项”→“字体”命令，即可设置字体式样、大小等有关内容，所弹出的对话框如图 B.21 所示。

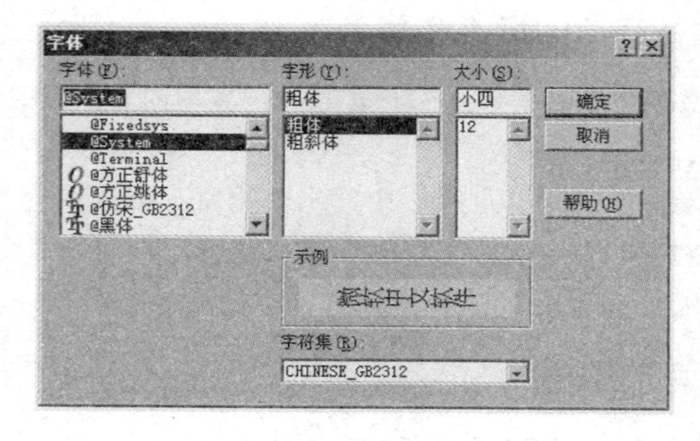

图 B.21 “字体”对话框

(三)“窗口”菜单的使用

选择“窗口”菜单下的“视图顺排”命令，就可层铺编程环境。选中“窗口水平排列”命令，就可水平铺设编程环境。选择“窗口垂直排列”命令，就可垂直铺设编程环境。

附录 C　FX 系列 PLC 的编程元件及编号

编程元件种类 \ PLC 型号		FX_{0S}	FX_{1S}	FX_{0N}	FX_{1N}	$FX_{2N}(FX_{2NC})$	$FX_{3U}(FX_{3UC})$
输入继电器 X (按八进制编号)		X0～X17 (不可扩展)	X0～X17 (不可扩展)	X0～X43 (可扩展)	X0～X43 (可扩展)	X0～X77 (可扩展)	X0～X367 (可扩展)
输出继电器 Y (按八进制编号)		Y0～Y15 (不可扩展)	Y0～Y15 (不可扩展)	Y0～Y27 (可扩展)	Y0～Y27 (可扩展)	Y0～Y77 (可扩展)	Y0～Y367 (可扩展)
辅助继电器 M	普通用	M0～M495	M0～M383	M0～M383	M0～M383	M0～M499	M0～M499
	保持用	M496～ M511	M384～ M511	M384～ M511	M384～ M1535	M500～ M3071	M500～ M7679
	特殊用	M8000～M8255(具体见使用手册)					M8000～M8511
状态寄存器 S	初始状态用	S0～S9	S0～S9	S0～S9	S0～S9	S0～S9	S0～S9
	返回原点用	—	—	—	—	S10～S19	S10～S19
	普通用	S10～S63	S10～S127	S10～S127	S10～S999	S20～S499	S10～S499
	保持用	—	S0～S127	S0～S127	S0～S999	S500～S899	S500～S4095
	信号报警用	—	—	—	—	S900～S999	S900～S999
定时器 T	100ms	T0～T49	T0～T62	T0～T62	T0～T199	T0～T199	T0～T199
	10ms	T24～T49	T32～T62	T32～T62	T200～T245	T200～T245	T200～T245
	1ms	—	—	T63	—	—	T256～T511
	1ms 累积	—	T63	—	T246～T249	T246～T249	T246～T249
	100ms 累积	—	—	—	T250～T255	T250～T255	T250～T255
计数器 C	16 位递增计数(普通)	C0～C13	C0～C15	C0～C15	C0～C15	C0～C99	C0～C99
	16 位递增计数(保持)	C14、C15	C16～C31	C16～C31	C16～C199	C100～C199	C100～C199
	32 位可逆计数(普通)	—	—	—	C200～C219	C200～C219	C200～C219
	32 位可逆计数(保持)	—	—	—	C220～C234	C220～C234	C220～C234
	高速计数器	C235～C255(具体见使用手册)					
数据寄存器 D	16 位普通用	D0～D29	D0～D127	D0～D127	D0～D127	D0～D199	D0～D199
	16 位保持用	D30、D31	D128～ D255	D128～ D255	D128～ D7999	D200～ D7999	D200～ D7999
	16 位特殊用	D8000～ D8069	D8000～ D8255	D8000～ D8255	D8000～ D8255	D8000～ D8195	D8000～ D8511
	16 位变址用	V Z	V0～V7 Z0～Z7	V Z	V0～V7 Z0～Z7	V0～V7 Z0～Z7	V0～V7 Z0～Z7

续表

编程元件种类 \ PLC 型号		FX_{0S}	FX_{1S}	FX_{0N}	FX_{1N}	$FX_{2N}(FX_{2NC})$	$FX_{3U}(FX_{3UC})$
指针 N、P、I	嵌套用	N0～N7	N0～N7	N0～N7	N0～N7	N0～N7	N0～N7
	分支、跳转用	P0～P63	P0～P63	P0～P63	P0～P127	P0～P127	P0～P4095
	输入中断用	I00～I30	I00～I50	I00～I30	I00～I50	I00～I50	I0□　～I5□
	定时器中断	—	—	—	—	I6～I8	I6□　～I8□
	计数器中断	—	—	—	—	I010～I060	I010～I060
常数 K、H	16 位	K：-32768 ～ 32767			H：0000 ～ FFFF		
	32 位	K：-2147483648 ～ 2147483647			H：00000000 ～ FFFFFFFF		

附录 D　FX 系列 PLC 应用指令一览表

分类	FNC No.	助记符	功　能	FX_{1S}	FX_{1N}	FX_{2N}	FX_{2NC}	FX_{3U}	FX_{3UC}
程序流控制	00	CJ(P)	条件跳转	○	○	○	○	○	○
	01	CALL(P)	子程序调用	○	○	○	○	○	○
	02	SRET	子程序返回	○	○	○	○	○	○
	03	IRET	中断返回	○	○	○	○	○	○
	04	EI	允许中断	○	○	○	○	○	○
	05	DI(P)	禁止中断	○	○	○	○	○	○
	06	FEND	主程序结束	○	○	○	○	○	○
	07	WDT(P)	看门狗定时器	○	○	○	○	○	○
	08	FOR	循环开始	○	○	○	○	○	○
	09	NEXT	循环结束	○	○	○	○	○	○
数据传送和比较	10	(D)CMP(P)	比较	○	○	○	○	○	○
	11	(D)ZCP(P)	区间比较	○	○	○	○	○	○
	12	(D)MOV(P)	传送	○	○	○	○	○	○
	13	SMOV(P)	BCD 码移位传送	—	—	○	○	○	○
	14	(D)CML(P)	取反传送	—	—	○	○	○	○
	15	BMOV(P)	数据块传送	○	○	○	○	○	○
	16	(D)FMOV(P)	多点传送	—	—	○	○	○	○
	17	(D)XCH(P)	数据交换	—	—	○	○	○	○
	18	(D)BCD(P)	BCD 转换	○	○	○	○	○	○
	19	(D)BIN(P)	BIN 转换	○	○	○	○	○	○
四则运算和逻辑运算	20	(D)ADD(P)	BIN 加法	○	○	○	○	○	○
	21	(D)SUB(P)	BIN 减法	○	○	○	○	○	○
	22	(D)MUL(P)	BIN 乘法	○	○	○	○	○	○
	23	(D)DIV(P)	BIN 除法	○	○	○	○	○	○
	24	(D)INC(P)	BIN 加 1	○	○	○	○	○	○
	25	(D)DEC(P)	BIN 减 1	○	○	○	○	○	○
	26	(D)WAND(P)	字逻辑与	○	○	○	○	○	○
	27	(D)WOR(P)	字逻辑或	○	○	○	○	○	○
	28	(D)WXOR(P)	字逻辑异或	○	○	○	○	○	○
	29	(D)NEG(P)	求二进制补码	—	—	○	○	○	○

续表

分类	FNC No.	助记符	功能	FX_{1S}	FX_{1N}	FX_{2N}	FX_{2NC}	FX_{3U}	FX_{3UC}
循环和移位	30	(D)ROR(P)	右循环	—	—	○	○	○	○
	31	(D)ROL(P)	左循环	—	—	○	○	○	○
	32	(D)RCR(P)	带进位右循环	—	—	○	○	○	○
	33	(D)RCL(P)	带进位左循环	—	—	○	○	○	○
	34	SFTR(P)	位右移	○	○	○	○	○	○
	35	SFTL(P)	位左移	○	○	○	○	○	○
	36	WSFR(P)	字右移	—	—	○	○	○	○
	37	WSFL(P)	字左移	—	—	○	○	○	○
	38	SFWR(P)	FIFO 写入	○	○	○	○	○	○
	39	SFRD(P)	FIFO 读出	○	○	○	○	○	○
数据处理 1	40	ZRST(P)	区间复位	○	○	○	○	○	○
	41	DECO(P)	解码	○	○	○	○	○	○
	42	ENCO(P)	编码	○	○	○	○	○	○
	43	(D)SUM(P)	1 的个数	—	—	○	○	○	○
	44	(D)BON(P)	置 1 位判别	—	—	○	○	○	○
	45	(D)MEAN(P)	平均值	—	—	○	○	○	○
	46	ANS	信号报警器置位	—	—	○	○	○	○
	47	ANR(P)	信号报警器复位	—	—	○	○	○	○
	48	(D)SQR(P)	BIN 开方	—	—	○	○	○	○
	49	(D)FLT(P)	BIN 整数→BIN 浮点数转换	—	—	○	○	○	○
高速处理	50	REF(P)	输入输出刷新	○	○	○	○	○	○
	51	REFF(P)	滤波器调整	—	—	○	○	○	○
	52	MTR	矩阵输入	○	○	○	○	○	○
	53	DHSCS	高速计数器比较置位	○	○	○	○	○	○
	54	DHSCR	高速计数器比较复位	○	○	○	○	○	○
	55	DHSZ	高速计数器区间比较	—	—	○	○	○	○
	56	SPD	速度检测	○	○	○	○	○	○
	57	(D)PLSY	脉冲输出	○	○	○	○	○	○
	58	PWM	脉宽调制	○	○	○	○	○	○
	59	(D)PLSR	带加减速的脉冲输出	○	○	○	○	○	○
方便指令	60	IST	初始化状态	○	○	○	○	○	○
	61	(D) SER (P)	数据查找	—	—	○	○	○	○
	62	(D) ABSD	绝对值式凸轮控制	○	○	○	○	○	○
	63	INCD	增量式凸轮控制	○	○	○	○	○	○
	64	TTMR	示教定时器	—	—	○	○	○	○

续表

分类	FNC No.	助记符	功　能	FX_{1S}	FX_{1N}	FX_{2N}	FX_{2NC}	FX_{3U}	FX_{3UC}
方便指令	65	STMR	特殊定时器	—	—	○	○	○	○
	66	ALT(P)	交替输出	○	○	○	○	○	○
	67	RAMP	斜坡信号输出	○	○	○	○	○	○
	68	ROTC	旋转工作台控制	—	—	○	○	○	○
	69	SORT	数据排序	—	—	○	○	○	○
外围I/O设备	70	TKY	10 键输入	—	—	○	○	○	○
	71	HKY	16 键输入	—	—	○	○	○	○
	72	DSW	数字开关输入	○	○	○	○	○	○
	73	SEGD(P)	7 段译码	—	—	○	○	○	○
	74	SEGL	7SEG 时分显示	○	○	○	○	○	○
	75	ARWS	箭头开关	—	—	○	○	○	○
	76	ASC	ASCII 码数据输入	—	—	○	○	○	○
	77	PR	ASCII 码打印	—	—	○	○	○	○
	78	(D)FROM(P)	BFM 的读出	—	○	○	○	○	○
	79	(D)TO(P)	BFM 的写入	—	○	○	○	○	○
外部设备	80	RS	串行数据传送	○	○	○	○	○	○
	81	(D)PRUN(P)	8 进制位传送	○	○	○	○	○	○
	82	ASCI(P)	HEX→ASCII 码转换	○	○	○	○	○	○
	83	HEX(P)	ASCII 码→HEX 转换	○	○	○	○	○	○
	84	CCD(P)	校验码	○	○	○	○	○	○
	85	VRRD(P)	电位器读出	○	○	○	—	(6)	(6)
	86	VRSC(P)	电位器刻度	○	○	○	—	(6)	(6)
	87	RS2	串行数据传送 2	—	—	—	—	○	○
	88	PID	PID 运算	○	○	○	○	○	○
数据传送 2	102	ZPUSH(P)	变址寄存器成批保存	—	—	—	—	○	—
	103	ZPOP(P)	变址寄存器恢复	—	—	—	—	○	—
二进制浮点数运算	110	DECMP(P)	二进制浮点数比较	—	—	○	○	○	○
	111	DEZCP(P)	二进制浮点数区间比较	—	—	○	○	○	○
	112	DEMOV(P)	二进制浮点数数据传送	—	—	—	—	○	○
	116	DESTR(P)	二进制浮点数→字符串的转换	—	—	—	—	○	○
	117	DEVAL(P)	字符串→二进制浮点数的转换	—	—	—	—	○	○
	118	DEBCD(P)	二进制浮点数→十进制浮点数的转换	—	—	○	○	○	○

续表

分类	FNC No.	助记符	功　能	FX_{1S}	FX_{1N}	FX_{2N}	FX_{2NC}	FX_{3U}	FX_{3UC}
二进制浮点数运算	119	DEBIN(P)	十进制浮点数→二进制浮点数的转换	—	—	○	○	○	○
	120	DEADD(P)	二进制浮点数加法运算	—	—	○	○	○	○
	121	DESUB(P)	二进制浮点数减法运算	—	—	○	○	○	○
	122	DEMUL(P)	二进制浮点数乘法运算	—	—	○	○	○	○
	123	DEDIV(P)	二进制浮点数除法运算	—	—	○	○	○	○
	124	DEXP(P)	二进制浮点数指数运算	—	—	—	—	○	○
	125	DLOGE(P)	二进制浮点数自然对数运算	—	—	—	—	○	○
	126	DLOG10(P)	二进制浮点数常用对数运算	—	—	—	—	○	○
	127	DESQR(P)	二进制浮点数开方运算	—	—	○	—	○	○
	128	DENEG(P)	二进制浮点数符号翻转	—	—	—	—	○	○
	129	DINT(P)	二进制浮点数→BIN 整数转换	—	—	○	○	○	○
	130	DSIN(P)	二进制浮点数 sin 运算	—	—	○	○	○	○
	131	DCOS(P)	二进制浮点数 cos 运算	—	—	○	○	○	○
	132	DTAN(P)	二进制浮点数 tan 运算	—	—	○	○	○	○
	133	DASIN(P)	二进制浮点数 $\sin^{-1}$ 运算	—	—	—	—	○	○
	134	DACOS(P)	二进制浮点数 $\cos^{-1}$ 运算	—	—	—	—	○	○
	135	DATAN(P)	二进制浮点数 $\tan^{-1}$ 运算	—	—	—	—	○	○
	136	DRAD(P)	二进制浮点数角度→弧度的转换	—	—	—	—	○	○
	137	DDEG(P)	二进制浮点数弧度→角度的转换	—	—	—	—	○	○
数据处理 2	140	(D)WSUM(P)	算出数据合计值	—	—	—	—	○	(5)
	141	WTOB(P)	字节单位的数据分离	—	—	—	—	○	(5)
	142	BTOW(P)	字节单位的数据结合	—	—	—	—	○	(5)
	143	UNI(P)	16 位数据的 4 位结合	—	—	—	—	○	(5)
	144	DIS(P)	16 位数据的 4 位分离	—	—	—	—	○	(5)
	147	(D)SWAP(P)	高低字节变换	—	—	○	—	○	○
	149	(D)SORT2	数据排序 2	—	—	—	—	○	(5)
定位控制	150	DSZR	带 DOG 搜的原点回归	—	—	—	—	○	(4)
	151	(D)DVIT	中断定位	—	—	—	—	○	(2)(4)
	152	DTBL	表格设定定位	—	—	—	—	○	(5)
	155	DABS	读出 ABS 当前值	○	○	(1)	(1)	○	○
	156	(D)ZRN	返回原点	○	○	—	—	○	(4)

续表

分类	FNC No.	助记符	功　能	FX_{1S}	FX_{1N}	FX_{2N}	FX_{2NC}	FX_{3U}	FX_{3UC}
定位控制	157	(D)PLSV	变速脉冲输出	○	○	—	—	○	○
	158	(D)DRVI	相对定位	○	○	—	—	○	○
	159	(D)DRVA	绝对定位	○	○	—	—	○	○
时钟运算	160	TCMP(P)	时钟数据比较	○	○	○	○	○	○
	161	TZCP(P)	时钟数据区间比较	○	○	○	○	○	○
	162	TADD(P)	时钟数据加法运算	○	○	○	○	○	○
	163	TSUB(P)	时钟数据减法运算	○	○	○	○	○	○
	164	(D)HTOS(P)	时、分、秒数据的秒转换	—	—	—	—	○	○
	165	(D)SHOH(P)	秒数据的(时、分、秒)转换	—	—	—	—	○	○
	166	TRD(P)	读出时钟数据	○	○	○	○	○	○
	167	TWR(P)	写入时钟数据	○	○	○	○	○	○
	169	(D)HOUR	小时定时器	○	○	(1)	(1)	○	○
变换	170	(D)GRY(P)	二进制数→格雷码变换	—	—	○	○	○	○
	171	(D)GBIN(P)	格雷码→二进制数变换	—	—	○	○	○	○
	176	RD3A	模拟量模块的读出	—	○	(1)	(1)	○	○
	177	WR3A	模拟量模块的写入	—	○	(1)	(1)	○	○
替换指令	180	EXTR	变频器控制替代指令(FX_{2N}、FX_{2NC}用)	—	—	(1)	(1)	—	—
其他指令	182	COMRD(P)	读出软元件的注释数据	—	—	—	—	○	(5)
	184	RND(P)	产生随机数	—	—	—	—	○	○
	186	DUTY	产生定时脉冲	—	—	—	—	○	(5)
	188	CRC(P)	CRC 运算	—	—	—	—	○	○
	189	DHCMOV	高速计数器传送	—	—	—	—	○	(4)
数据块处理	192	(D)BK+(P)	数据块的加法运算	—	—	—	—	○	(5)
	193	(D)BK-(P)	数据块的减法运算	—	—	—	—	○	(5)
	194	(D)BKCMP=(P)	数据块比较 S1=S2	—	—	—	—	○	(5)
	195	(D)BKCMP>(P)	数据块比较 S1>S2	—	—	—	—	○	(5)
	196	(D)BKCMP<(P)	数据块比较 S1<S2	—	—	—	—	○	(5)
	197	(D)BKCMP<>(P)	数据块比较 S1≠S2	—	—	—	—	○	(5)
	198	(D)BKCMP<=(P)	数据块比较 S1≤S2	—	—	—	—	○	(5)
	199	(D)BKCMP>=(P)	数据块比较 S1≥S2	—	—	—	—	○	(5)

续表

分类	FNC No.	助记符	功　能	FX_{1S}	FX_{1N}	FX_{2N}	FX_{2NC}	FX_{3U}	FX_{3UC}
字符串控制	200	(D)STR(P)	BIN→字符串的转换	—	—	—	—	○	(5)
	201	(D)VAL(P)	字符串→BIN的转换	—	—	—	—	○	(5)
	202	$+(P)	字符串的组合	—	—	—	—	○	○
	203	LEN(P)	检测出字符串的长度	—	—	—	—	○	○
	204	RIGHT(P)	从字符串的右侧开始取出	—	—	—	—	○	○
	205	LEFT(P)	从字符串的左侧开始取出	—	—	—	—	○	○
	206	MIDR(P)	从字符串中的任意取出	—	—	—	—	○	○
	207	MIDW(P)	字符串的任意替换	—	—	—	—	○	○
	208	INSTR(P)	字符串的检索	—	—	—	—	○	(5)
	209	$MOV(P)	字符串的传送	—	—	—	—	○	○
数据处理3	210	FDEL(P)	数据表的数据删除	—	—	—	—	○	(5)
	211	FINS(P)	数据表的数据插入	—	—	—	—	○	(5)
	212	POP(P)	读取后入数据	—	—	—	—	○	○
	213	SFR(P)	16位数据n位右移(带进位)	—	—	—	—	○	○
	214	SFL(P)	16位数据n位左移(带进位)	—	—	—	—	○	○
触点比较	224	(D)LD=	(S1)=(S2)时运算开始的触点接通	○	○	○	○	○	○
	225	(D)LD>	(S1)>(S2)时运算开始的触点接通	○	○	○	○	○	○
	226	(D)LD<	(S1)<(S2)时运算开始的触点接通	○	○	○	○	○	○
	228	(D)LD<>	(S1)≠(S2)时运算开始的触点接通	○	○	○	○	○	○
	229	(D)LD≤	(S1)≤(S2)时运算开始的触点接通	○	○	○	○	○	○
	230	(D)LD≥	(S1)≥(S2)时运算开始的触点接通	○	○	○	○	○	○
	232	(D)AND=	(S1)=(S2)时运算串联触点接通	○	○	○	○	○	○
	233	(D)AND>	(S1)>(S2)时运算串联触点接通	○	○	○	○	○	○

续表

分类	FNC No.	助记符	功　能	FX_{1S}	FX_{1N}	FX_{2N}	FX_{2NC}	FX_{3U}	FX_{3UC}
触点比较	(D)234	AND<	(S1)<(S2)时运算串联触点接通	○	○	○	○	○	○
	(D)236	AND<>	(S1)≠(S2)时运算串联触点接通	○	○	○	○	○	○
	(D)237	AND≤	(S1)≤(S2)时运算串联触点接通	○	○	○	○	○	○
	(D)238	AND≥	(S1)≥(S2)时运算串联触点接通	○	○	○	○	○	○
	(D)240	OR=	(S1)=(S2)时运算并联触点接通	○	○	○	○	○	○
	(D)241	OR>	(S1)>(S2)时运算并联触点接通	○	○	○	○	○	○
	(D)242	OR<	(S1)<(S2)时运算并联触点接通	○	○	○	○	○	○
	(D)244	OR<>	(S1)≠(S2)时运算并联触点接通	○	○	○	○	○	○
	(D)245	OR≤	(S1)≤(S2)时运算并联触点接通	○	○	○	○	○	○
	(D)246	OR≥	(S1)≥(S2)时运算并联触点接通	○	○	○	○	○	○
数据表处理	256	(D)LIMIT(P)	上下限限位控制	—	—	—	—	○	○
	257	(D)BAND(P)	死区控制	—	—	—	—	○	○
	258	(D)ZONE(P)	区域控制	—	—	—	—	○	○
	259	(D)SCL(P)	定坐标(不同点坐标数据)	—	—	—	—	○	○
	260	(D)DABIN(P)	十进制 ASCII 码→BIN 转换	—	—	—	—	○	(5)
	261	(D)BINDA(P)	BIN→十进制 ASCII 码转换	—	—	—	—	○	(5)
	269	(D)SCL2(P)	定坐标 2(X/Y 坐标数据)	—	—	—	—	○	(3)
外部设备通信	270	IVCK	变换器的运转监视	—	—	—	—	○	○
	271	IVDR	变换器的运行控制	—	—	—	—	○	○
	272	IVRD	读取变换器的参数	—	—	—	—	○	○
	273	IVWR	写入变频器的参数	—	—	—	—	○	○
	274	IVBWR	成批写入变频器的参数	—	—	—	—	○	○
	275	IVMC	变频器的多个命令	—	—	—	—	(6)	(6)
	276	ADPRW	MODBUS 读出/写入	—	—	—	—	(8)	(8)

续表

分类	FNC No.	助记符	功　能	FX_{1S}	FX_{1N}	FX_{2N}	FX_{2NC}	FX_{3U}	FX_{3UC}
数据传送 3	278	RBFM	BFM 分割读出	—	—	—	—	○	(5)
	279	WBFM	BFM 分割写入	—	—	—	—	○	(5)
高速处理 2	280	DHSCT	高速计数器比较	—	—	—	—	○	○
扩展文件寄存器	290	LOADR(P)	读出扩展文件寄存器	—	—	—	—	○	○
	291	SAVER(P)	成批写入扩展文件寄存器	—	—	—	—	○	○
	292	INITR(P)	扩展寄存器的初始化	—	—	—	—	○	○
	293	LOGR(P)	登录到扩展寄存器	—	—	—	—	○	○
	294	RWER(P)	扩展文件寄存器的删除.写入	—	—	—	—	○	(3)
	295	INITER(P)	扩展文件寄存器的初始化	—	—	—	—	○	(3)
FX_{3U}-CF-ADP 用应用指令	300	FLCRT	文件的制作、确认	—	—	—	—	(7)	(7)
	301	FLDEL	文件的删除/CF 卡格式化	—	—	—	—	(7)	(7)
	302	FLWR	写入数据	—	—	—	—	(7)	(7)
	303	FLRD	读出数据	—	—	—	—	(7)	(7)
	304	FLCMD	FX_{3U}-CF-ADP 的动作指示	—	—	—	—	(7)	(7)
	305	FLSTRD	FX_{3U}-CF-ADP 的状态读出	—	—	—	—	(7)	(7)

注：

(D)：表示该指令前加 D 是 32 位指令，不加 D 是 16 位指令。

D：表示该指令是 32 位指令，该指令前必须加 D。

(P)：表示该指令后面加 P 是脉冲执行型指令，不加 P 是连续执行型指令。

○：表示该系列 PLC 可以使用该功能指令。

—：表示该系列 PLC 不可以使用该功能指令。

(1)：FX_{2N}、FX_{2NC} 系列 Ver.3.0 以上产品支持。

(2)：FX_{3UC} 系列 Ver.1.30 以上产品中可以更改功能。

(3)：FX_{3UC} 系列 Ver.1.30 以上产品中支持。

(4)：FX_{3UC} 系列 Ver.2.20 以上产品中可以更改功能。

(5)：FX_{3UC} 系列 Ver.2.20 以上产品中支持。

(6)：FX_{3U}/FX_{3UC} 系列 Ver.2.70 以上产品中支持。

(7)：FX_{3U}/FX_{3UC} 系列 Ver.2.61 以上产品中支持。

(8)：FX_{3U}/FX_{3UC} 系列 Ver.2.40 以上产品中支持。

参考文献

[1] 孙振强，孙玉峰. 可编程控制器原理及应用教程[M]. 3 版. 北京：清华大学出版社，2014.

[2] 三菱 FX_{1S}、FX_{1N}、FX_{2N}、FX_{2NC} 微型可编程控制器编程手册.

[3] 三菱 FX_{3G}、FX_{3U}、FX_{3UC} 系列微型可编程控制器编程手册.

[4] 三菱 FX_{3U} 系列微型可编程控制器用户手册(硬件篇).

[5]三菱 FX_{3G}、FX_{3U}、FX_{3UC} 系列微型可编程控制器用户手册(模拟量控制篇).

[6] 三菱 FX 系列微型可编程控制器用户手册(通信篇).

[7] 王晰，王阿根. PLC 应用指令编程实例与技巧[M]. 北京：中国电力出版社，2016.

[8] 肖明耀，代建军. 三菱 FX_{3U} 系列 PLC 应用技能实训[M]. 北京：中国电力出版社，2015.

[9] 周丽芳，李伟生，等. 从入门到精通三菱 PLC[M]. 2 版. 北京：人民邮电出版社，2018.

[10] 廖常初. 可编程序控制器的编程方法与工程应用[M]. 重庆：重庆大学出版社，2002.

[11] 郁汉琪. 机床电气及可编程控制器实验、课程设计指导书[M]. 北京：高等教育出版社，2001.

[12] 袁任光. 可编程序控制器(PC)应用技术与实例[M]. 广州：华南理工大学出版社，2000.

[13] 郭艳萍. 电气控制与 PLC 应用[M]. 北京：人民邮电出版社，2010.

[14] 史宜巧，孙业明，景绍学. PLC 技术及应用项目教程[M]. 北京：机械工业出版社，2009.

[15] 姜新桥，石建华. PLC 应用技术项目教程[M]. 北京：电子工业出版社，2010.

[16] 曹菁. 三菱 PLC、触摸屏和变频器应用技术[M]. 北京：机械工业出版社，2011.

[17] 江燕，周爱明. PLC 技术及应用(三菱 FX 系列)[M]. 北京：中国铁道出版社，2013.